Alberto Ramírez

Ecología y ciencias ambientales: Introducción a la modelación dinámica

AF818909

Alberto Ramírez

Ecología y ciencias ambientales: Introducción a la modelación dinámica

Con aplicaciones en el programa Stella

PUBLICIA

Impressum / Aviso legal
Bibliografische Information der Deutschen Nationalbibliothek: Die Deutsche Nationalbibliothek verzeichnet diese Publikation in der Deutschen Nationalbibliografie; detaillierte bibliografische Daten sind im Internet über http://dnb.d-nb.de abrufbar.
Alle in diesem Buch genannten Marken und Produktnamen unterliegen warenzeichen-, marken- oder patentrechtlichem Schutz bzw. sind Warenzeichen oder eingetragene Warenzeichen der jeweiligen Inhaber. Die Wiedergabe von Marken, Produktnamen, Gebrauchsnamen, Handelsnamen, Warenbezeichnungen u.s.w. in diesem Werk berechtigt auch ohne besondere Kennzeichnung nicht zu der Annahme, dass solche Namen im Sinne der Warenzeichen- und Markenschutzgesetzgebung als frei zu betrachten wären und daher von jedermann benutzt werden dürften.

Información bibliográfica de la Deutsche Nationalbibliothek: La Deutsche Nationalbibliothek clasifica esta publicación en la Deutsche Nationalbibliografie; los datos bibliográficos detallados están disponibles en internet en http://dnb.d-nb.de.
Todos los nombres de marcas y nombres de productos mencionados en este libro están sujetos a la protección de marca comercial, marca registrada o patentes y son marcas comerciales o marcas comerciales registradas de sus respectivos propietarios. La reproducción en esta obra de nombres de marcas, nombres de productos, nombres comunes, nombres comerciales, descripciones de productos, etc., incluso sin una indicación particular, de ninguna manera debe interpretarse como que estos nombres pueden ser considerados sin limitaciones en materia de marcas y legislación de protección de marcas y, por lo tanto, ser utilizados por cualquier persona.

Coverbild / Imagen de portada: www.ingimage.com

Verlag / Editorial:
PUBLICIA
ist ein Imprint der / es una marca de
ICS Morebooks! Marketing SRL
4, Industriala street, 3100 Balti, Republic of Moldova
Email / Correo Electrónico: info@omniscriptum.com

Herstellung: siehe letzte Seite /
Publicado en: consulte la última página
ISBN: 978-3-8416-8468-4

Copyright / Propiedad literaria &cop Alberto Ramírez
Copyright / Propiedad literaria © 2017 ICS Morebooks! Marketing SRL
Alle Rechte vorbehalten. / Todos los derechos reservados. Saarbrücken 2017

ECOLOGÍA Y CIENCIAS AMBIENTALES: INTRODUCCIÓN A LA MODELACIÓN DINÁMICA

CON APLICACIONES EN EL PROGRAMA STELLA

ALBERTO RAMÍREZ GONZÁLEZ, Ph.D

Contenido

PRÓLOGO

Es bien sabido que la situación ambiental mundial es cada día más apremiante a causa de la mayor recurrencia y magnitud de los fenómenos que ocasionan contaminación del agua, del aire y de los suelos, así como pérdida de ecosistemas naturales y de biodiversidad. A lo anterior se adiciona la amplia explotación de los recursos naturales renovables y no renovables, dando como resultado cambios en el uso del suelo en favor de sistemas agropecuarios, urbanos e industriales, así como una pérdida generalizada de calidad ambiental.

La velocidad cada vez más rápida con que ocurre este deterioro, es resultado de los procesos anteriores, en los que el incremento exponencial de la especie humana juega un papel trascendental, pues ello significa mayor demanda de suelos, agua, alimentos, y bienes y servicios de múltiples índoles, que se soportan en desarrollos industriales de mayor dimensión. Aunado a esto, se suma la sinergia que producen los procesos tecnológicos alcanzados y el modelo económico acogido, al punto que el deterioro ambiental dejó de tener únicamente una expresión local o regional, para convertirse en global, con incremento de gases en la atmósfera y calentamiento de la misma, alteraciones climáticas e incremento del nivel de los océanos. Hay que destacar que ninguno de los efectos anteriores emerge con implicaciones positivas para la humanidad sino que, por el contrario, constituyen un freno al desarrollo económico, a la equidad y al bienestar poblacional.

La modelación matemática se refiere a la representación y construcción simplificada de un sistema o parte de éste, con el propósito de reproducir su comportamiento o dinámica a través de la integración de los elementos y las interacciones más esenciales, valiéndose de herramientas matemáticas de diferente índole. La modelación matemática puede seguir diversos intereses como, por ejemplo, el pronóstico de condiciones futuras, la reconstrucción de situaciones pasadas, la comprensión de un fenómeno, la validación de hipótesis, la construcción de teoría científica, u otras. A través del modelo matemático se lleva a cabo entonces la simulación del comportamiento del sistema bajo unas condiciones teóricas o empíricas particulares.

La modelación matemática se sustenta en el conocimiento que se tiene de un sistema objeto de estudio, de las variables y las interrelaciones más relevantes que lo representan y del conjunto de parámetros asociados. Al respecto, es extraordinaria la información que se encuentra hoy en día disponible en la Internet, la cual puede constituir la base teórica y numérica de profusos modelos ecológicos y ambientales y, de hecho, ésta ha sido una fuente de consulta relevante durante la realización del presente libro.

Claramente la modelación matemática de situaciones ecológicas y problemas ambientales, se yergue como una herramienta relevante y robusta para generar análisis y conocimiento en tales tópicos, no obstante, no es un secreto que para la mayor parte de estudiantes y profesionales de tales disciplinas la modelación matemática está fuera de su alcance, quizá por falta de formación en dichos temas, como también, por falta de textos introductorios sencillos.

Es sobre este último punto que concierne el propósito esencial de este libro, buscando proporcionar un acercamiento amigable hacia la modelación matemática a partir de capítulos introductorios, que exponen de forma simple las bases estadísticas y matemáticas requeridas. En tal sentido, es importante destacar que este libro no aborda modelos complejos y, por el contrario, constituye una puerta de entrada para aquellos estudiantes y profesionales que recién inician su formación en esta disciplina. De hecho, los diferentes temas acometidos posibilitan también un acercamiento teórico y conceptual a los mismos.

Para ello, el libro desarrolla un conjunto numeroso y diverso de modelos ecológicos y ambientales sencillos, que se siguen tanto desde la formulación matemática, como desde un modelo gráfico y el algoritmo que lo describe. En este último caso, se emplea el software de modelación dinámica STELLA (*Systems Thinking Educational Learning Laboratory with Animation*), aunque el lector podría emplear otros software similares como Simulink, Vensim u otros. En tal sentido, vale la pena aclarar que este libro no pretende explicar el manejo de Stella, sino enseñar modelación dinámica como curso introductorio. Al respecto, gran parte de los modelos expuestos pueden desarrollarse sin mayor dificultad desde una hoja de cálculo como EXCEL.

Por lo anterior, se invita al lector a abordar esta obra de forma lineal desde el primer capítulo, así como a intentar resolver cada uno de los modelos por su propia cuenta antes de acudir a su desarrollo en el texto. Así mismo, se le invita a proyectar sus conocimientos a nuevas situaciones ecológicas y ambientales no expuestas y que sean de su interés o conocimiento. Unas y otras constituyen la columna vertebral del aprendizaje de la modelación de situaciones ecológicas y ambientales.

1. FUNCIONES

En este numeral se abordan de manera sucinta algunas de las funciones más utilizadas en modelación ecológica y ambiental, con el propósito que el lector se familiarice con ellas, hecho que resulta substancial para la comprensión de los capítulos siguientes.

De manera general, una función expresa la dependencia de una variable en otra u otras variables, por lo que a la primera se le denomina variable dependiente y a las segundas variables independientes. La variable dependiente se representa en estadística con la letra *Y*, la(s) independiente(s) con *X*. Por lo anterior, una función se expresa como: $Y = f(X_i)$. Así, por ejemplo, se puede definir para una situación dada, que el cambio de una población depende del tamaño de la población, hecho que se expresa como: $\Delta N = f(N)$; o la contaminación atmosférica (*CA*) del flujo vehicular: *CA = f(Flujo vehicular)*, etc.

Las premisas previas no permiten precisar si tales relaciones son directas o inversas, continuas o discontinuas, lineales o no lineales, o incluso si *X* es la causa de *Y*, y ello requiere de un conocimiento relevante de la física del fenómeno estudiado. Con frecuencia, no obstante, se desconoce la física misma de un determinado fenómeno, por lo que el investigador recurre a aproximaciones inductivas en las que emplea diversas funciones obtenidas a través de los análisis estadísticos de regresión lineal y no lineal, con las cuales estima valores de *Y* a partir de valores de *X*, con un nivel variable de aproximación.

En el contexto de las matemáticas se suele diferenciar una *función* de una *relación,* señalando para la primera una correspondencia única de un valor de *Y* para cada valor de *X* (unicidad), mientras que en la segunda no se requiere de tal unicidad. En el contexto de este libro no se hace distinción de tal particularidad y los términos función y relación se emplean indistintamente.

1.1 Función Lineal

La función lineal se escribe en su forma explícita como: $Y = a + bX$

Donde: Y y X representan variables y, a y b parámetros. Por lo anterior, en una función cualquiera Y y X toman diversos valores, mientras que a y b permanecen constantes.

El parámetro a o *intercepto*, denota el valor en el cual la función lineal intercepta al eje Y, y representa el valor que toma Y cuando X es igual a cero. Este valor puede ser positivo, negativo o igual a cero.

El parámetro b *o pendiente*, hace alusión a la inclinación de la línea recta e indica cuánto cambia Y cuando X cambia en una unidad, por lo que se constituye en una tasa o razón de cambio. Cuando la pendiente es positiva se dice que la relación es directa, y cuando es negativa, inversa. En el primer caso, a incrementos de X ocurren también incrementos de Y; en el segundo, a incrementos de X le siguen reducciones de Y.

Un caso particular de la línea recta es aquel en que la pendiente es igual a cero ($b=0$), pues bajo estas condiciones la ecuación se simplifica a: $Y = a$, lo que indica que Y toma un valor constante y no depende de la variable X $(Y \neq f(X))$, dando como resultado una línea recta paralela al eje X.

La función lineal suele ilustrarse en el plano cartesiano con la variable Y en el eje vertical (ordenadas) y la variable X en el horizontal (abscisas). La figura 1.1 ilustra la relación $Y = -2 + 1X$ en el dominio $0 \rightarrow 5$ (valores que toma X) y cuyo rango o recorrido es $-2 \rightarrow 3$ (valores que toma Y en dicho dominio). Tal relación corta el eje Y en -2 (valor de a), es directa (pendiente positiva) y el cambio que experimenta Y por cada unidad de cambio de X, es igual a 1 (valor de b).

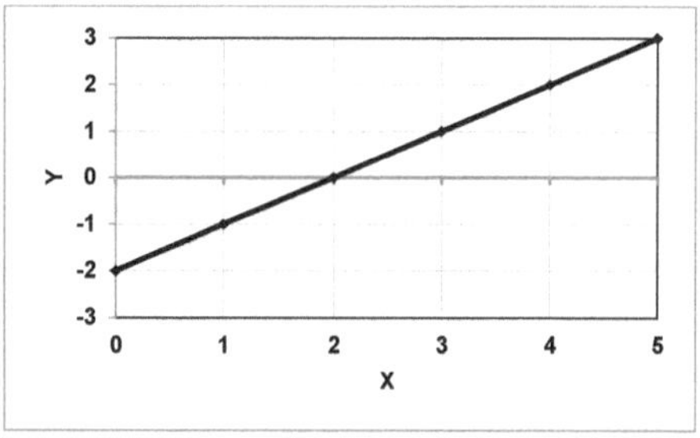

Figura 1.1. Comportamiento de la función lineal.

En el mundo real, todas aquellas situaciones que dan lugar al empleo de la regla de tres directa, constituyen funciones lineales y en ellas los cambios de *Y* son constantes respecto a cambios constantes de *X*. Así, por ejemplo, si una fábrica produce en promedio 50 Kg por día de residuos sólidos, a través de una regla de tres se puede determinar que producirá 100 Kg en 2 días, 150 Kg en 3 días y así sucesivamente. Una particularidad de la línea recta definida por una regla de tres directa, es que el punto de corte es igual a cero ($a = 0$), por lo que, para el ejemplo previo, equivale a que en el *día* cero, los *residuos* son iguales a cero. La ecuación lineal que describe este ejemplo es entonces:

$$Residuos\ (Kg) = 50 \times Días$$

Por lo anterior, los residuos constituyen la variable dependiente y los días la variable independiente; esta relación es directa, por lo que a mayor cantidad de días mayor es la cantidad de residuos, y su pendiente o tasa de cambio es igual a 50 Kg por día.

De este modo, todos aquellos fenómenos ecológicos o ambientales que puedan expresarse a través de una regla de tres, dan lugar a funciones lineales. Ejemplos típicos de esta índole son: 5 Kg/día; 3 m^3/habitante; 6 individuos/hectárea, etc. Muchas situaciones cotidianas no muestran valores estrictamente constantes como los previamente referidos, pero suelen representarse por su valor promedio que sí se acerca a una constante. A manera de ejemplo, si se evalúa el consumo diario, mensual o anual de una persona en alimentos, agua, combustible, energía, etc., habrá diferencias entre unos y otros días, meses o años, pero perfectamente podríamos construir funciones que operen bajo el consumo promedio diario, mensual o anual de dicha persona, en tanto no ocurran cambios sustanciales en sus condiciones socioeconómicas. De hecho, podríamos calcular tales promedios para grupos de personas, residencias, barrios, localidades, estratos, ciudades, países o continentes, y con ello se podrían generar modelos de consumo a dichas escalas.

Algunos otros ejemplos que corresponden con funciones lineales son el cálculo de porcentajes, las razones y las equivalencias o cambios de unidades. Así mismo, cuando se abordan variaciones pequeñas de la variable *X*, con frecuencia se pueden asumir como lineales, funciones no lineales. Así, por ejemplo, el crecimiento en peso de un humano desde su nacimiento hasta su madurez, se describe por un modelo logístico asintótico a través de los años; sin embargo, para estudios en meses los cambios de peso pueden asumirse como lineales, sin que ello cause disconformidades importantes en los resultados.

1.2 Función Exponencial

La función exponencial se describe en su forma más general como:

$$Y = ae^{bX}$$

A diferencia de la función lineal en la cual los cambios en la variable *Y* son constantes ante cambios iguales en *X*, en la función exponencial los cambios de *Y* son proporcionales al valor de *Y*. Por lo anterior, la tasa de cambio no es constante y suele expresarse como un porcentaje o una proporción, cualidad que identifica dicho comportamiento. El siguiente ejemplo permite una mejor comprensión de la función: si se dice que el crecimiento de una población es igual a 10%, quiere decir que si hay 10 individuos la población se incrementa en 1 individuo; si hay 100 individuos se incrementa en 10; o si hay 1000 se incrementa en 100. Por lo anterior, los cambios de *Y* se incrementan dependiendo del mismo valor de *Y*, por tanto, no son constantes.

Algunos fenómenos que siguen ordinariamente un crecimiento exponencial incluyen el crecimiento de poblaciones cuando hay gran cantidad de recursos o el decrecimiento de poblaciones que agotan progresivamente los mismos. Las funciones exponenciales también se manifiestan durante las primeras etapas de sucesión y expansión de enfermedades o epidemias, o en procesos de difusión de contaminantes.

Un ejemplo importante de esta función deviene del crecimiento de la población humana y con ello también muestran comportamientos exponenciales las demandas de bienes y servicios para su manutención y sobrevivencia: alimento, agua, vivienda, educación, servicios médicos, materias primas, energía, petróleo, etc. En consonancia con lo anterior, crecen también exponencialmente los residuos y la contaminación, en tanto decaen exponencialmente los ecosistemas naturales.

A manera de ejemplo, la figura 1.2 ilustra el crecimiento de 1 organismo que se multiplica por 2 en cada unidad de tiempo y cuya ecuación es:

$$N_t = N_0 e^{rt} = 1e^{0,6931\,t}$$

Donde: la tasa de crecimiento es[1]: r = ln (2) = 0,6931

---

[1] El valor de 2 se refiere a la duplicación de la población.

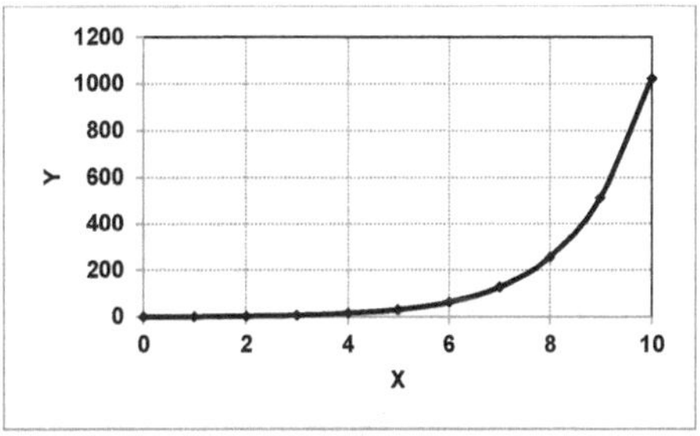

Figura 1.2. Crecimiento de una población que se duplica por unidad de tiempo.

Otra función ampliamente utilizada en ecología se conoce como *asociación exponencial* y sigue la forma:

$$Y = a(c - e^{-bx})$$

O también:

$$Y = a(1 - e^{-bx})$$

La función de asociación exponencial es común, por ejemplo, en el crecimiento corporal en talla o en relaciones de saturación (ej. fotosíntesis), y se trata de relaciones asintóticas, es decir, que tienden hacia un valor máximo o mínimo.

La figura 1.3 muestra el comportamiento de esta función para parámetros de: *a = 100; b = -0,08; c = 1*. Se observa que esta función es directa, pero reduce progresivamente su incremento hacia su valor asintótico (*a = 100*).

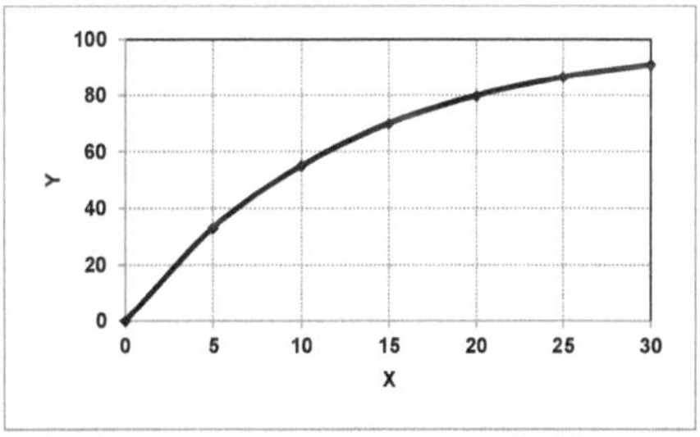

Figura 1.3. Comportamiento de la asociación exponencial.

1.3 Función Logística

La función logística corresponde a otro tipo de función exponencial que despliega al mismo tiempo una fase exponencial y otra asintótica, las cuales se interconectan en un punto de inflexión. Se le conoce también como función sigmoidea y la ecuación general que la describe es:

$$Y = \frac{a}{1 + ce^{-b\,X}}$$

Donde: *a* corresponde al valor asintótico; *b* representa la tasa de crecimiento (negativa en relaciones directas y positiva en inversas); y *c* constituye un parámetro de forma de la curva asociado con la relación entre el valor asintótico y el valor inicial de *Y*.

La figura 1.4 expone el comportamiento de la función logística para los siguientes parámetros: *a = 100; b = -0,08; c = 10.*

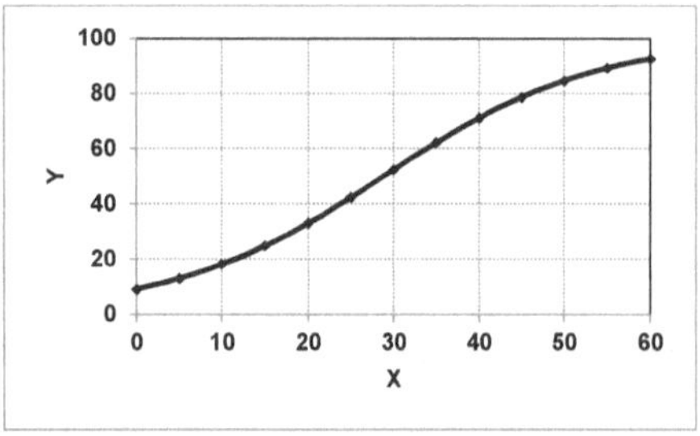

Figura 1.4. Comportamiento de la función logística.

Entre otras aplicaciones en ecología y en ciencias ambientales, la función logística describe el crecimiento poblacional con competencia intraespecífica, la propagación de enfermedades, las relaciones dosis – respuesta, los procesos de deforestación y el crecimiento corporal en peso, entre otras.

La función logística representa también variables dicotómicas (*0,1; logit*) y es ampliamente utilizada en grillas de sistemas de información geográfica que almacenan en diversas capas, la presencia o ausencia de atributos espaciales.

1.4 Función Polinomial

La función polinomial se expresa como:

$$Y = a + bX + cX^2 + dX^3 + \cdots zX^n$$

El orden de la función polinomial se corresponde con el exponente más alto y refleja relaciones en las cuales hay cambios en el comportamiento o tendencia de la variable dependiente a lo largo del dominio de la variable independiente. Por lo anterior, muestra cambios de tendencia con etapas de crecimiento y reducción que se suceden entre sí. Las funciones polinomiales de orden 2 se corresponden con una parábola tal como se describe en la figura 1.5 (para *a = 0; b = 10 c = -0,5*).

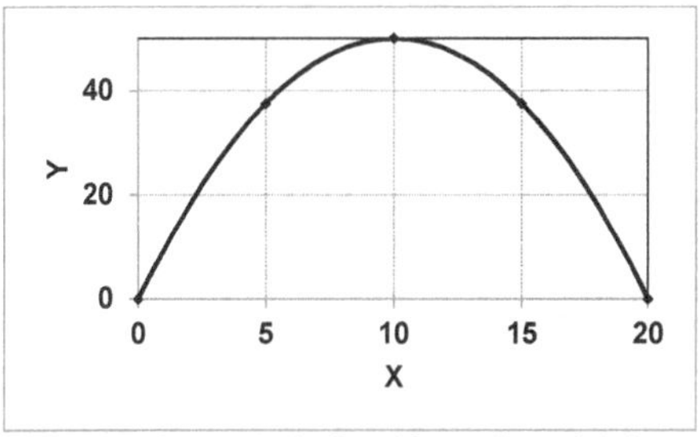

Figura 1.5. Comportamiento de la función polinomial de segundo orden.

Algunos fenómenos ecológicos que pueden describir este comportamiento incluyen la respuesta fisiológica de los organismos a las condiciones abióticas y con ello su respuesta poblacional ante las mismas (coenoclinas); la biomasa de capturas según el esfuerzo pesquero; y la producción vegetal a distintas concentraciones de nutrientes.

1.5 Estimación de Parámetros

Algunos parámetros son de conocimiento universal: el número de segundos en un minuto; el valor de *pi*, la fuerza de gravedad, etcétera. Otros parámetros son propios de cada disciplina y se encuentran en los textos respectivos; otros más específicos deben ser buscados en libros especializados o consultados con expertos; y otros más deben ser estimados a partir de experimentos diseñados para tal fin o a través de información secundaria. En este último caso se emplean técnicas matemáticas o estadísticas (Draper y Smith, 1981) y cabe referir las siguientes:

- *Funciones lineales a partir de 2 coordenadas:*

Dada la ecuación: $Y = a + bX$ y las coordenadas (X_1, Y_1) y (X_2, Y_2), entonces:

$$b = \frac{Y_2 - Y_1}{X_2 - X_1} \; ; \; a = Y_i - bX_i$$

- *Funciones lineales con múltiples coordenadas:*

Para ello se emplea, generalmente, el análisis de regresión lineal mediante mínimos cuadrados ordinarios:

$$b = \frac{\sum XY - \sum X \sum Y / n}{\sum X^2 - n\overline{X}^2} \; ; \; a = \overline{Y} - b\overline{X}$$

En el análisis de regresión lineal no basta con hallar los parámetros *a* y *b*, sino que debe realizarse una prueba de significación en la cual se valida que *b* es diferente de cero (H_0: $b = 0$: H_A: $b \neq 0$). En caso que se rechace la hipótesis nula (H_0), se calcula el coeficiente de determinación (r^2) el cual indica el grado de ajuste entre las coordenadas y la función, o, lo que es igual, el porcentaje de los cambios de *Y* que se explican en *X*, cuantía que juega un papel esencial en la modelación puesto que advierte sobre el error de las estimaciones del modelo.

- *Funciones no lineales que pueden ser linealizadas:*

Algunas funciones no lineales pueden ser linealizadas y sus parámetros se estiman por alguna de las vías previas. Las más comunes son las siguientes:

Nombre	**Función**	**Forma lineal**
Exponencial	$Y = ae^{bX}$	$Ln\, Y = Ln\, a + bX$
Potencia	$Y = aX^b$	$Log\, Y = Log\, a + b\, Log\, X$
Logarítmico	$Y = a + b\, Log\, X$	$Y = f(X') \,; X' = log(X)$

Nombre	Función	Forma lineal
Recíproco	$Y = \dfrac{1}{a + b\,X}$	$\dfrac{1}{Y} = a + b\,X$
Asociación exponencial	$Y = a(1 - e^{-bx})$	$Ln\left(\dfrac{a - Y}{a}\right) = b\,X$
Logístico	$Y = \dfrac{a}{1 + ce^{b\,X}}$	$Ln\left(\dfrac{a - Y}{Y}\right) = Ln\,c + b\,X$
Gaussiano	$Y = Ke^{-b(X - X_{máx})^2}$	$Ln\,Y = Ln\,K - b(X - X_{máx})^2$

- *Funciones no lineales de difícil linealización:*

Existen programas de computación que permiten estimar parámetros de múltiples funciones no lineales, a la vez que evalúan su ajuste (ej. *CurveExpert; Eureqa*, etc.) y tales cálculos son comunes también en paquetes estadísticos.

- *Aplicación de la Regresión Lineal*

Un bosque de 30 Km^2 se ha venido talando a través de los años y la cobertura deforestada es la siguiente:

Año	Cobertura deforestada (Km^2)
0	0
3	9
5	11
7	18
9	27
12	29

El gráfico de dispersión sugiere que el proceso ha seguido un comportamiento logístico, por lo que se linealiza bajo la transformación de dicha función y se estiman los coeficientes de regresión (figura 1.6).

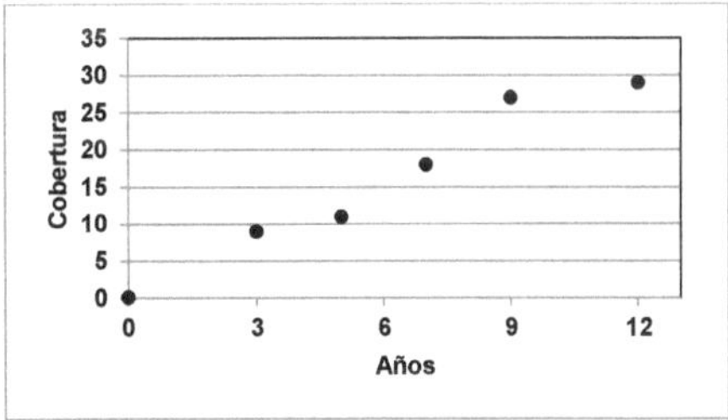

Figura 1.6. Gráfico de dispersión para el área deforestada.

Los valores del área deforestada (*Y*) se transforman a:

$$Y' = Ln\left(\frac{30 - Y}{Y}\right)$$

El registro para el año cero (*t* = *0; Y* = *0*) es eliminado por cuanto no se puede calcular *Y´*; los valores restantes y el nuevo gráfico de dispersión, sugieren que la linealización realizada es adecuada (figura 1.7).

Año	Y´
3	0,847
5	0,547
7	-0,405
9	-2,197
12	-3,367

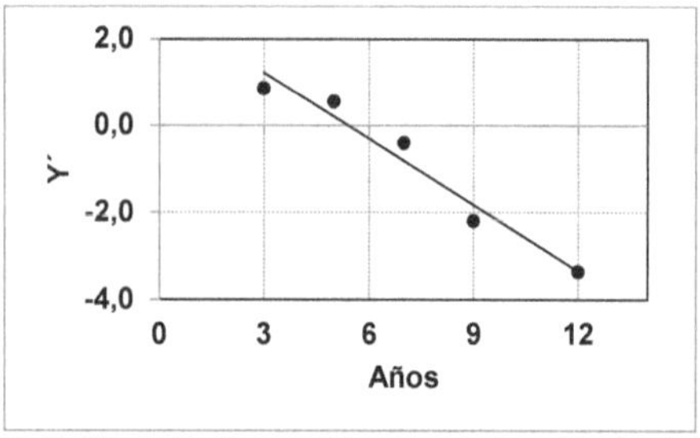

Figura 1.7. Gráfico de dispersión para la función logística linealizada.

Los cálculos básicos para el análisis de regresión se exponen en la tabla 1.1.

Tabla 1.1. Cálculos básicos para el análisis de regresión.

	X	Y´	X²	Y´²	XY´
	3	0,847	9	0,718	2,542
	5	0,547	25	0,299	2,733
	7	-0,405	49	0,164	-2,838
	9	-2,197	81	4,828	-19,775
	12	-3,367	144	11,339	-40,408
Suma	**36**	**-4,576**	**308**	**17,348**	**-57,746**

Los coeficientes de regresión son entonces:

$$b = \frac{-57{,}746 - (36)(-4{,}576)/5}{308 - 5\left(\frac{36}{5}\right)^2} = -0{,}508$$

$$a = \frac{-4{,}576}{5} - (-0{,}508)\frac{36}{5} = 2{,}743$$

El procedimiento expuesto puede ser resuelto por programas estadísticos o incluso por hojas de cálculo. Para el ejemplo en curso, el programa Excel (Tabla 1.2) arroja una probabilidad (p_{value}) igual a 0,0038 y un coeficiente de determinación (r^2) igual a 0,958. El primero indica que la regresión es válida al 95% y al 99% de confianza ($p<0,01$ y $p<0,05$) y, el segundo, que el 95,8% de las variaciones en la cobertura deforestada se explican en la variable tiempo. La ecuación del modelo logístico es entonces:

$$Y = \frac{a}{1 + ce^{bX}} = \frac{30}{1 + 15{,}541\ e^{-0{,}508\ Años}}$$

El valor de c se obtiene así: $a = Ln\ (c) = 2{,}743$; luego, $c = e^a = 15{,}541$.

Tabla 1.2. Resumen de la regresión en Excel.

Estadísticas de la regresión	
Coeficiente de correlación múltiple	0,979
Coeficiente de determinación R^2	0,958
R^2 ajustado	0,943
Error típico	0,431
Observaciones	5

ANÁLISIS DE VARIANZA	*Grados de libertad*	*Suma de cuadrados*	*Promedio cuadrados*	*F*	*Probabilidad*
Regresión	1	12,601	12,601	67,741	0,0038
Residuos	3	0,558	0,186		
Total	4	13,159			

	Coeficientes	*Error típico*	*Estadístico t*	*Probabilidad*	*Inferior 95%*	*Superior 95%*
Intercepción	2,743	0,485	5,662	0,011	1,201	4,286
Variable X 1	-0,508	0,062	-8,231	0,004	-0,705	-0,312

2. TASAS DE CAMBIO Y DERIVADAS

El cálculo diferencial estudia el cambio que ocurre en una variable ante modificaciones de otras variables de las cuales depende. Indaga, por ejemplo, en el cambio que experimenta la variable *Y* (ΔY) ante cambios de la variable *X* (ΔX) (figura 2.1).

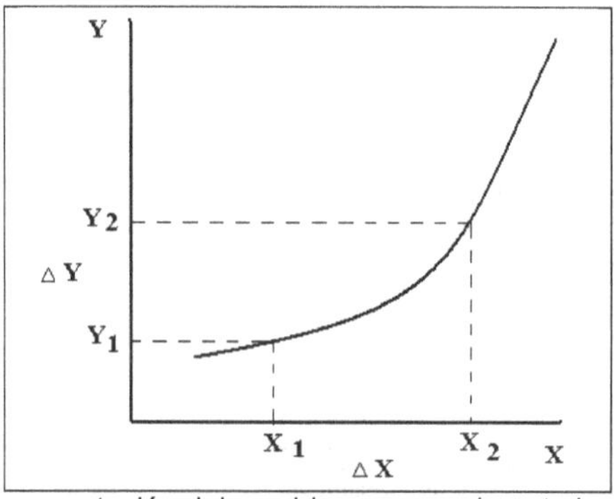

Figura 2.1. Representación del cambio que experimenta la variable *Y* ante cambios en la variable *X*.

A medida que el ΔX se reduce y tiende a cero, la tasa de cambio se aproxima a la tasa instantánea de cambio, la cual corresponde a la pendiente de la tangente que corta la curva en dicho punto. A tal pendiente se le conoce como la derivada de la función y se expresa como dY/dX o como $f'(X)$ (figura 2.2).

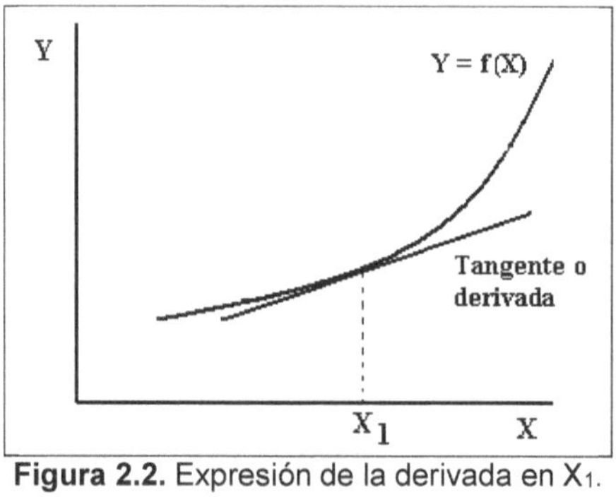

Figura 2.2. Expresión de la derivada en X_1.

La tabla 2.1 y la figura 2.3 exponen las derivadas para algunas de las funciones más conocidas (de Thomas, 2005). En síntesis, la derivada de una línea recta es una constante; de una función exponencial es otra exponencial; de la función de potencia es una línea recta si *b* = 2, u otra función de potencia para otros valores de *b;* de una función logarítmica es una hipérbola; de una función polinomial de orden 2 es una línea recta y otra polinomial para órdenes diferentes a 2; de la función seno la función coseno.

Vale notar que para que una ecuación se pueda derivar, ésta debe ser continua en el dominio de la variable respecto a la cual se deriva.

Tabla 2.1. Derivadas de algunas funciones.

$\frac{d}{dX} \quad C = 0$	Función constante
$\frac{d}{dX} \quad CX = C$	Función lineal
$\frac{d}{dX} \quad X^n = nX^{n-1}$	Función de potencia
$\frac{d}{dX} \quad e^{f(x)} = e^{f(x)} . \frac{d}{dX} f(X)$	Función exponencial
$\frac{d}{dX} a + b \ln cX = \frac{b}{X}$	Función logarítmica
$\frac{d}{dX} \ln(X + C) = \frac{1}{X + C} \frac{d}{dX}(X + C)$	Función logarítmica
$\frac{d}{dX}(\log_a X) = \frac{1}{X} \log_a e = \frac{1}{X \ln a}$	Función logarítmica
$\frac{d}{dX} \quad C^x = C^x \ln C$	Función de potencia modificada
$\frac{d}{dX} f(X) \pm g(X) = \frac{d}{dX} f(X) \pm \frac{d}{dX} g(X)$	Adición o substracción de funciones
$\frac{d}{dX} f(X).g(X) = f(X). \frac{d}{dX} g(X) + g(X) \frac{d}{dX} f(X)$	Multiplicación de funciones
$\frac{d}{dX} \frac{f(X)}{g(X)} = \frac{g(X). \frac{d}{dX} f(X) - f(X) \frac{d}{dX} g(X)}{g(X)^2}$	División de funciones
$\frac{d}{dX} sen\, X = \cos X$	Función seno
$\frac{d}{dX} \cos X = -sen\, X$	Función coseno

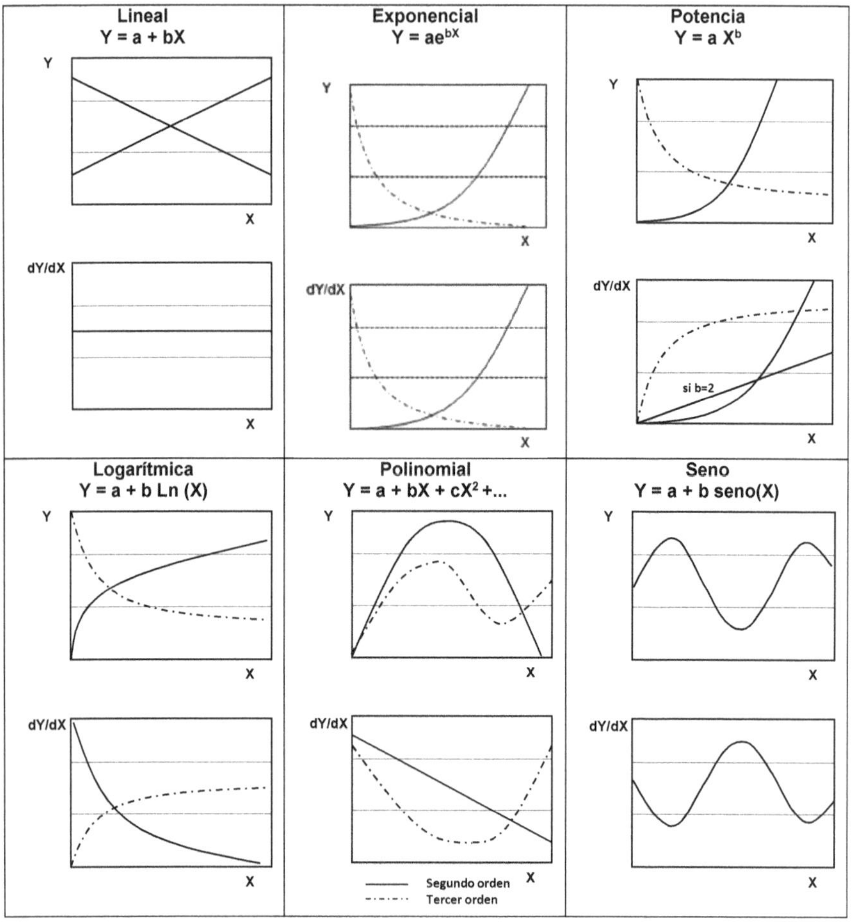

Figura 2.3. Algunas funciones comunes y sus derivadas.

3. SOLUCIONES ANALÍTICAS Y NUMÉRICAS

Existen hoy día numerosas técnicas para solucionar modelos matemáticos, no obstante, en el marco de este libro se hará alusión únicamente a 2 de ellas: las soluciones *analíticas* y las *numéricas*. Las primeras se emplean cuando se cuenta con las ecuaciones primitivas (integral o antiderivada) de la ecuación diferencial como por ejemplo:

$Y_t = Y_0 e^{kX}$ es la primitiva de la ecuación diferencial:

$$\frac{dY}{dX} = kY$$

Las segundas, por otro lado, se emplean cuando se desconocen tales primitivas o cuando se tienen modelos más complejos que están planteados mediante diversas ecuaciones diferenciales:

$$\frac{dY}{dX} = aXZ - bY$$

$$\frac{dZ}{dX} = cZ - dZY$$

El desarrollo de programas de computador que emplean la última técnica permite un acercamiento a la modelación desde las ecuaciones diferenciales, incluso en problemas de modelación sencillos. Los siguientes 2 ejemplos ilustran el desarrollo de estas técnicas.

3.1 Modelo Lineal: Residuos Sólidos 1

En el capítulo previo se ilustró que la ecuación de producción de residuos de una industria estaba definida por la ecuación:

$$Residuos\ (Kg) = 50 \times Días$$

Solución analítica:

La ecuación anterior constituye la solución analítica del problema bajo estudio y para propósitos de modelación se deben precisar las condiciones en que operará el modelo, las cuales incluyen:

- Unidad de tiempo: días
- Cambio en la unidad de tiempo (*dt*): 1 día (dt = 1)
- Dominio de tiempo que será simulado; de t = 0 a t = 5
- Valor inicial de los Residuos: Residuos $_{t=0}$ = 0 Kg

Establecidas las condiciones previas, se reemplazan los valores correspondientes de la variable *X* en la ecuación y se obtiene la solución de *Y*, así:

Tiempo (días)	**Residuos (Kg)**
0	50 x 0 = 0
1	50 x 1 = 50
2	50 x 2 = 100
3	50 x 3 = 150
4	50 x 4 = 200
5	50 x 5 = 250

La figura 3.1 expone los resultados de este modelo.

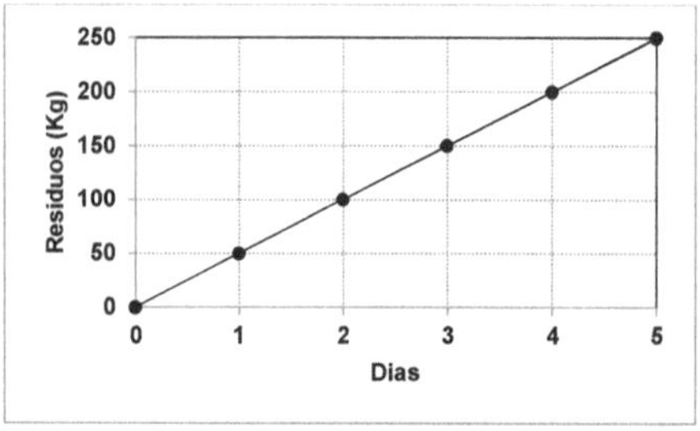

Figura 3.1. Modelación de la producción de residuos durante 5 días.

Solución numérica:

La solución numérica parte de la ecuación diferencia la cual se expresa como:

$$Y_2 = Y_1 + \frac{\Delta Y}{\Delta X}\Delta X$$

Esta ecuación indica que la cantidad de *Y* en un valor particular de *X*, es igual a la cantidad de *Y* en otro punto de *X*, más el cambio ocurrido en *Y* por el cambio ocurrido en *X*. Para aquellas situaciones en que la variable *X* se refiere al tiempo, se habla de modelación dinámica y la ecuación anterior se transforma a:

$$Y_t = Y_{t-1} + \frac{\Delta Y}{\Delta t}\Delta t$$

Es decir que, la cantidad de *Y* en un tiempo determinado, es igual a la cantidad de *Y* en el tiempo anterior, más el cambio ocurrido en *Y* durante ese período. A medida que el delta de tiempo se reduce y tiende a cero, la ecuación diferencia se puede expresar a partir de la tasa instantánea así:

$$Y_t = Y_{t-1} + \frac{dY}{dX}dX$$

Para el ejemplo en curso las ecuaciones que permiten resolver el modelo por la vía numérica son entonces las siguientes:

$$Residuos_t = Residuos_{\,t-1} + \frac{dResiduos}{dtiempo}dtiempo$$

$$\frac{dResiduos}{dtiempo} = 50$$

La primera ecuación representa la ecuación diferencia en el contexto del ejemplo y la segunda la derivada de la función primitiva. Al igual que en el modelo analítico, se deben especificar las condiciones en que operará el modelo que, para este ejemplo, son las mismas:

- Unidad de tiempo: días
- Cambio en la unidad de tiempo (*dt*): 1 día (dt = 1)
- Dominio de tiempo que será simulado: de t = 0 a t = 5
- Valor inicial de los Residuos: Residuos $_{t=0}$ = 0 Kg

La tabla 3.1 expone los resultados del modelo empleando la solución numérica.

Tabla 3.1. Cálculos de solución del modelo de residuos.

Tiempo (días)	**Residuos $_{t-1}$**	$\frac{\mathrm{dResiduos}}{\mathrm{dtiempo}} dtiempo$	**Residuos $_{t}$**
0	0	50	0 + 50 x 1 = 50
1	50	50	50 + 50 x 1 = 100
2	100	50	100 + 50 x 1 = 150
3	150	50	150 + 50 x 1 = 200
4	200	50	200 + 50 x 1 = 250
5	250		

En funciones y modelos lineales como el anterior, los resultados de la solución analítica y la solución numérica son iguales en diferentes valores de *dt*. Por lo anterior, los modelos lineales se pueden trabajar de forma relativamente sencilla en hojas de Excel.

3.2 Modelo no Lineal: Crecimiento Exponencial

Para abordar esta función se simula el desempeño de una bacteria que se reproduce a una tasa (r) de 0,75 por día, condición que da lugar a una función exponencial (Vandermeer, 1981) con las siguientes ecuaciones:

$$N_t = N_{t-1} + \frac{dN}{dt} dt \text{ ; Ecuación diferencia}$$

$$N_t = N_0 K^t = N_0\, e^{rt} = 1\, e^{0,75t} \text{ ; Solución analítica}$$

$$\frac{dN}{dt} = rN\, dt = 0{,}75N\, dt \text{ ; Ecuación diferencial}$$

Las condiciones en que opera el modelo son a su vez:

- Unidad de tiempo: días
- Cambio en la unidad de tiempo: se evaluará la solución analítica con 3 deltas de tiempo diferentes: *dt = 1; dt = 0,1 ; dt = 0,01*
- Tiempo de simulación: desde t_0 hasta t_5
- Número inicial de bacterias: Bacterias $_{t=0}$ = 1

Los resultados generales se exponen en la tabla 3.2 y en la figura 3.2, en tanto la tabla 3.3 muestra el procedimiento para *dt = 0,1*. Se observa claramente, que la solución numérica para *dt = 1* es muy disímil a la solución analítica y subestima ampliamente el valor de la población. Este sesgo se reduce consistentemente para *dt = 0,1* y desaparece casi en su totalidad para dt = *0,01*. Por lo anterior, el empleo de soluciones numéricas en modelos no lineales por este método (Euler) requiere de unidades de tiempo (*dt*) muy pequeñas.

Tabla 3.2. Resultados del modelo bajo las soluciones analítica y numérica.

	Solución analítica	**Solución numérica**		
		dt = 1	**dt = 0,1**	**dt = 0,01**
t	**Nt**	**Nt**	**Nt**	**Nt**
0	1,0	1,0	1,0	1,0
1	2,1	1,8	2,1	2,1
2	4,5	3,1	4,2	4,5
3	9,5	5,4	8,8	9,4
4	20,1	9,4	18,0	19,9
5	42,5	16,4	37,2	41,9

Tabla 3.3. Resultados del modelo para la solución numérica con dt = 0,1.

t	$N_t = N_{t-1} + r N_{t-1} dt$	t	$N_t = N_{t-1} + r N_{t-1} dt$
0	**1,0**	2,6	6,1 + 0,75 x 6,1 x 0,1 = 6,6
0,1	1,0 + 0,75 x 1,0 x 0,1 = 1,1	2,7	6,6 + 0,75 x 6,6 x 0,1 = 7,0
0,2	1,1 + 0,75 x 1,1 x 0,1 = 1,2	2,8	7,0 + 0,75 x 7,0 x 0,1 = 7,6
0,3	1,2 + 0,75 x 1,2 x 0,1 = 1,2	2,9	7,6 + 0,75 x 7,6 x 0,1 = 8,1
0,4	1,2 + 0,75 x 1,2 x 0,1 = 1,3	**3,0**	**8,1 + 0,75 x 8,1 x 0,1 = 8,8**
0,5	1,3 + 0,75 x 1,3 x 0,1 = 1,4	3,1	8,8 + 0,75 x 8,8 x 0,1 = 9,4
0,6	1,4 + 0,75 x 1,4 x 0,1 = 1,5	3,2	9,4 + 0,75 x 9,4 x 0,1 = 10,1
0,7	1,5 + 0,75 x 1,5 x 0,1 = 1,7	3,3	10,1 + 0,75 x 10,1 x 0,1 = 10,9
0,8	1,7 + 0,75 x 1,7 x 0,1 = 1,8	3,4	10,9 + 0,75 x 10,9 x 0,1 = 11,7
0,9	1,8 + 0,75 x 1,8 x 0,1 = 1,9	3,5	11,7 + 0,75 x 11,7 x 0,1 = 12,6
1,0	**1,9 + 0,75 x 1,9 x 0,1 = 2,1**	3,6	12,6 + 0,75 x 12,6 x 0,1 = 13,5
1,1	2,1 + 0,75 x 2,1 x 0,1 = 2,2	3,7	13,5 + 0,75 x 13,5 x 0,1 = 14,5
1,2	2,2 + 0,75 x 2,2 x 0,1 = 2,4	3,8	14,5 + 0,75 x 14,5 x 0,1 = 15,6
1,3	2,4 + 0,75 x 2,4 x 0,1 = 2,6	3,9	15,6 + 0,75 x 15,6 x 0,1 = 16,8
1,4	2,6 + 0,75 x 2,6 x 0,1 = 2,8	**4,0**	**16,8 + 0,75 x 16,8 x 0,1 = 18,0**
1,5	2,8 + 0,75 x 2,8 x 0,1 = 3,0	4,1	18,0 + 0,75 x 18,0 x 0,1 = 19,4
1,6	3,0 + 0,75 x 3,0 x 0,1 = 3,2	4,2	19,4 + 0,75 x 19,4 x 0,1 = 20,9
1,7	3,2 + 0,75 x 3,2 x 0,1 = 3,4	4,3	20,9 + 0,75 x 20,9 x 0,1 = 22,4
1,8	3,4 + 0,75 x 3,4 x 0,1 = 3,7	4,4	22,4 + 0,75 x 22,4 x 0,1 = 24,1
1,9	3,7 + 0,75 x 3,7 x 0,1 = 4,0	4,5	24,1 + 0,75 x 24,1 x 0,1 = 25,9
2,0	**4,0 + 0,75 x 4,0 x 0,1 = 4,2**	4,6	25,9 + 0,75 x 25,9 x 0,1 = 27,8
2,1	4,2 + 0,75 x 4,2 x 0,1 = 4,6	4,7	27,8 + 0,75 x 27,8 x 0,1 = 29,9
2,2	4,6 + 0,75 x 4,6 x 0,1 = 4,9	4,8	29,9 + 0,75 x 29,9 x 0,1 = 32,2
2,3	4,9 + 0,75 x 4,9 x 0,1 = 5,3	4,9	32,2 + 0,75 x 32,2 x 0,1 = 34,6
2,4	5,3 + 0,75 x 5,3 x 0,1 = 5,7	**5,0**	**34,6 + 0,75 x 34,6 x 0,1 = 37,2**
2,5	5,7 + 0,75 x 5,7 x 0,1 = 6,1		

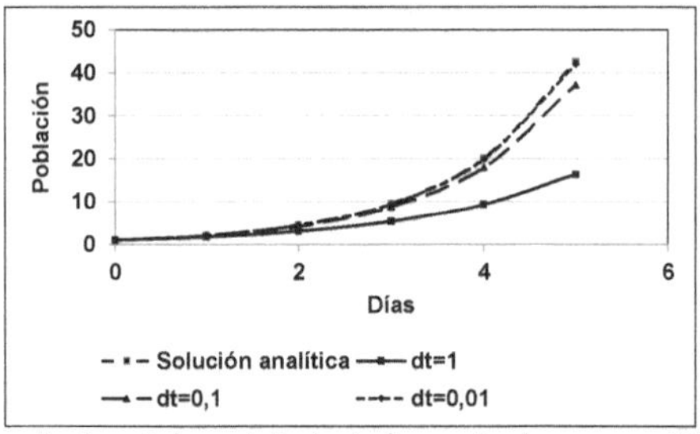

Figura 3.2. Resultados del modelo bajo las soluciones analítica y numérica.

Para sobrellevar este problema, los matemáticos Runge y Kutta propusieron 2 métodos de integración que se conocen como Runge-Kutta 2 y Runge-Kutta 4 (Keen y Spain, 1992). El primero, en esencia, emplea el promedio de 2 unidades de tiempo consecutivas (Tabla 3.4), en tanto el segundo, obtiene un valor ponderado para 4 unidades de tiempo (Tabla 3.5).

Tabla 3.4. Resultados para la solución numérica con Runge-Kutta 2 y dt = 1.

t	r	Nt	dt	dN/dt = r N dt	$\overline{dN/dt}$	t	$N_{t+1} = N_t + \overline{dN/dt}$
0	0,75	1	1	0,75	**1,03**	**1**	**1 + 1,03**
1	0,75	1 + 0,75	1	1,31			
1	0,75	1 + 1,03	1	1,52	**2,09**	**2**	**2,03 + 2,09**
2	0,75	2,03 + 1,52	1	2,67			
2	0,75	2,03 + 2,09	1	3,09	**4,25**	**3**	**4,13 + 4,25**
3	0,75	4,12 + 3,09	1	5,42			
3	0,75	4,12 + 4,25	1	6,29	**8,64**	**4**	**8,38 + 8,64**
4	0,75	8,37 + 6,29	1	11,00			
4	0,75	8,37 + 8,64	1	12,77	**17,56**	**5**	**17,02 + 17,56**
5	0,75	17,01 + 12,77	1	22,34			

Tabla 3.5. Resultados para la solución numérica con Runge-Kutta 4 y dt = 1 (para tiempos 0 a 2).

t	r	Nt	dt	dN/dt = r N dt
0	0,75	**1**	1	0,75
0	0,75	1 + 0,75 / 2	1	1,03
0	0,75	1 + 1,03 / 2	1	1,14
0	0,75	1 + 1,14	1	1,60
Promedio ponderado: (0,75 + 2 x 1,03 +2 x 1,14 + 1,60) / 6 = 1,11				
1	0,75	**2,11**	1	1,59
	0,75	2,11 + 1,59 / 2	1	2,18
	0,75	2,11 + 2,18 / 2	1	2,40
	0,75	2,11 + 3,39	1	3,39
Promedio ponderado: (1,59 + 2 x 2,18 + 2 x 2,40 + 3,39) / 6 = 2,36				
2		**4,47**		

La tabla 3.6 y la figura 3.3 exhiben los resultados para estos 2 métodos y en ellas se reconoce que los resultados de Runge-Kutta 4 son muy cercanos a los de la solución analítica.

Tabla 3.6. Resultados para la solución analítica y las soluciones numéricas con el método de integración de Runge-Kutta.

	Solución analítica	**Runge-Kutta 2, dt = 1**	**Runge-Kutta 4, dt = 1**
t	**Nt**	**Nt**	**Nt**
0	1,0	1,0	1,0
1	2,1	2,0	2,1
2	4,5	4,1	4,5
3	9,5	8,4	9,5
4	20,1	17,0	20,0
5	42,5	34,6	42,3

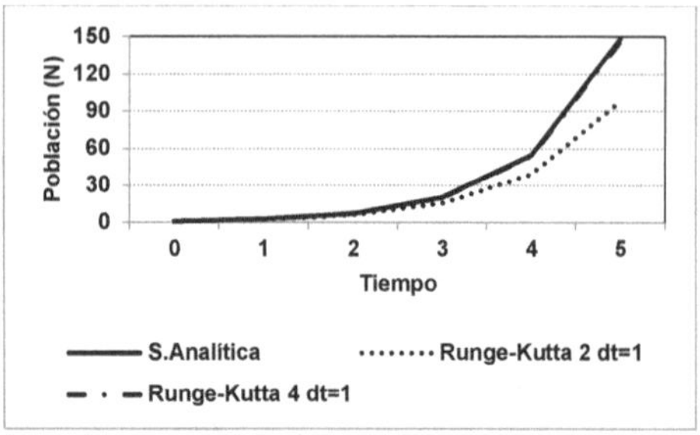

Figura 3.3. Resultados para la solución analítica y las soluciones numéricas con el método de integración de Runge-Kutta.

Los resultados previamente expuestos subrayan la notable importancia que tienen los métodos de integración y la magnitud del delta de tiempo (*dt*) en la modelación dinámica de modelos no lineales. Por lo anterior, los modelos no lineales expuestos a lo largo de este libro emplean de forma prioritaria el método de Runge-Kutta 4 con *dt = 1*. Esta última técnica es de difícil resolución en hojas de Excel, no así la técnica de Euler con *dt=0,01*, cuyos resultados son cercanos.

4. MODELACIÓN POR STELLA

Como punto de inicio es relevante señalar, que los modelos más simples se pueden resolver a través de la *solución analítica*, es decir, empleando la ecuación primitiva cuando se cuenta con ella y reemplazando los valores de las variables independientes para calcular la variable dependiente. La modelación de estos sistemas puede llevarse a cabo con ayuda de una calculadora o una hoja de cálculo.

En modelos más complejos donde no se cuenta con la solución analítica, se debe abordar el modelo desde una *solución numérica* tal como se ejemplificó en el numeral previo. Existen, no obstante, diversos software que han sido desarrollados específicamente para construir y correr modelos por esta vía, y entre ellos se encuentra *Stella* (*Systems Thinking Educational Learning Laboratory with Animation*), el cual se emplea a lo largo de este libro, no sin antes anotar que es un software de modelación *dinámica*, es decir, estudia los cambios de una variable, modelo o sistema en el tiempo.

Para implementar Stella es necesario conocer en primer lugar, los símbolos empleados por este programa los cuales se ilustran en la figura 4.1 y cuyos significados son los siguientes:

Stock: se refiere a variables que acumulan cuantías que ingresan o egresan a ellos a través de flujos de entrada y de salida. Representan a las variables de estado y generalmente se refieren a las variables objeto de estudio o variables dependientes. En el tiempo cero, el valor del *stock* debe representar las unidades acumuladas antes del inicio de la simulación, así, por ejemplo, en funciones lineales debe corresponder con el parámetro *a.*

Flow: se refiere a flujos de entrada o salida de los *stocks* mediante los cuales se añaden o retiran cantidades de éste. Hay de tipo *uniflow* que actúan en una única dirección, así como *biflow* que permiten desplazar cantidades positivas (entradas) o negativas (salidas) a través de él. El conjunto de *flows* asociados con un *stock* particular, representa la ecuación diferencial de dicho *stock* (dY/dt).

Converter: se trata de parámetros y constantes, o variables externas y auxiliares en los cuales se declaran o calculan magnitudes necesarias para la computación del modelo.

Action connector: se refiere a conectores (o flechas) a través de las cuales se transfiere información unidireccional entre *stocks, flows* y *converters.*

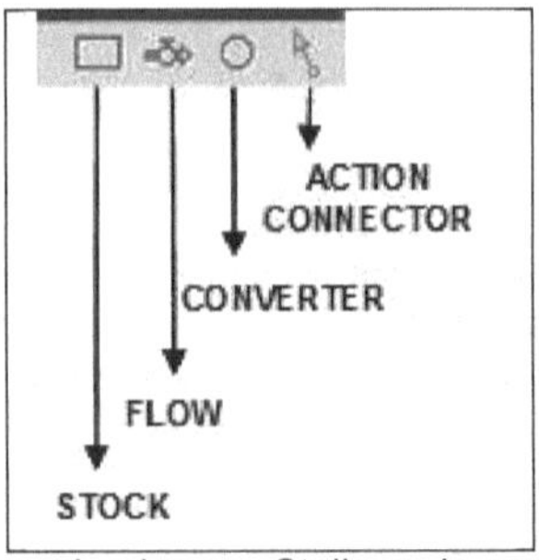

Figura 4.1. Símbolos empleados por Stella en la construcción de modelos.

Antes de abordar los ejemplos previos por vía de Stella, cabe anotar que los modelos con frecuencia se clasifican en determinísticos y estocásticos. Los primeros arrojan siempre los mismos resultados e involucran parámetros que no cambian de una a otra simulación o corrida del modelo. En los segundos, por el contrario, se involucran variables o parámetros aleatorios por lo que los resultados entre simulaciones cambian. En relación con los últimos, Stella cuenta con diferentes herramientas que posibilitan la modelación estocástica y éstas se abordan en el capítulo 8.

A continuación se ilustra el desarrollo mediante Stella, de los modelos desarrollados en el capítulo previo.

4.1 Modelo Lineal: Residuos Sólidos 1

En el numeral 4.1 se expone un modelo de residuos sólidos cuya solución analítica es:

Residuos (Kg) = 50 x Días

Y su derivada es:

$$\frac{dResiduos}{d\,tiempo} = 50$$

El modelo previo se puede resolver en Stella tanto desde la solución analítica como la diferencial. En el primer caso se trata simplemente de un cálculo numérico a partir de 2 *converters,* uno que representa la tasa de producción de residuos (Tasa) y otro que calcula los residuos para cada día (Residuos), con un conector que lleva la información del primero hacia el segundo (figura 4.2).

De otro lado, el modelo construido a partir de la ecuación diferencial, parte de la ecuación diferencia y con ello de la suma de los cambios en los residuos diarios. Tal procedimiento requiere, de forma tácita, la presencia de un *stock* (Residuos). En este caso, los residuos generados a través del tiempo se acumulan en el *stock*, mientras que en el primer caso solamente se calculan para cada unidad de tiempo.

Ecuación diferencia:

$$Residuos_t = Residuos_{t-1} + \frac{dResiduos}{dtiempo}dtiempo$$

Este último modelo involucra entonces los siguientes elementos:

Residuos: representa al *stock* o variable objeto de estudio. Su valor inicial o cuantía en el tiempo cero (t_0) es cero, puesto que no hay residuos acumulados previamente.

dR:dt: corresponde al flujo *–flow-* de residuos hacia el *stock* y representa la derivada que para el caso presente corresponde al parámetro *b = 50*. Dado que en este ejemplo el valor de la derivada es positivo, el flujo ingresa al *stock*.

Tasa: corresponde al parámetro *–converter-* que representa el valor de la pendiente de la función primitiva el cual equivale a la derivada o tasa de producción de residuos por día (*b = 50*).

Action connector: se trata del comando (flecha) que transfiere la información desde el *converter* al flujo de entrada.

Modelo por solución analítica	**Modelo por solución numérica**
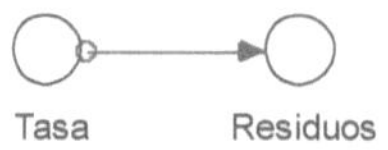	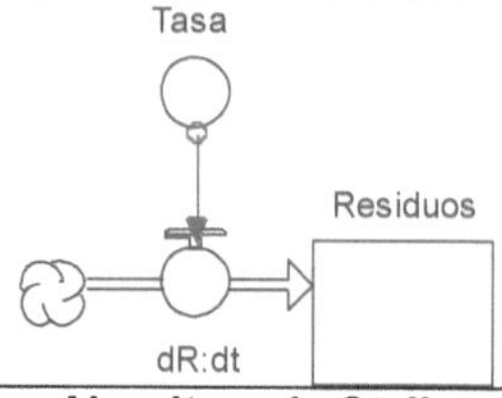
Algoritmo de Stella	**Algoritmo de Stella**
Residuos = Tasa * TIME Tasa = 50	**Residuos(t) = Residuos(t - dt) + (dR:dt) * dt** INIT Residuos = 0 INFLOWS: dR:dt = Tasa Tasa = 50

Figura 4.2. Modelos de producción de residuos. Izquierda: solución analítica. Derecha: solución por ecuación diferencial.

Cabe mencionar que Stella construye a partir de los diagramas que representan el modelo, su propio algoritmo el cual se ilustra en la parte inferior de la figura 4.2. Nótese que la solución numérica incluye un *stock* y, del mismo modo, incorpora la ecuación diferencia en torno a éste.

Para correr el modelo se llena la ventana expuesta en la figura 4.3 en la cual se define el tiempo de simulación (*from… to; 0 a 5*), el delta de tiempo (*DT; 1*), la unidad de tiempo (*Unit of time; days*) y el método de integración (*Integration Method; Euler´s Method).* Esta ventana se abre desde el ícono inferior izquierdo de la pantalla que denota un hombre corriendo y el menú de *Run Specs...* Para correr el modelo se oprime el ícono que denota *play* (triángulo de la izquierda).

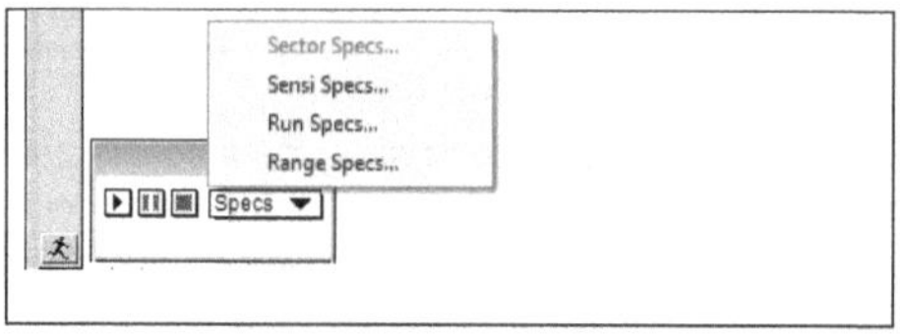

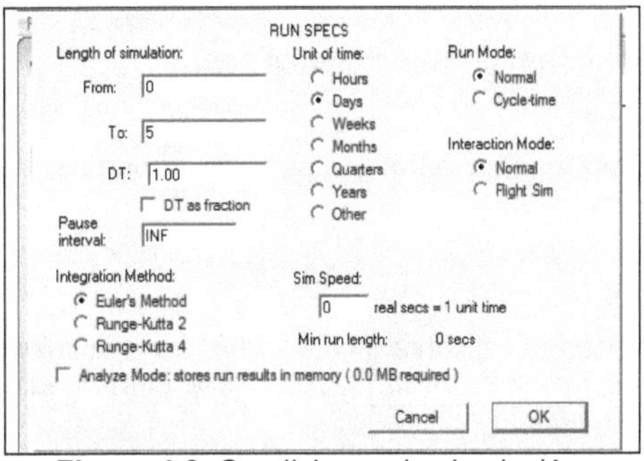

Figura 4.3. Condiciones de simulación.

Las salidas de Stella pueden darse como figura o como tabla, tal y como se ilustra en la figura 4.4.

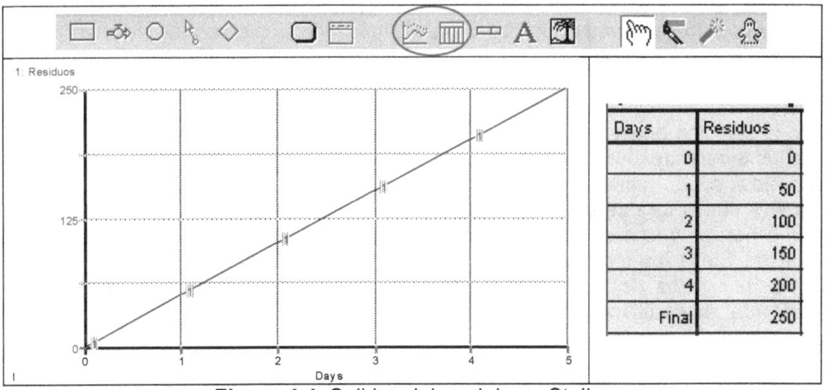

Figura 4.4. Salidas del modelo en Stella.

4.2 Modelo no Lineal: Crecimiento Exponencial

Tal como se describió en el numeral 3.2, se trata de una bacteria cuya población crece siguiendo la ecuación:

$$N_t = 1\, e^{0{,}75t}$$

Para mejor ilustración, se asumirá que la tasa de crecimiento de la bacteria corresponde a la diferencia entre la natalidad y la mortalidad ($r = b - m$) cuyos valores son $b = 1$ y $m = 0{,}25$.

La ecuación diferencial correspondiente es:

$$\frac{dN}{dt} = b\,N - m\,N \ = 1\,N - 0{,}25\,N$$

Al igual a lo realizado en el numeral previo, este modelo se desarrolla partiendo tanto de la solución analítica como de la solución numérica (figura 4.5). El modelo se ha corrido para un período de 5 días empleando el método de integración de Runge-Kutta 4 y un $dt = 1$. La salida del modelo se presenta en la figura 4.6 y corresponde a los valores ya expuestos en el numeral 3.2.

En la solución analítica se observa que cada nuevo parámetro se calcula a partir de los anteriores, por el contrario, en la solución numérica se formula nuevamente un *stock* cuyas entradas representan la parte positiva de la ecuación diferencial (bN) y cuyas salidas denotan la parte negativa de la misma (mN). Los 2 flujos contienen entonces el total de la ecuación diferencial y es muy importante notar que en Stella los términos positivos de la ecuación diferencial se incorporan al *stock* por flujos de entrada y los términos negativos por flujos de salida, no obstante, estos últimos se ingresan con valor positivo pues el flujo de salida ya tiene implícito el valor negativo.

Es necesario referir, que por coherencia interna del texto se ha empleado la coma (,) para la separación de decimales, sin embargo, el programa Stella emplea punto (.) en dicha separación.

Modelo por solución analítica	Modelo por ecuación diferencial
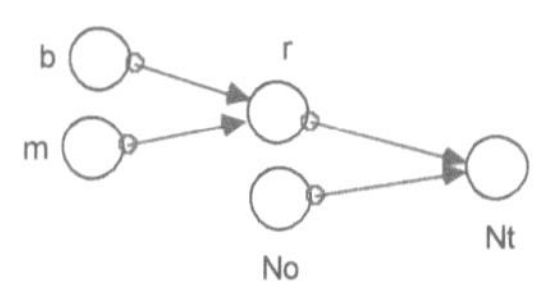	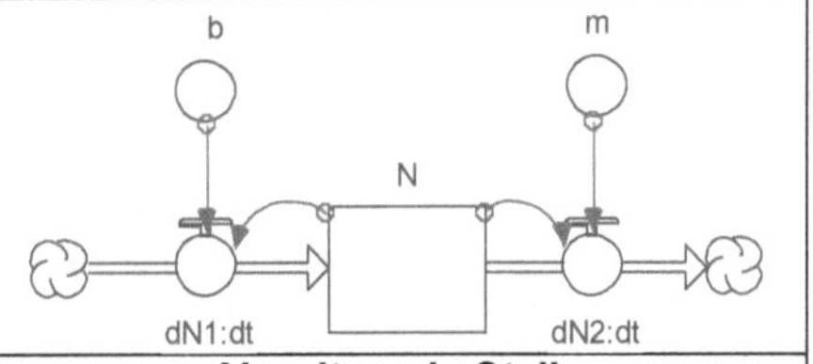
Algoritmo de Stella	**Algoritmo de Stella**
b = 1 m = 0,25 r = b - m No = 1 Nt = No * EXP(r * TIME)	**N(t) = N(t - dt) + (dN1:dt - dN2:dt) * dt** INIT N = 1 INFLOWS: dN1:dt = b * N OUTFLOWS: dN2:dt = m * N b = 1 m = 0,25

Figura 4.5. Modelo de crecimiento poblacional de las bacterias.

Days	N
0	1.0
1	2.1
2	4.5
3	9.5
4	20.0
Final	42.3

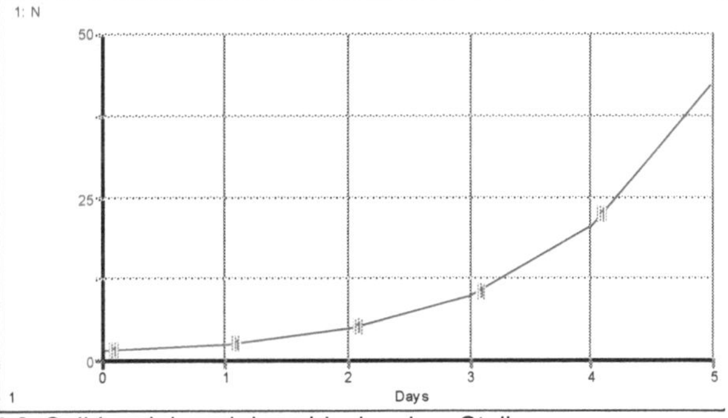

Figura 4.6. Salidas del modelo poblacional en Stella.

4.3 Modelo de Acuicultura

De acuerdo a lo expuesto en el capítulo previo, uno de los primeros aspectos a contemplar durante la construcción de un modelo matemático se refiere a si éste se formulará desde la solución analítica o a partir de ecuaciones diferenciales. En ello incide la complejidad de las interacciones, los desarrollos matemáticos en temas particulares y la destreza matemática del investigador. Además, la forma particular en que el investigador aborde el problema de investigación.

Con frecuencia los libros exponen muchas soluciones analíticas y se pueden construir innumerables modelos a partir de ellas, aunque, en áreas específicas, el desarrollo matemático se aborda únicamente con ecuaciones diferenciales. Al respecto, hoy día hay diversas páginas en Internet y software que desarrollan cálculos de derivadas e integrales en línea, lo que posibilita una aproximación más fácil a la formulación de modelos matemáticos por soluciones numéricas. En cualquier caso, hay que sentar de base que para la construcción del modelo matemático se requiere conocer el conjunto de ecuaciones y parámetros que interrelaciona a las variables incluidas en el modelo.

Para propósitos ilustrativos se desarrolla a continuación un ejemplo más complejo a los previos, empleando un procedimiento a pasos tanto para las soluciones analíticas como numéricas.

- *Modelo por Soluciones Analíticas:*

A continuación se expone un procedimiento a pasos que ilustra la construcción de un modelo de producción de biomasa en acuicultura el cual se fundamenta en:

- Curvas de crecimiento corporal en talla para la especie cultivada
- Relación corporal entre el peso y la talla
- Población de alevinos que se siembra en un estanque y que exhibe mortalidad exponencial y crecimiento corporal
- Curva de biomasa resultante de las anteriores
- Tasas de crecimiento corporal en talla (k) y de mortalidad (m) (expresadas en meses)
- Unidad de tiempo igual a 1 y corresponde a meses; el modelo se proyecta por 12 meses

Es absolutamente esencial aclarar que las diversas tasas que se incorporen a un modelo deben estar expresadas en una misma unidad de tiempo y esta última se debe corresponder, por demás, con la unidad de tiempo en que se corre el modelo. Así, por ejemplo, un modelo que corra en años debe incorporar todas las tasas como unidades de cambio por año, igual si se trata de meses, días u otra unidad de tiempo. En forma alternativa, el mismo modelo podría incluir los cálculos que lleven una tasa de una unidad de tiempo a otra.

Las ecuaciones que expresan este modelo y los parámetros (supuestos) son los siguientes:

Relación	Ecuación	Parámetros
Longitud = f(tiempo)*	$L_t = L_\infty(1 - e^{-kt})$	L_∞ = 200; k = -0,25
Peso individual = f(talla)*	$Peso = \ a\, Talla^b$	a = 0,5; b = 2,5
N = f(tiempo)	$N_t = N_0 e^{-mt}$	N_0 = 1 000; m = -0,15
Biomasa = f(N, Peso individual)	$Biomasa = N\ x\ \overline{Peso\ individual}$	

*Ecuaciones de Bertalanffy (2006)

La construcción a pasos del modelo se expresa a continuación:

i. Crecimiento corporal en longitud a través del tiempo: se emplea la solución analítica que estima la talla a partir del tiempo:

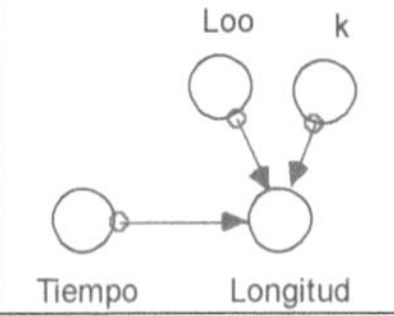

Longitud = Loo * (1 - EXP(k * Tiempo))
k = -0,25
Loo = 200
Tiempo = TIME

Para el manejo del tiempo se incluyó el comando TIME el cual responde a un comando interno de Stella que toma como valor la secuencia de unidades de tiempo (ej. para *dt =1: t = 0, 1, 2, 3...;* para *dt = 0,1: t = 0, 0,1, 0,2, 0,3...*).

ii. Crecimiento corporal en peso en el tiempo: se incorpora la solución analítica que estima el peso a partir de la talla:

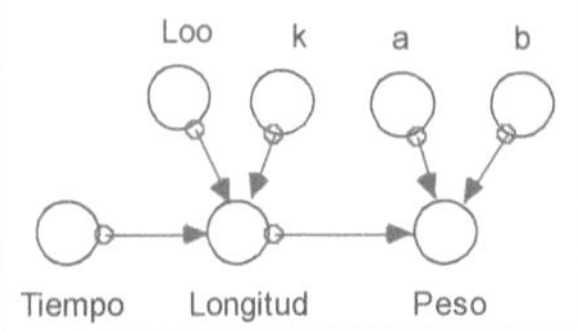

Longitud = Loo * (1 - EXP(k * Tiempo))
k = -0,25
Loo = 200
Tiempo = TIME
Peso = a * Longitud ^ b
a = 0,5
b = 2,5

iii. Mortalidad poblacional: se adiciona la solución analítica que estima el tamaño de la población a partir del tiempo:

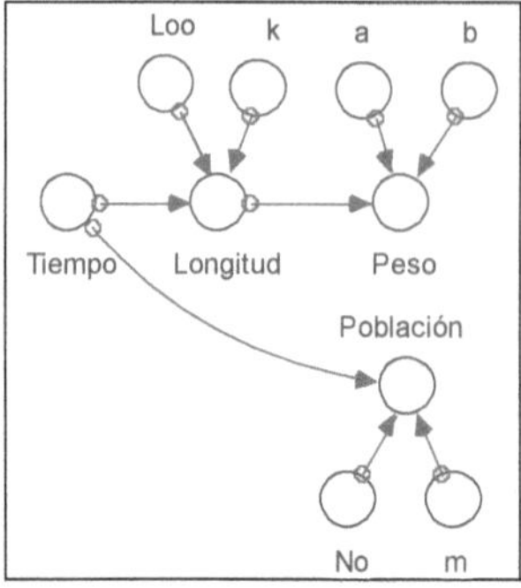

Longitud = Loo * (1 - EXP(k * Tiempo))
k = -0,25
Loo = 200
Tiempo = TIME
Peso = a * Longitud ^ b
a = 0,5
b = 2,5
Población = No * EXP(m * Tiempo)
No = 1 000
m = -0,15

iv. Biomasa poblacional: se incluye la solución analítica que estima la biomasa a partir del peso promedio por individuo y el número de individuos:

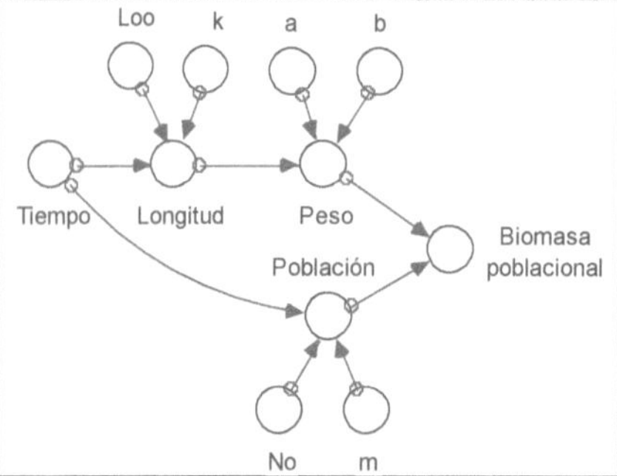

Longitud = Loo * (1 - EXP(k * Tiempo))
k = -0,25
Loo = 200
Tiempo = TIME
Peso = a * Longitud ^ b
a = 0,5
b = 2,5
Población = No * EXP(m * Tiempo)
No = 1 000
m = -0,15
Biomasa poblacional = Población * Peso

En este modelo se destaca el hecho de la carencia de *stocks* por cuanto se conocen las ecuaciones analíticas primitivas.

Las salidas gráfica y numérica del modelo se expresan en la figura 4.7 y en la tabla 4.1, para el método de integración de Runge-Kutta 4 y dt = 1. Se observan las siguientes curvas: asintótica de asociación exponencial para la longitud; logística asintótica para el peso corporal; exponencial inversa para el número de individuos; con tendencia cambiante para la biomasa poblacional y un máximo global hacia el séptimo mes.

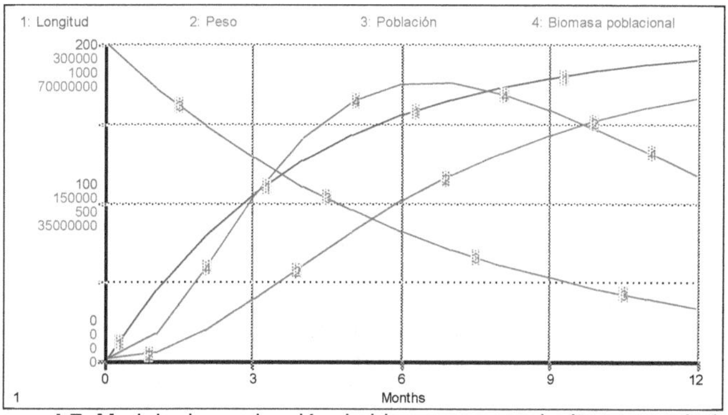

Figura 4.7. Modelo de producción de biomasa en acuicultura a partir de la solución analítica.

Tabla 4.1. Modelo de producción de biomasa en acuicultura a partir de la solución analítica.

Mes	Longitud (cm)	Peso (gr)	Población	Biomasa poblacional (gr)
0	0	0	1000	0
1	44	6 509	861	5 602 215
2	79	27 468	741	20 348 570
3	106	57 197	638	36 470 631
4	126	89 856	549	49 313 757
5	143	121 625	472	57 451 553
6	155	150 458	407	61 171 709
7	165	175 506	350	61 416 209
8	173	196 637	301	59 225 803
9	179	214 101	259	55 503 532
10	184	228 324	223	50 945 924
11	187	239 783	192	46 050 293
12	190	248 942	165	41 149 756

- *Modelo por Ecuaciones Diferenciales:*

Se construye sobre la base de las siguientes ecuaciones diferenciales:

Cambio de la longitud en el tiempo (de Bertalanffy, 2006):

$$\frac{dL}{dt} = k(L_\infty - L)$$

Mortalidad exponencial:

$$\frac{dN}{dt} = mN \text{ ; } siendo\ m\ negativo$$

Y las siguientes ecuaciones primitivas:

$$Peso = a\ Talla^{b}$$

$$Biomasa = N\ x\ \overline{Peso\ individual}$$

En la figura 4.8 se expone el modelo de producción de biomasa en acuicultura el cual arroja los mismos resultados previamente expuestos. Se destaca la inclusión de 2 *stocks* que responden a las ecuaciones diferenciales: i. Longitud, con flujo de entrada dado el incremento en talla; ii. Población, con flujo de salida en razón de la mortalidad de individuos.

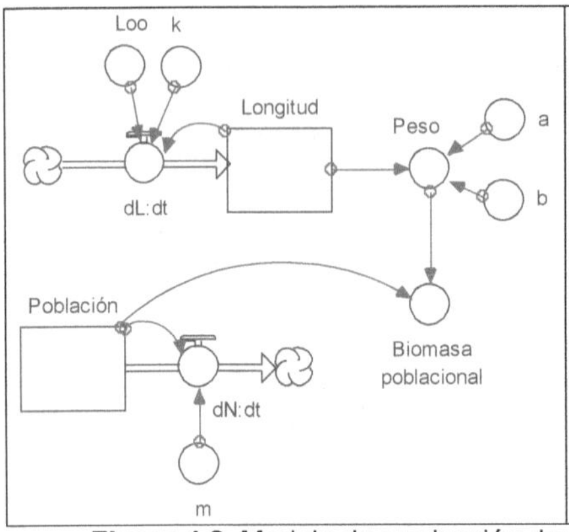

Longitud(t) = Longitud(t - dt) + (dL:dt) * dt
INIT Longitud = 0,01
INFLOWS:
dL:dt = k * (Loo - Longitud)

Población(t) = Población(t - dt) + (- dN:dt) * dt
INIT Población = 1 000
OUTFLOWS:
dN:dt = m * Población

Loo = 200
k = 0,25
m = 0,15
Peso = a * Longitud ^ b
a = 0,5
b = 2,5
Biomasa poblacional = Población * Peso

Figura 4.8. Modelo de producción de biomasa en acuicultura a partir de ecuaciones diferenciales y primitivas.

5. FORMULACIÓN Y CONSTRUCCIÓN DEL MODELO MATEMÁTICO

5.1 Protocolo de Modelación

Como primera medida hay que destacar, que no hay una única forma de construir un modelo matemático, sin embargo, diversos autores proponen protocolos de modelación que se aproximan al expuesto en la figura 5.1.

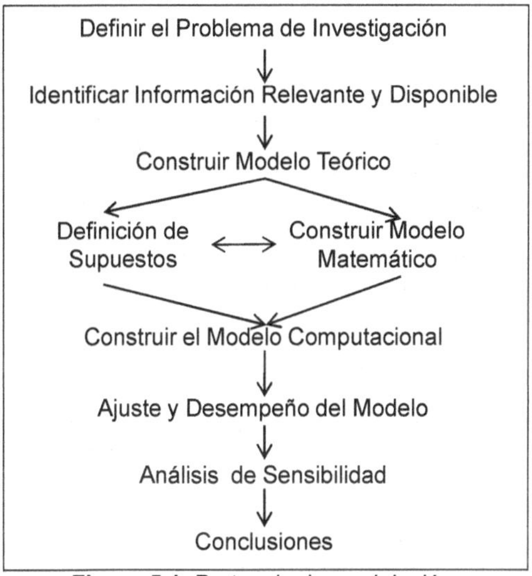

Figura 5.1. Protocolo de modelación.

La modelación inicia cuando se define y precisa una pregunta u objetivo de investigación, en la cual se da por sentado que se requiere para su resolución, de un modelo matemático. Por lo anterior, el investigador establece que aunque pueden existir diversas estructuras metodológicas para dar cuenta del problema de investigación, ha dado prelación al modelo matemático y cuenta con la capacidad económica, logística y de conocimientos para formularlo.

No está de más referir que como requisito previo debe haber conocimiento conceptual y teórico por parte del investigador en el tema objeto de estudio y, de hecho, este bagaje es precisamente el que le permite formular una pregunta de investigación adecuada y pertinente. De igual forma, dicha experticia le permitirá precisar el conjunto de variables que incide de forma relevante en el fenómeno estudiado, así como la información disponible o que debe ser buscada, medida o estimada.

A partir de este punto, se construye el modelo teórico que interrelaciona el conjunto de variables y parámetros involucrados, a la vez que se precisan las variables que se deben y se pueden incluir en el modelo. La exclusión de algunas variables es un paso común que tiene lugar, o bien, porque su papel es poco significativo; por su incidencia indirecta que puede ser capitalizada a partir de otras variables; porque se desconocen aspectos fundamentales de su interacción con el fenómeno; o porque se carece de datos e información secundaria que permitan su inclusión. La construcción del modelo teórico implica, además, la delimitación del sistema bajo estudio y la definición de las escalas de trabajo (espacial, temporal o ambas).

Acto seguido se realiza la construcción del modelo matemático en el cual se definen los supuestos que acompañan al mismo. Es relevante esclarecer si se *conoce la física del fenómeno,* es decir, si existen desarrollos teóricos que definen las ecuaciones y el comportamiento de las diferentes interrelaciones entre las variables (modelo físico), o si se emplearán funciones estadísticas que se aproximan a la respuesta del fenómeno (modelo empírico); en el primer caso los parámetros tienen una interpretación física, en el segundo no. Los primeros modelos podrían gozar de amplia generalidad en situaciones similares, mientras que los segundos se focalizan en casos particulares. Al respecto, con frecuencia se construyen modelos que vinculan los dos enfoques sobre la base del mayor o menor conocimiento de unas y otras variables.

Algunos ejemplos que permiten ilustrar los supuestos que acompañan a un modelo son: la tasa de reproducción de todas las hembras de una población animal es igual (ello puede indicar que se trabaja con el promedio); todos los individuos muestran igual sensibilidad a un contaminante (ídem); los organismos responden de forma inmediata a la limitación de recursos (no hay rezagos); no hay incidencia de otras variables distintas a las incluidas en el modelo (se han incluido las más relevantes); las proyecciones realizadas se basan en que una variable determinada pueda ser manejada y llevada a un valor específico; la tendencia actual del sistema se mantiene en el futuro, etc.

Una vez definido el modelo matemático y los supuestos que lo acompañan, se construye el modelo computacional que al tenor del presente libro, se trata de modelos matemáticos dinámicos formulados con ecuaciones diferenciales, en los que se emplean programas computacionales de modelación como *Stella, Vensim, Simulink* u otros similares.

Durante la construcción de los modelos matemático y computacional, se debe tener particular precaución en el manejo de las unidades (Ford, 1999); en que las ecuaciones sean racionales (ej. sumar manzanas con manzanas); en el balance de masas y en las leyes de conservación (ej. congruencia en la masa o energía que entra, se degrada y sale) (Dym, 2004). También es relevante la declaración de las tasas en una misma unidad de tiempo o la inclusión de los parámetros para tal conversión y, así mismo, correr el modelo en dicha unidad de tiempo.

Una vez se finaliza el modelo, se procede a su ajuste, el cual incluye aspectos de calibración y validación. La primera se refiere a cambios generalmente ligeros sobre los parámetros (re-parametrización) con el objeto de reducir la diferencia entre los valores simulados y los observados. La relación entre los valores asignados a un parámetro y el ajuste del modelo, se conoce como curva de calibración del parámetro. Con frecuencia se calibra el modelo a la luz de un grupo particular de registros u observaciones, pero se valida con una información diferente. Con ello se determina la generalidad del modelo y las condiciones en que opera.

La validación, por su parte, se realiza a través de funciones de desempeño que miden la diferencia entre los valores observados y simulados. Algunas medidas de desempeño de amplia aplicación son las siguientes (Domínguez et al., 2011):

- *Error medio (Mean error –ME-).* Su valor positivo o negativo indica la presencia de sesgos en el modelo:

$$ME = \frac{1}{n}\sum_{i=1}^{n}(Observado - Estimado)$$

- *Error absoluto medio (Mean absolute error-MAE-).* Acumula de forma positiva los valores sobre y subestimados y, por ende, mide el ajuste del modelo:

$$MAE = \frac{1}{n}\sum_{i=1}^{n}|Observado - Estimado|$$

- *Error absoluto relativo medio (Mean absolute relative error –MARE-).* Es similar a MAE pero a diferencia de aquel, expone el error del modelo como un porcentaje de la variable evaluada:

$$MARE = \frac{1}{n}\sum_{i=1}^{n}\frac{|\ Observado - Estimado\ |}{Observado}$$

- *Coeficiente de determinación (-r^2-).* Este coeficiente ya había sido presentado en la sección de estimación de parámetros y evalúa el ajuste de la línea recta entre los valores observados y estimados. Si bien no permite identificar la presencia de sesgos del modelo, se puede complementar con pruebas de hipótesis que evalúen si el punto de corte es igual o diferente de cero, y si la pendiente es igual o diferente de 1. Con estas pruebas se pueden identificar sesgos o se pone al descubierto el desempeño del modelo en diferentes dominios de *X*.

$$r^2 = \frac{\sum Obs.Est. - \sum Obs \sum Est\,/n}{\sqrt{\left(\sum Obs^2 - \frac{(\sum Obs)^2}{n}\right)\left(\sum Est^2 - \frac{(\sum Est)^2}{n}\right)}}$$

Vale referir que en muchas situaciones no hay forma de evaluar el ajuste del modelo o su desempeño y, en particular, cuando se hacen proyecciones a mediano o largo plazo. En tales casos la experticia del investigador ayudará a establecer la sensatez de las salidas del modelo y alertará a los usuarios sobre los supuestos del mismo.

Adicionalmente, suele ser de interés realizar un análisis de sensibilidad el cual se refiere a los cambios que se generan en la salida del modelo, ante cambios en cada parámetro. Con ello se evalúa la importancia de cada parámetro o variable en el fenómeno estudiado. Para el caso de Stella, en la ventana de *run* y en la instrucción *Sensi Specs…* se encuentra el comando que permite realizar este tipo de análisis.

La modelación termina con las conclusiones las cuales pueden darse en 2 ámbitos: 1. El modelo, sus condiciones teóricas, supuestos, potencial de generalización, precisión e incertidumbre. 2. El objeto de estudio.

5.2 Diagramas Causales

Un punto de partida práctico para la comprensión de un fenómeno ecológico o ambiental, es la construcción de un diagrama causal (causa-efecto) alrededor de la variable objeto de estudio y, por supuesto, el primer paso es precisar esta última. Acto seguido, el investigador debe identificar el conjunto de variables que afectan de forma directa e importante a dicha variable. Este conjunto de variables puede a su vez depender de un segundo grupo de variables que en lo posible debe ser también identificado, y que a su vez depende de un tercer grupo a identificar, etc.

Muy probablemente las ecuaciones que se establezcan para la construcción del modelo matemático no alcancen este segundo o tercer grupo de variables, pero su identificación, así como la comprensión del papel que juegan sobre la variable objetivo, sí resultan relevantes para una comprensión amplia del fenómeno investigado. En tal sentido, se puede alcanzar un enfoque sistémico y amplio de índole cualitativo, y uno reducido y detallado de naturaleza cuantitativa.

La figura 5.2 ilustra un ejemplo simple sobre el conjunto de variables que podrían incidir en el nivel de agua de un lago, diferenciando aquellas de acción directa, indirecta e incluso de condición regional, nacional o internacional. De este modo, la construcción de ecuaciones generales sigue la distinción previamente realizada:

Nivel del agua = f (Entradas, salidas)

Entradas, salidas = f (Variables indirectas)

Variables indirectas = f ((Variables regionales, nacionales, internacionales)

No puede pasarse por alto el papel de la condición previa de la variable, pues ésta define el punto de partida de los cambios que ocurren sobre ella. Así, por ejemplo, el nivel de un lago en un mes particular está ampliamente determinado por el nivel del mes anterior e incluso por los niveles de varios meses previos. Por tanto, un año seco incidirá de forma estrecha en los niveles del lago durante todo el año y, tal condición, también se expresará durante años lluviosos e incluso en años con lluvias cercanas al promedio histórico.

Tampoco debe pasarse por alto el rezago o tiempo de demora que tiene una variable en incidir sobre otra. Una lluvia intensa de carácter regional se reflejará minutos después de su inicio en los cauces más inmediatos, pero puede demorar horas o días en expresarse a cientos de kilómetros sobre la cuenca baja. Este tipo de situaciones debe quedar incluido en las ecuaciones del modelo así:

$$\textit{Nivel del agua}_{t} = f\,(\textit{Nivel del agua}_{t-\Delta i},\ \textit{Precipitación aguas arriba}_{t-\Delta i})$$

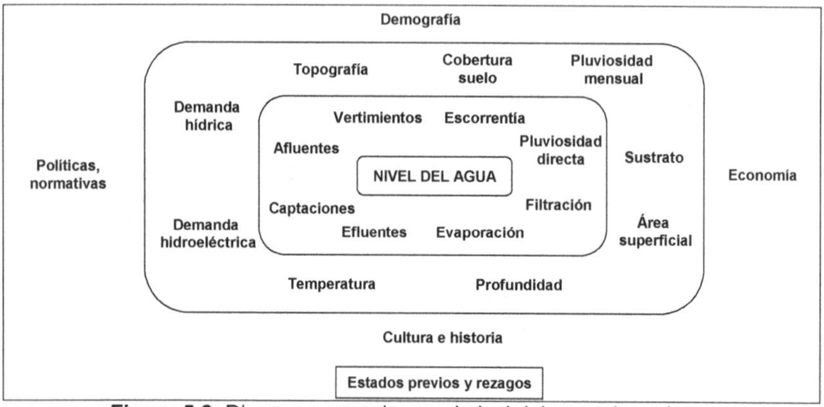

Figura 5.2. Diagrama causal para el nivel del agua de un lago.

6. MODELOS LINEALES

A partir de este capítulo se exponen diversos modelos relativamente simples y se invita a los lectores a darles solución por sí mismos, con base en el *Problema de modelación* y en las *Condiciones iniciales* expuestas en cada uno de ellos, aun así, los modelos se resuelven en su totalidad como guía de estudio y de comparación de resultados. Sobre el avance de los modelos se incorporan progresivamente situaciones más complejas, así como diversos comandos de Stella.

Los ejemplos en su mayoría corresponden a modelos determinísticos, por lo que los resultados o salidas del modelo son siempre los mismos sin importar cuántas veces se simulen o corran éstos. Estos modelos se fundamentan, en muchos casos, en que los parámetros corresponden a condiciones medias, sin que resulten de interés valores particulares. Si bien, en la vida diaria gran cantidad de situaciones tienen un comportamiento aleatorio, el operar con valores promedio permite inferir salidas o resultados en torno al valor esperado. De esta forma se habla, por ejemplo, de la tasa de deforestación anual, de la generación de residuos por semana, del consumo per cápita diario, etc.

Por último, vale señalar que en la casi totalidad de los ejemplos expuestos se privilegia la solución numérica, por lo que es recurrente el uso de *stocks*.

6.1 Modelo de Residuos Sólidos 2

Problema de modelación:

Una fábrica produce 50 Kg de residuos diariamente los cuales se almacenan en un contenedor de capacidad de 100 Kg. Si se retiran diariamente 25 Kg en horas de la mañana y 20 Kg en horas de la tarde, modele el contenido total del contenedor y determine el número de días en que se llena completamente. Tenga en cuenta que el contenedor contiene 35 Kg de residuos en el tiempo cero.

Condiciones iniciales:

- Unidad de tiempo: días
- Cambio en la unidad de tiempo: 1 (*dt* = *1*)
- El modelo se simula desde t_0 hasta alcanzar 100Kg en el contenedor
- Método de integración: Euler

Ecuaciones:

$$Res.Contenedor_{t} = Res.Contenedor_{t-1} + \frac{d\ Res.Contenedor}{dt}\ dt$$

$$Res.Contenedor_{t=0} = 35\ (Kg)$$

$$Res.\ Contenedor_{t} = Res.\ Contenedor_{t=0} + Res.Día \times Días - Res.AM \times Días - Res.PM \times Días$$

$$\frac{d\ Res.\ Contenedor}{dt} = 50 - 25 - 20\ (Kg/día)$$

La última ecuación resulta de derivar la inmediatamente anterior.

Modelo:

El modelo en Stella y su algoritmo se exponen en la figura 6.1 y la salida gráfica en la figura 6.2. Nótese que el *stock* corresponde al contenedor y de allí el cálculo de su derivada en las ecuaciones previas; a los flujos de entrada y salida de éste se le implementaron formatos condicionales *if then else* que representan lo siguiente: *si ocurre A entonces haga B sino haga C*. En el marco del presente ejemplo, entran o salen residuos del contenedor sólo si éste no está lleno.

La tabla 6.1 expone los resultados del modelo los cuales indican que el contenedor se llena completamente después de 13 días. Al respecto, es pertinente notar que el menú *Help* de *Stella* alerta que el comando *if then else* debe emplearse con el método de integración de Euler cuando se asignan valores de 0 ó 1 en tales condicionales.

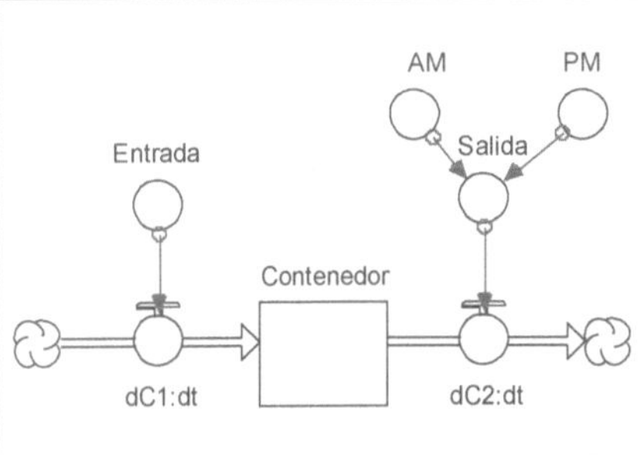

Contenedor(t) = Contenedor(t - dt) + (dC1:dt - dC2:dt) * dt
INIT Contenedor = 35
INFLOWS:
dC1:dt = IF (contenedor >= 100) THEN 0 ELSE Entrada
OUTFLOWS:
dC2:dt = IF (contenedor >= 100) THEN 0 ELSE Salida

Entrada = 50
AM = 25
PM = 20
Salida = AM + PM

Figura 6.1. Modelo de residuos en el contenedor.

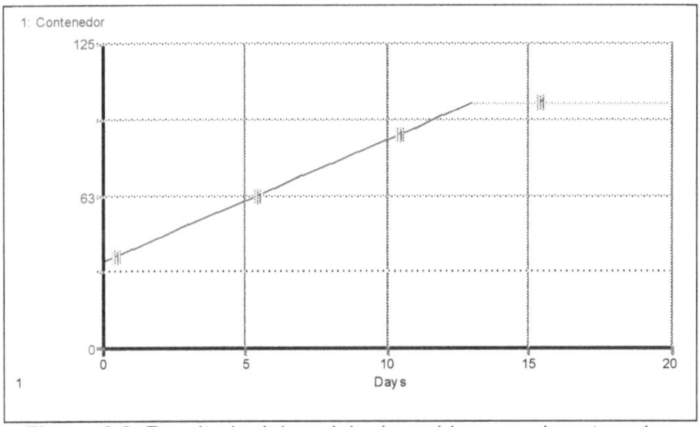

Figura 6.2. Resultado del modelo de residuos en el contenedor.

Tabla 6.1. Resultado del modelo de residuos en el contenedor.

Días	Residuos Contenedor (Kg)	Días	Residuos Contenedor (Kg)
0	35	7	70
1	40	8	75
2	45	9	80
3	50	10	85
4	55	11	90
5	60	12	95
6	65	13	100

6.2 Modelo de Residuos Sólidos 3

Problema de modelación:

Una empresa procesadora de fruta ingresa en promedio a su producción 200 Kg de materia prima por día. De la anterior, 15% da lugar a residuos de cáscaras, 10% a residuos de semillas y 5% a imperfectos de pulpa. Construya un modelo que evalúe el peso de cada uno de los residuos y el peso total de los residuos producidos durante 10 días.

Condiciones iniciales:

- Unidad de tiempo: días
- Cambio en la unidad de tiempo: 1 (*dt = 1*)
- El modelo se simula desde t_0 hasta t_{10}
- Método de integración: Euler

Ecuaciones:

$$Cáscara_t = Cáscara_{t-1} + \frac{d\,Cáscaras}{dt}\,dt$$

$$Cáscara_{t=0} = 0\ (Kg)$$

$$Cáscara_t = Materia\ prima \times Proporción\ cáscara \times Días$$

$$\frac{d\,Cáscara}{dt} = 200\ (Kg/día) \times 0{,}15$$

$$Semillas_t = Semillas_{t-1} + \frac{d\,Semillas}{dt}\,dt$$

$$Semilla_{t=0} = 0\ (Kg)$$

$$Semilla_t = Materia\ prima \times Proporción\ semilla \times Días$$

$$\frac{d\,Semilla}{dt} = 200\ (Kg/día) \times 0{,}10$$

$$Imperfectos_t = Imperfectos_{t-1} + \frac{d\,Imperfectos}{dt}\,dt$$

$$Imperfectos_{t=0} = 0\ (Kg)$$

$$Imperfectos_t = Materia\ prima \times Proporción\ imperfectos \times Días$$

$$\frac{d\,Imperfectos}{dt} = 200\ (Kg/día) \times 0{,}05$$

Total residuos = Cáscara + Semilla + Imperfectos (Kg)

Modelo:

El modelo y su algoritmo se ilustran en la figura 6.3 y los resultados de la simulación en la figura 6.4 y en la tabla 6.2. Para ello se implementaron 3 *stocks*, uno por cada tipo de residuo, y la información de éstos se englobó en un *converter* de *Residuos totales* que realiza la adición.

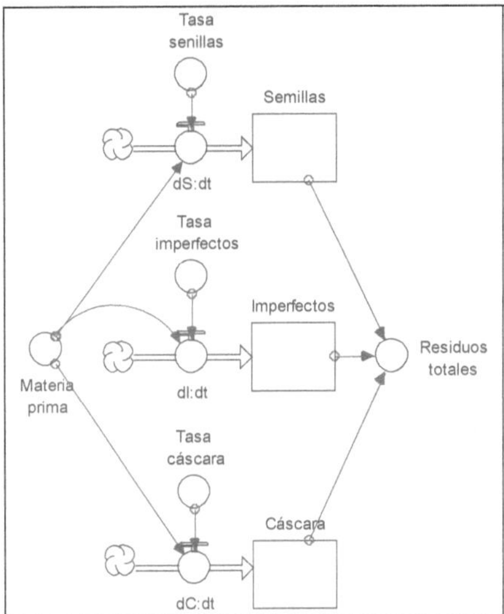

Cáscara(t) = Cáscara(t - dt) + (dC:dt) * dt
INIT Cáscara = 0
INFLOWS:
dC:dt = Tasa cáscara * Materia prima

Semillas(t) = Semillas(t - dt) + (dS:dt) * dt
INIT Semillas = 0
INFLOWS:
dS:dt = Tasa semillas * Materia prima

Imperfectos(t) = Imperfectos(t - dt) + (dI:dt) * dt
INIT Imperfectos = 0
INFLOWS:
dI:dt = Tasa imperfectos * Materia prima

Materia prima = 200
Tasa cáscara = 0,15
Tasa semillas = 0,1
Tasa imperfectos = 0,05
Residuos totales = Cáscara + Semillas + Imperfectos

Figura 6.3. Modelo de residuos de la procesadora de fruta.

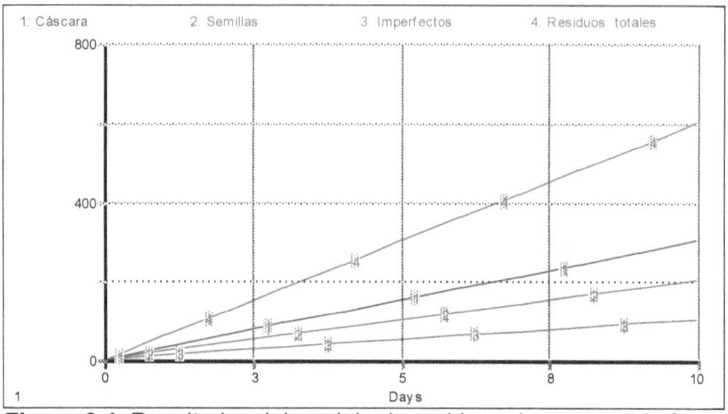

Figura 6.4. Resultados del modelo de residuos de proceso de fruta.

Tabla 6.2. Resultados del modelo de residuos de proceso de fruta.

Días	Cáscara (Kg)	Semilla (Kg)	Imperfectos (Kg)	Total (Kg)
0	0	0	0	0
1	30	20	10	60
2	60	40	20	120
3	90	60	30	180
4	120	80	40	240
5	150	100	50	300
6	180	120	60	360
7	210	140	70	420
8	240	160	80	480
9	270	180	90	540
10	300	200	100	600

6.3 Modelo de Relleno Sanitario 1

Problema de modelación:

Una ciudad cuenta con dos estratos socioeconómicos: en el estrato 1 (*E1*) hay 100 casas y en cada casa hay en promedio 4,3 personas que generan una media de 0,001 m^3 de residuos sólidos por persona/día. En el estrato 2 (*E2*) hay 50 casas y en cada casa hay en promedio 3,2 personas que generan una media de 0,002 m^3 de residuos por persona/día. Construya un modelo que permita estimar el tamaño requerido de un relleno sanitario para 10 años, teniendo en cuenta que el volumen de los residuos referido ya está compactado y que la población permanece constante.

Condiciones iniciales:

- Unidad de tiempo: años
- Cambio en la unidad de tiempo: 1 (*dt = 1*)
- El modelo se simula desde t_0 hasta t_{10}
- Método de integración: Euler

Ecuaciones:

$$\textit{Volumen Residuos E1}_t = \textit{Volumen Residuos E1}_{t-1} + \frac{d\,Vol.Residuos\;E1}{dt}\,dt$$

Volumen residuos E1 $_{t=0}$ *= 0 (*m^3*)*

Volumen residuos E1 = Días/año x Residuos/habitante.día E1 x Habitantes/casa E1 x No. Casas E1 x Años (m^3*)*

Res./hab.día E1 = 0,001 m^3

Hab./casa E1 = 4,3

No. Casas E1 = 100

$$\frac{d\,Vol.\,Residuos\;E1}{dt} = 365 \times 0{,}001 \times 4{,}3 \times 100\ (m^3/año)$$

$$\textit{Volumen Residuos E2}_t = \textit{Volumen Residuos E2}_{t-1} + \frac{d\,Vol.Residuos\;E2}{dt}\,dt$$

Volumen residuos E2 $_{t=0}$ *= 0 (*m^3*)*

Volumen residuos E2 = Días/año x Residuos/habitante.día E2 x Habitantes/casa E2 x No. Casas E2 x Años (m^3)

Res./hab.día E2 = 0,002 (m^3)

Hab./casa E2 = 3,2

No. Casas E2 = 50

$$\frac{d\,Vol.Residuos\,E2}{dt} = 365 \times 0{,}002 \times 3{,}2 \times 50\ (m^3/año)$$

Volumen total residuos = Volumen residuos E1 + Volumen residuos E2

Modelo:

El modelo y su algoritmo se exhiben en la figura 6.5 y los resultados de la simulación en la figura 6.6 y en la tabla 6.3. Se observan 2 *stocks* uno para cada estrato y se advierte que las tasas de residuos están expresadas originalmente por día, pero al multiplicarse por el número de días al año se transforman en tasas por año, siendo el año la unidad de tiempo de la simulación.

El resultado permite determinar que el volumen requerido para el relleno por un período de 10 años es de 2738 m^3.

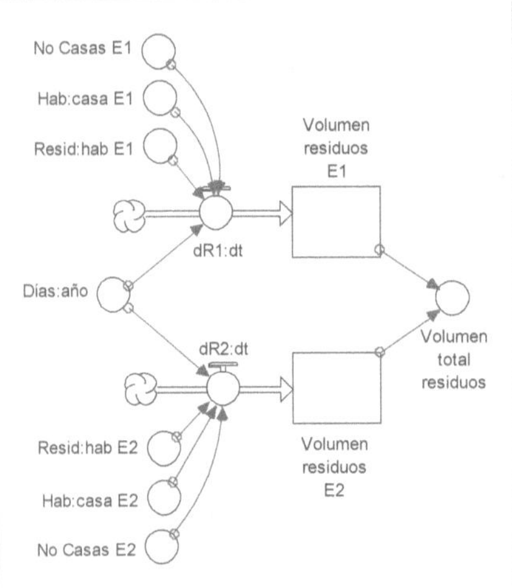

Volumen residuos E1(t) = Volumen residuos E1(t - dt) + (dR1:dt) * dt
INIT Volumen residuos E1 = 0
INFLOWS:
dR1:dt = Resid:hab E1 * Hab:casa E1 * No Casas E1 * Días:año

Volumen residuos E2(t) = Volumen residuos E2(t - dt) + (dR2:dt) * dt
INIT Volumen residuos E2 = 0
INFLOWS:
dR2:dt = Resid:hab E2 * Hab:casa E2 * No Casas E2 * Días:año

Días:año = 365
Hab:casa E1 = 4,3
Hab:casa E2 = 3,2
No Casas E1 = 100
No Casas E2 = 50
Resid:hab E1 = 0,001
Resid:hab E2 = 0,002
Volumen total residuos = Volumen residuos E1 + Volumen residuos E2

Figura 6.5. Modelo para estimar la capacidad del relleno sanitario.

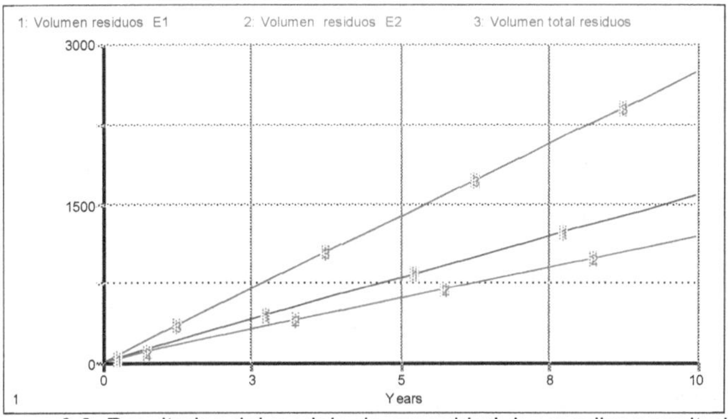

Figura 6.6. Resultados del modelo de capacidad de un relleno sanitario.

Tabla 6.3. Resultados del modelo de capacidad de un relleno sanitario.

Años	Volumen residuos E1 (m^3)	Volumen residuos E2 (m^3)	Volumen total residuos (m^3)
0	0	0	0
1	157	117	274
2	314	234	548
3	471	350	821
4	628	467	1 095
5	785	584	1 369
6	942	701	1 643
7	1 099	818	1 916
8	1 256	934	2 190
9	1 413	1 051	2 464
10	1 570	1 168	2 738

6.4 Modelo de Reservorio

Problema de modelación:

Un reservorio mantiene un volumen promedio de agua por mes de 20000 m^3 gracias a un equilibrio entre la escorrentía (100 m^3), la precipitación directa (20 m^3), la evaporación (60 m^3) y la infiltración (60 m^3) mensual. Se quiere emplear dicho reservorio para surtir temporalmente el acueducto de un desarrollo urbano futuro que prevé contar con 50 viviendas con un consumo promedio de 10 m^3 de agua por vivienda por mes. Con base en la información previa se quiere modelar el volumen del reservorio para un período de 2 años.

Condiciones iniciales:

- Unidad de tiempo: meses
- Cambio en la unidad de tiempo: 1 (*dt = 1*)
- El modelo se simula desde t_0 hasta t_{24}
- Método de integración: Euler

Ecuaciones:

$$Reservorio_{t} = Reservorio_{t-1} + \frac{d\,Reservorio}{dt}dt$$

$$Reservorio_{t=0} = 20000\ (m^3)$$

$$Reservorio_{t} = Reservorio_{t=0} + (Escorrentía + Precipitación - Evaporación - Infiltración - Consumo) \times Meses$$

Escorrentía =100 m³/mes

Precipitación = 20 m³/mes

Evaporación = 60 m³/mes

Infiltración = 60 m³/mes

Consumo = No. Viviendas x Consumo por vivienda/mes

No. Viviendas = 50

Consumo por vivienda/mes = 10 (m³/mes)

$$\frac{dReservorio}{dt} = 100 + 20 - 60 - 60 - 50 \times 10\ (m^3/mes)$$

Modelo:

El modelo en Stella se expone en la figura 6.7 y los resultados de la simulación para los 2 años en la figura 6.8 y en la tabla 6.4. Para ello se ha definido el reservorio como *stock* y sobre éste se llevan a cabo los ingresos y egresos hídricos.

El modelo indica que después de 2 años de consumo de agua, el volumen del reservorio descenderá hasta 8 000 m^3.

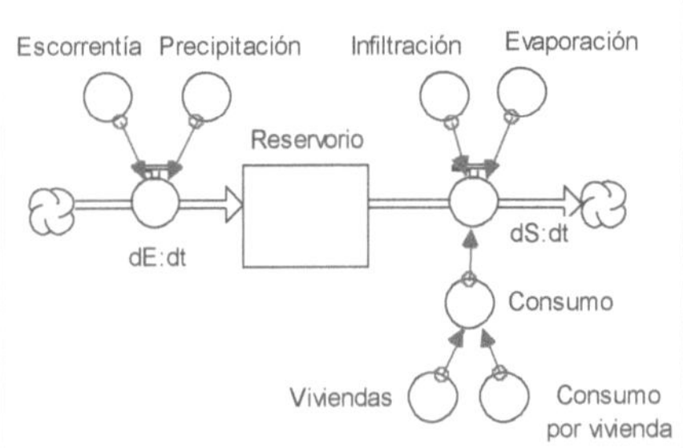

Reservorio(t) = Reservorio(t - dt) + (dE:dt - dS:dt) * dt
INIT Reservorio = 20 000
INFLOWS:
dE:dt = Escorrentía + Precipitación
OUTFLOWS:
dS:dt = Infiltración + Evaporación + Consumo

Escorrentía = 100
Precipitación = 20
Infiltración = 60
Evaporación = 60
Consumo = Consumo por vivienda * Viviendas
Consumo por vivienda = 10
Viviendas = 50

Figura 6.7. Modelo para estimar el volumen del reservorio.

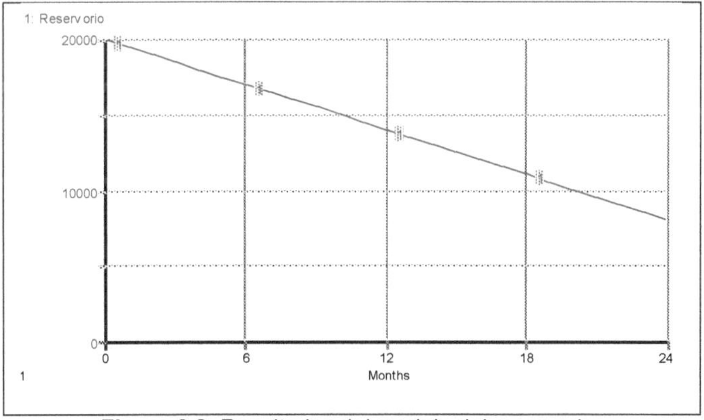

Figura 6.8. Resultados del modelo del reservorio.

Tabla 6.4. Resultados del modelo del reservorio.

Mes	Reservorio (m^3)
0	20 000
5	17 500
10	15 000
15	12 500
20	10 000
24	8 000

6.5 Modelo de Deforestación Lineal

Problema de modelación:

Un bosque natural de 200 hectáreas con una densidad media de 100 árboles por hectárea, es talado por 3 colonos que en promedio tumban 10, 12 y 15 árboles por día. Adicionalmente, el área talada se transforma en área agrícola a una tasa de 4 hectáreas por mes. Construya un modelo que ilustre el área del bosque, el área deforestada y el área destinada a la agricultura para los 2 primeros años de explotación del bosque.

Condiciones iniciales:

- Unidad de tiempo: meses
- Cambio en la unidad de tiempo: 1 (*dt = 1*)
- El modelo se simula desde t_0 hasta t_{24}
- Total de árboles $_{t=0}$ = 200 ha x 100 árb/ha = 20000 árboles
- Método de integración: Euler

Ecuaciones:

$$\text{Área bosque}_{t} = \text{Área bosque}_{t-1} + \frac{d\,\text{Área bosque}}{dt}\,dt$$

$$\text{Área bosque}_{t=0} = 200\ (ha)$$

$$\text{Área bosque}\ (ha)_t = \text{Área bosque}_{t=0} - \text{Área talada} \times \text{Meses}$$

$$\frac{d\text{Área bosque}}{dt} = -11{,}285\ (ha/mes)$$

$$\text{Área deforestada}_{t} = \text{Área deforestada}_{t-1} + \frac{d\,\text{Área deforestada}}{dt}\,dt$$

$$\text{Área deforestada}_{t=0} = 0\ (ha)$$

$$\text{Área deforestada}\ (ha) = (\text{Área talada} - \text{Área agrícola})\,x\ \text{Meses}$$

$$\frac{d\text{Área deforestada}}{dt} = 11{,}285 - 4 = 7{,}285\ (ha/mes)$$

$$\text{Área agrícola}_{t} = \text{Área agrícola}_{t-1} + \frac{d\,\text{Área agrícola}}{dt}\,dt$$

Área agrícola $_{t=0}$ = 0 (ha)

Área agrícola $_t$ (ha) = Tasa Área agrícola x Meses

$$\frac{dÁrea\ agrícola}{dt} = 4\ (ha/mes)$$

Asumiendo 30,5 días por mes, la tala mensual de los 3 colonos es:

Tala (Árboles/mes) = (Tala colono 1/día + Tala colono 2/día + Tala colono 3/día) x días/mes

Tala (Árboles/mes) = (10 + 12 + 15) x 30,5 = 1 128,5 (Árb/mes)

La tasa de tala en área es = 1 128,5 (Árb/mes) / 100 = 11,285 (ha/mes)

Densidad = 100 Árb/ha

Días /mes = 30,5

Modelo:

La figura 6.9 expresa el modelo de deforestación y la figura 6.10 y la tabla 6.5, los resultados del modelo. Nótese que en este ejemplo los *stocks* están conectados entre sí, ello por cuanto se trata de una misma característica (área) que cambia de una categoría a otra.

El modelo indica que a los 18 meses se ha talado completamente el bosque y, por tanto, hasta dicho mes crece el área deforestada, la cual decrece posteriormente al pasar progresivamente a uso agrícola. Transcurridos 2 años permanecen en proporciones cercanas las áreas deforestada y agrícola, pero a más largo plazo y de mantenerse la tendencia, el área deforestada desaparecerá y el paisaje estará completamente dominado por la agricultura.

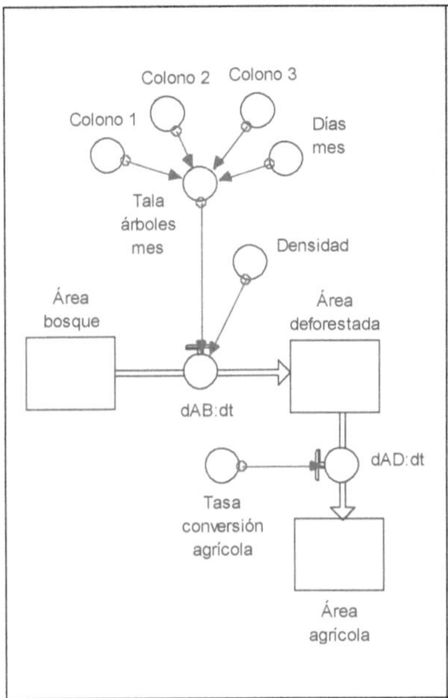

Área bosque(t) = Área bosque (t - dt) + (-dAB:dt) * dt
INIT Área bosque = 200
OUTFLOWS:
dAB:dt = Tala árboles mes / Densidad

Área deforestada(t) = Área deforestada(t - dt) + (dAB:dt - dAD:dt) * dt
INIT Área deforestada = 0
INFLOWS:
dAB:dt = Tala árboles mes / Densidad
OUTFLOWS:
dAD:dt = Tasa conversión agrícola

Área agrícola(t) = Área agrícola(t - dt) + (dAD:dt) * dt
INIT Área agrícola = 0
INFLOWS:
dAD:dt = Tasa conversión agrícola

Tala árboles mes = (Colono 1 + Colono 2 + Colono 3) * Días mes
Colono 1 = 10
Colono 2 = 12
Colono 3 = 15
Densidad = 100
Días mes = 30,5
Tasa conversión agrícola = 4

Figura 6.9. Modelo de deforestación.

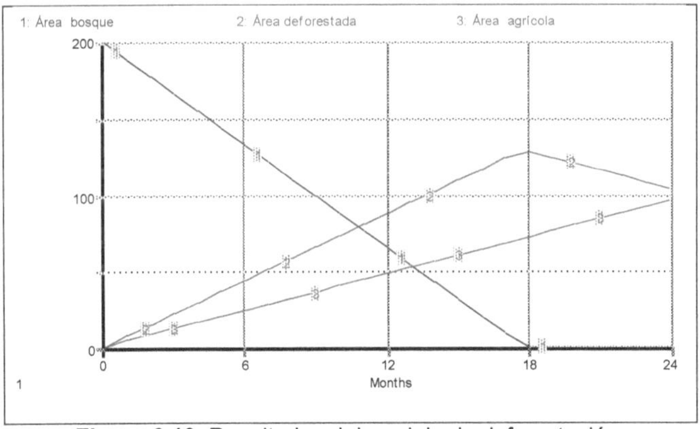

Figura 6.10. Resultados del modelo de deforestación.

Tabla 6.5. Resultados del modelo de deforestación.

Mes	Área bosque (ha)	Área deforestada (ha)	Área agrícola (ha)
0	200	0	0
5	144	36	20
10	87	73	40
15	31	109	60
20	0	120	80
24	0	104	96

6.6 Modelo de Emisiones Atmosféricas

Problema de modelación:

La emisión de contaminantes atmosféricos por fuentes móviles o de origen vehicular en una región dada, se puede definir como la suma de las emisiones de los diferentes tipos de vehículos, así:

$$\text{Total de emisiones} = \sum \text{Número de automóviles} \times \text{Kilómetros recorridos} \times \text{Tasa de emisión por kilómetro}$$

Construya un modelo que represente las emisiones vehiculares de CO_2 durante un año en una ciudad particular, dada la siguiente composición vehicular y características de operación:

Tipo de vehículo	**Cantidad**	**Recorrido medio (Km/semana)**	**Emisión media CO_2 (g/Km)**
Pesados	200	600	180
Ligeros	1 000	300	140
Motos	300	400	100

Condiciones iniciales:

- Unidad de tiempo: semana
- Cambio en la unidad de tiempo: 1 (*dt = 1*)
- El modelo se simula desde t_0 hasta t_{52}
- Método de integración: Euler

Ecuaciones:

$$\text{Emisión pesados}_t = \text{Emisión pesados}_{t-1} + \frac{d\ \text{Emisión pesados}}{dt}\, dt$$

$$\text{Emisión pesados}_{t=0} = 0\ (Kg)$$

$$\text{Emisión pesados}_t = \text{Emisión pesados}_{t=0} + \text{Número pesados} \times \text{Recorrido pesados} \times \text{Tasa emisión pesados} \times \text{Semanas}$$

$$\frac{d\ \text{Emisión pesados}}{dt} = 200\ x\ 600\ x\ 180\ /\ 1000\ \ (Kg/semana)$$

$$\text{Emisión ligeros}_t = \text{Emisión ligeros}_{t-1} + \frac{d\ \text{Emisión ligeros}}{dt}\, dt$$

Emisión ligeros $_{t=0}$ = 0 (Kg)

Emisión ligeros $_t$ = Emisión ligeros $_{t=0}$ + Número ligeros x Recorrido ligeros x Tasa emisión ligeros x Semanas

$$\frac{d\ Emisión\ ligeros}{dt} = 1000\ x\ 300\ x\ 140\ /\ 1000\ (Kg/semana)$$

$$Emisión\ motos_t = Emisión\ motos_{t-1} + \frac{d\ Emisión\ motos}{dt} dt$$

Emisión motos $_{t=0}$ = 0 (Kg)

Emisión motos $_t$ = Emisión motos $_{t=0}$ + Número motos x Recorrido motos x Tasa emisión motos x Semanas

$$\frac{d\ Emisión\ motos}{dt} = 300\ x\ 400\ x\ 100\ /\ 1000\ (Kg/semana)$$

Emisiones totales = Emis. pesados + Emis. ligeros + Emis. motos (Kg)

Modelo:

La figura 6.11 expresa el modelo de emisiones de CO_2 por fuentes móviles, discriminando en 3 *stocks* diferentes los aportes de cada tipo de vehículo. Dada la magnitud de los resultados estos fueron convertidos a kilogramos y de allí que las derivadas se dividiesen por 1 000.

La figura 6.12 y la tabla 6.6 exhiben los resultados del mismo.

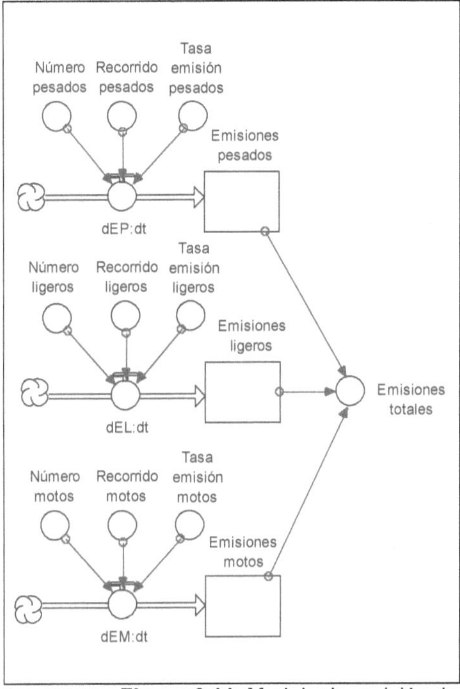

Emisiones pesados(t) = Emisiones pesados(t - dt) + (dEP:dt) * dt
INIT Emisiones pesados = 0
INFLOWS:
dEP:dt = Número pesados * Recorrido pesados * Tasa emisión pesados / 1 000

Emisiones ligeros(t) = Emisiones ligeros(t - dt) + (dEL:dt) * dt
INIT Emisiones ligeros = 0
INFLOWS:
dEL:dt = Número ligeros * Recorrido ligeros * Tasa emisión ligeros / 1 000

Emisiones motos(t) = Emisiones motos(t - dt) + (dEM:dt) * dt
INIT Emisiones motos = 0
INFLOWS:
dEM:dt = Número motos * Recorrido motos * Tasa emisión motos / 1000

Número pesados = 200
Número ligeros = 1 000
Número motos = 300
Recorrido pesados = 600
Recorrido ligeros = 300
Recorrido motos = 400
Tasa emisión pesados = 180
Tasa emisión ligeros = 140
Tasa emisión motos = 100
Emisiones totales = Emisiones pesados + Emisiones ligeros + Emisiones motos

Figura 6.11. Modelo de emisión de CO_2 por fuentes móviles.

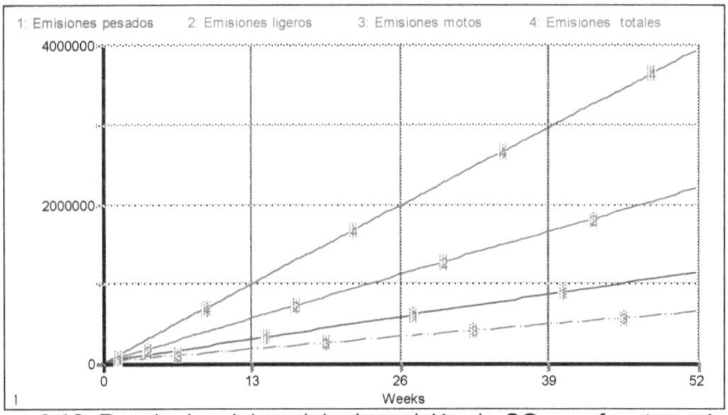

Figura 6.12. Resultados del modelo de emisión de CO_2 por fuentes móviles.

Tabla 6.6. Resultados del modelo de emisión de CO_2 por fuentes móviles.

Semanas	Emisiones pesados (Kg)	Emisiones ligeros (Kg)	Emisiones motos (Kg)	Emisiones totales (Kg)
1	21 600	42 000	12 000	75 600
10	216 000	420 000	120 000	756 000
20	432 000	840 000	240 000	1 512 000
30	648 000	1 260 000	360 000	2 268 000
40	864 000	1 680 000	480 000	3 024 000
52	1 123 200	2 184 000	624 000	3 931 200

7. MODELOS NO LINEALES DERIVADOS DE FUNCIONES LINEALES

Los modelos expuestos en el capítulo anterior tienen en común, el que las funciones incorporadas en ellos son lineales, e igual ocurre con la salida o resultado del modelo. No obstante, el resultado del modelo o de la variable objeto de estudio puede arrojar también comportamientos no lineales, incluso si todas las funciones son lineales. En este capítulo se abordan ejemplos de esta situación.

7.1 Modelo de Consumo de Agua Potable

Problema de modelación:

Un campamento humano crece linealmente a razón de 10 individuos por semana. Si la tasa de consumo semanal media de agua potable es 200 litros por persona, construya un modelo que represente el agua que se consume durante todo un año.

Condiciones iniciales:

- Unidad de tiempo: semana
- Cambio en la unidad de tiempo: 1 (*dt = 1*)
- El modelo se simula desde t_0 hasta t_{52}
- Método de integración: Euler

Ecuaciones:

$$Población_{t} = Población_{t-1} + \frac{d\,Población}{dt}\,dt$$

$$Población_{t=0} = 0$$

$$Población_{t} = Tasa\ Población \times Semanas$$

$$\frac{d\,Población}{dt} = 10\ (Ind./semana)$$

$$Consumo_{t} = Consumo_{t-1} + \frac{d\,Consumo}{dt}\,dt$$

$$Consumo_{t=0} = 0\ (l)$$

$$Consumo_{t} = Tasa\ consumo \times Población \times Semanas\ (l)$$

$$\frac{d\,Consumo}{dt} = 200\ \times Población\ (l/semana)$$

Tasa consumo per cápita = 200 l/semana

Modelo:

El modelo en Stella se expresa en la figura 7.1 y se observa que se han formulado 2 *stocks*, uno para la población y otro para el consumo de agua. Para que no se generase un rezago de una unidad de tiempo en el consumo de agua ocasionado porque en el tiempo cero la población es cero, se debió incluir un formato condicional *if then else* que incorporase consumo durante la primera semana.

La salida del modelo se presenta en las figura 7.2 y en la tabla 7.1, y se aprecia que aunque la población se incrementa linealmente y el consumo per cápita es constante, el consumo total de agua se incrementa exponencialmente. Este comportamiento no lineal se debe a que el consumo total por unidad de tiempo no es constante en razón al incremento de la población.

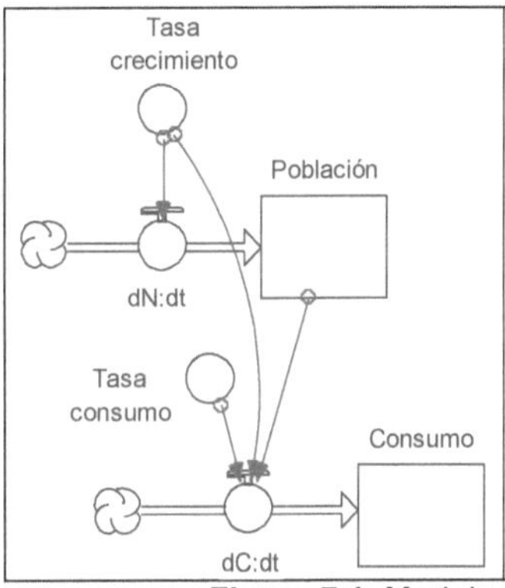

Población(t) = Población(t - dt) + (dN:dt) * dt
INIT Población = 0
INFLOWS:
dN:dt = Tasa crecimiento

Consumo(t) = Consumo(t - dt) + (dC:dt) * dt
INIT Consumo = 0
INFLOWS:
dC:dt = IF (TIME = 0) THEN Tasa consumo * Tasa crecimiento ELSE Tasa consumo * Población

Tasa consumo = 200
Tasa crecimiento = 10

Figura 7.1. Modelo de consumo de agua potable.

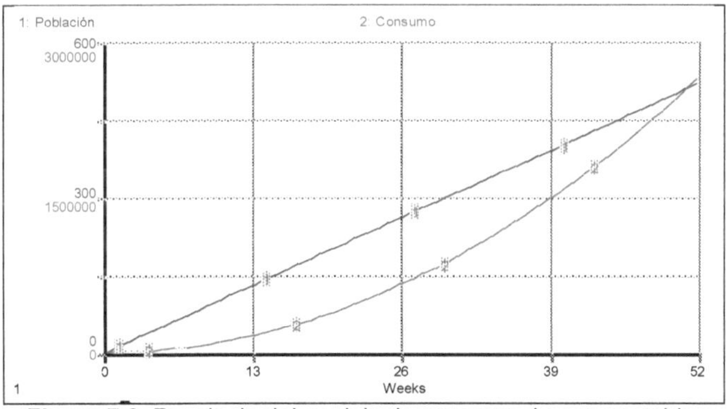

Figura 7.2. Resultado del modelo de consumo de agua potable.

Tabla 7.1. Solución del modelo de consumo de agua potable.

Semana	Población	Consumo (l)
0	0	0
1	10	2 000
10	100	92 000
20	200	382 000
30	300	872 000
40	400	1 562 000
50	500	2 452 000
52	520	2 654 000

7.2 Modelo de Deforestación No Lineal

Problema de modelación:

Un bosque de 100 hectáreas es talado perpendicularmente desde el borde de una vía férrea que es utilizada para el transporte de la madera obtenida. Como consecuencia de ello, la distancia del bosque a la vía crece en 0,5 Km por semana y ello reduce el área talada por unidad de tiempo de acuerdo con la ecuación:

Tasa tala (ha/semana) = 10 - Distancia vía férrea.

Construya un modelo que represente el área del bosque durante un período de 12 semanas.

Condiciones iniciales:

- Unidad de tiempo: semana
- Cambio en la unidad de tiempo: 1 (*dt = 1*)
- El modelo se simula desde t_0 hasta t_{12}
- Método de integración: Euler

Ecuaciones:

$$Bosque_{t} = Bosque_{t-1} + \frac{d\ Bosque}{dt}dt$$

$$Bosque_{t=0} = 100\ (ha)$$

$$Bosque_{t} = Bosque_{t=0} - Tasa\ tala \times Semanas\ (ha)$$

$$Tasa\ tala\ (ha/semana) = 10 - Distancia\ vía\ (Km)$$

$$Distancia\ vía\ (Km) = 0{,}5 \times Semanas$$

$$\frac{d\ Bosque}{dt} = -Tasa\ tala\ (ha/semana)$$

Modelo:

El modelo en Stella se expresa en la figura 7.3 y se observa que el bosque corresponde al *stock*. La salida del modelo se muestra en la figura 7.4 y en la tabla 7.2 y se aprecia que el área del bosque no se reduce linealmente aunque las funciones incorporadas al modelo son lineales. Esta situación ocurre por cuanto la tasa de deforestación no permanece constante sino que se reduce a medida que la deforestación tiene lugar cada vez más lejos de la vía férrea.

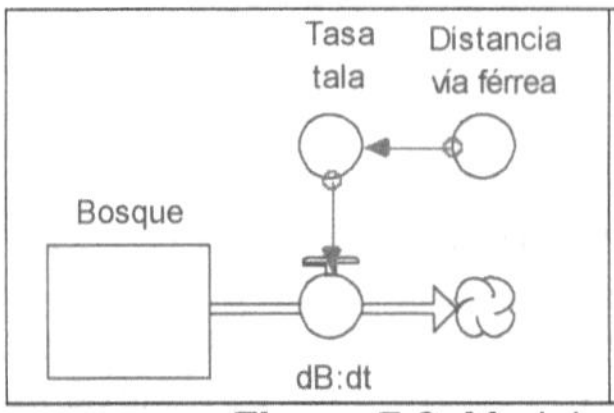

Bosque(t) = Bosque(t - dt) + (- dB:dt) * dt
INIT Bosque = 100
OUTFLOWS:
dB:dt = Tasa tala

Distancia vía férrea = 0,5 * TIME
Tasa tala = 10 - Distancia vía férrea

Figura 7.3. Modelo de consumo de deforestación.

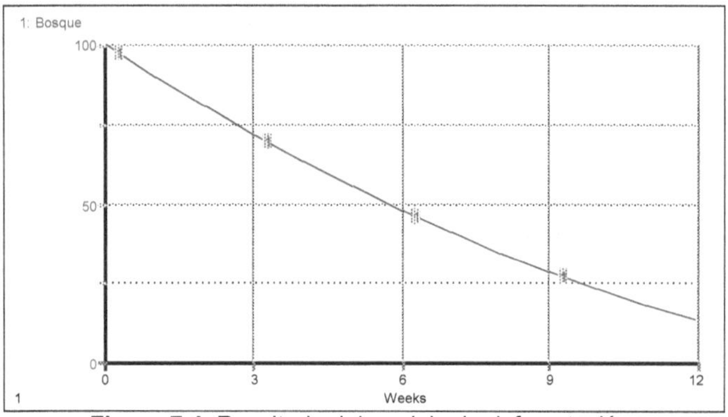

Figura 7.4. Resultado del modelo de deforestación.

Tabla 7.2. Solución del modelo de deforestación.

Semanas	Bosque (ha)	Semanas	Bosque (ha)
0	100,0	7	40,5
1	90,0	8	34,0
2	80,5	9	28,0
3	71,5	10	22,5
4	63,0	11	17,5
5	55,0	12	13,0
6	47,5		

7.3 Modelo de Relleno Sanitario 2

Problema de modelación:

Tres poblados cercanos construyen un relleno sanitario con una capacidad de 2 millones de metros cúbicos (Mm^3) que esperan tenga una vida útil de 10 años. El escenario de utilización del relleno es el siguiente:

- La ciudad A tiene 100000 habitantes y crece en promedio 10 habitantes por día. Su tasa de producción de residuos per cápita es de 0,5 Kg/día.
- La ciudad B tiene 65000 habitantes y crece en promedio 5 habitantes por día. Su tasa de producción de residuos per cápita es de 1 Kg/día.
- La ciudad C tiene 35000 habitantes y crece en promedio 2 habitantes por día. Su tasa de producción de residuos per cápita es de 1,5 Kg/día.
- Se estima que en promedio 1 m^3 de residuos sólidos compactados pesa 400 Kg.

Construya un modelo que permita determinar si la vida útil del relleno sanitario alcanzará los 10 años.

Condiciones iniciales:

- Unidad de tiempo: días
- Cambio en la unidad de tiempo: 1 (*dt* = *1*)
- El modelo se simula desde t_0 hasta t_{3650}
- Método de integración: Euler

Ecuaciones:

$$Población\ A_t = Población\ A_{t-1} + \frac{d\ Población\ A}{dt} dt$$

$$Población\ A_{t=0} = 100000\ (Ind)$$

$$Población\ A_t = Población\ A_{t=0} + Tasa\ crecimiento\ A$$

$$Tasa\ crecimiento\ A = 10\ hab.\ x\ Días$$

$$\frac{d\ Población\ A}{dt} = 10\ (hab/día)$$

$$Población\ B_t = Población\ B_{t-1} + \frac{d\ Población\ B}{dt} dt$$

$$Población\ B_{t=0} = 65000\ (Ind)$$

Población B $_t$ = Población B $_{t=0}$ + Tasa crecimiento B

Tasa crecimiento B = 5 hab. x Días

$$\frac{d\ Población\ B}{dt} = 5\ (hab/día)$$

Población C $_t$ = Población C $_{t-1}$ + $\frac{d\ Población\ C}{dt}$ *dt*

Población C $_{t=0}$ = 35000 (Ind)

Población C $_t$ = Población C $_{t=0}$ + Tasa crecimiento C

Tasa crecimiento C = 2 hab. x Días

$$\frac{d\ Población\ C}{dt} = 2\ (hab/día)$$

Volumen ocupado $_t$ = Volumen ocupado $_{t-1}$ + $\frac{d\ Vol.Ocupado}{dt}$ *dt*

Volumen ocupado $_{t=0}$ = 0 (m^3)

Volumen ocupado $_t$ (m^3) = Residuos por día x Conversión peso volumen x Días

$$\frac{d\ Volumen\ ocupado}{dt} = Residuos\ por\ día\ x\ Conversión\ peso\ volumen\ (m^3/día)$$

Residuos por día (Kg) = (NA x TRA + NB x TRB + NC x TRC)

Tasa residuos de A (TRA) = 0,5 (Kg/Ind.día)

Tasa residuos de B (TRB) = 1 (Kg/Ind.día)

Tasa residuos de C (TRC) = 1,5 (Kg/Ind.día)

Conversión peso volumen = 1/400

Modelo:

El modelo se expone en la figura 7.5 y expone 4 *stocks*, uno para la población de cada ciudad y otro para el volumen del relleno.

Los resultados de la simulación se exponen en la figura 7.6 y en la tabla 7.3 y permiten determinar que al cabo de 10 años (3650 días) se habrán ocupado 1,745 Mm3 de los 2 Mm3 del relleno sanitario. Se observa, además, que la respuesta del modelo no es lineal en razón del crecimiento poblacional.

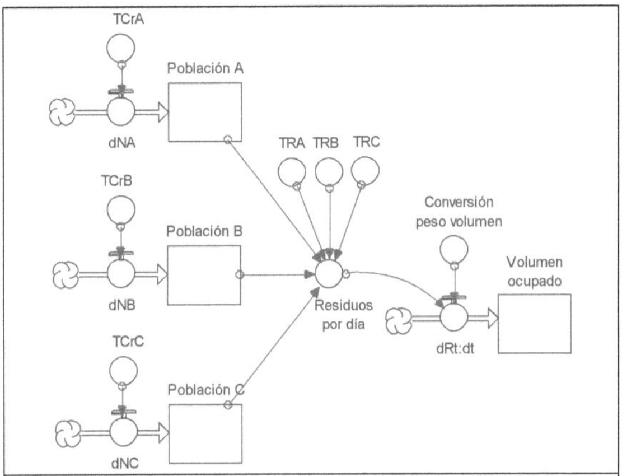

Población A(t) = Población A(t - dt) + (dNA) * dt
INIT NA = 100 000
INFLOWS:
dNA = TCrA

Población B(t) = Población B(t - dt) + (dNB) * dt
INIT NB = 65 000
INFLOWS:
dNB = TCrB

Población C(t) = Población C(t - dt) + (dNC) * dt
INIT NC = 35 000
INFLOWS:
dNC = TCrC

Volumen ocupado(t) = Volumen ocupado(t - dt) + (dRt:dt) * dt
INIT Volumen ocupado = 0
INFLOWS:
dRt:dt = Residuos por día * Conversión peso volumen

Conversión peso volumen = 1 / 400
Residuos por día = (Población A * TRA + Población B * TRB + Población C * TRC)
TCrA = 10
TCrB = 5
TCrC = 2
TRA = 0,5
TRB = 1
TRC = 1,5

Figura 7.5. Modelo de uso del relleno sanitario.

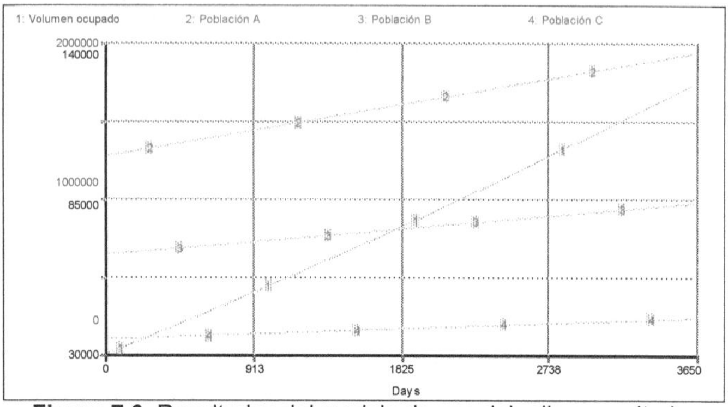

Figura 7.6. Resultados del modelo de uso del relleno sanitario.

Tabla 7.3. Resultados del modelo de uso del relleno sanitario.

Días	**Volumen ocupado (m^3)**
0	0
365	155 003
730	314 335
1 095	477 998
1 460	645 990
1 825	818 312
2 190	994 964
2 555	1 175 945
2 920	1 361 257
3 285	1 550 898
3 650	1 744 869

7.4 Modelo de Bioacumulación - Biomagnificación

Problema de modelación:

A partir de una contingencia que generó el derrame de un contaminante en el agua, se inicia un proceso de bioacumulación en las microalgas y de biomagnificación en el zooplancton y en los peces zooplanctófagos. Es así que cada microalga almacena en promedio 1 unidad del contaminante por unidad de tiempo; cada individuo del zooplancton se alimenta en promedio de 10 microalgas y cada pez ingiere 20 individuos de zooplancton por unidad de tiempo. Se desea simular el modelo de bioacumulación – biomagnificación para 20 unidades de tiempo.

Condiciones iniciales:

- Unidad de tiempo: tiempo
- Cambio en la unidad de tiempo: 1 (*dt* = *1*)
- El modelo se simula desde t_0 hasta t_{20}
- Método de integración: Euler

Ecuaciones:

$$Contaminante\ alga_{t} = Contaminante\ alga_{t-1} + \frac{dCont.alga}{dt} dt$$

$$Contaminante\ alga_{t=0} = 0\ (ud.)$$

$$Contaminante\ alga_{t}\ (ud.) = Tasa\ bioacumulación \times Tiempo$$

$$\frac{d\ Contaminante\ Alga}{dt} = 1\ (ud./tiempo)$$

$$Cont.\ zooplancton_{t} = Cont.\ zooplancton_{t-1} + \frac{dCont.zooplancton}{dt} dt$$

$$Contaminante\ zooplancton_{t=0} = 0\ (ud.)$$

$$Contaminante\ zooplancton_{t}\ (ud.) = Tasa\ alimentación \times Cont.\ alga \times Tiempo$$

$$\frac{d\ Contaminante\ zooplancton}{dt} = 10\ x\ Contaminante\ alga\ (ud./tiempo)$$

$$Contaminante\ pez_{t} = Contaminante\ pez_{t-1} + \frac{dCont.pez}{dt} dt$$

Contaminante pez $_{t=0}$ *= 0 (ud.)*

Contaminante pez $_t$ *(ud.) =Tasa depredación x Cont. zooplancton x Tiempo*

$$\frac{d\ Contaminante\ pez}{dt} = 20\ x\ Contaminante\ zooplancton\ (ud./tiempo)$$

Modelo:

El modelo de bioacumulación – biomagnificación se presenta en la figura 7.7 y se ha construido con un *stock* para cada nivel trófico.

El resultado se presenta en la figura 7.8 y en la tabla 7.4, y se observa que aunque los modelos son de tipo lineal la respuesta de la biomagnificación es exponencial, ello por cuanto la concentración del contaminante en las algas se incrementa con el tiempo.

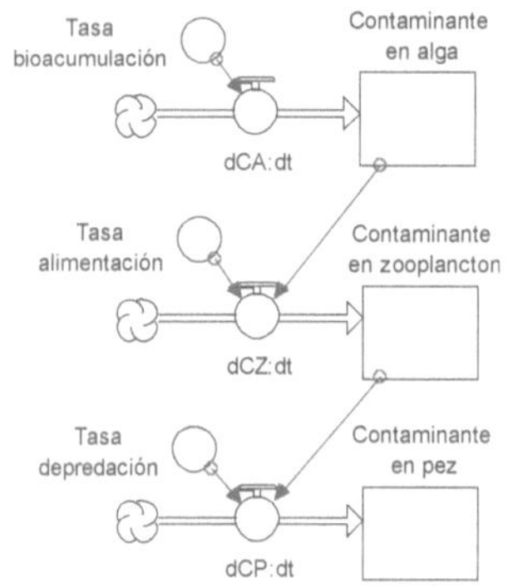

Contaminante en alga(t) = Contaminante en alga(t - dt) + (dCA:dt) * dt
INIT Contaminante en alga = 0
INFLOWS:
dCA:dt = Tasa bioacumulación

Contaminante en zooplancton(t) = Contaminante en zooplancton(t - dt) + (dCZ:dt) * dt
INIT Contaminante en zooplancton = 0
INFLOWS:
dCZ:dt = Tasa alimentación * Contaminante en alga

Contaminante en pez(t) = Contaminante en pez(t - dt) + (dCP:dt) * dt
INIT Contaminante en pez = 0
INFLOWS:
dCP:dt = Tasa depredación * Contaminante en zooplancton

Tasa bioacumulación = 1
Tasa alimentación = 10
Tasa depredación = 20

Figura 7.7. Modelo de bioacumulación – biomagnificación.

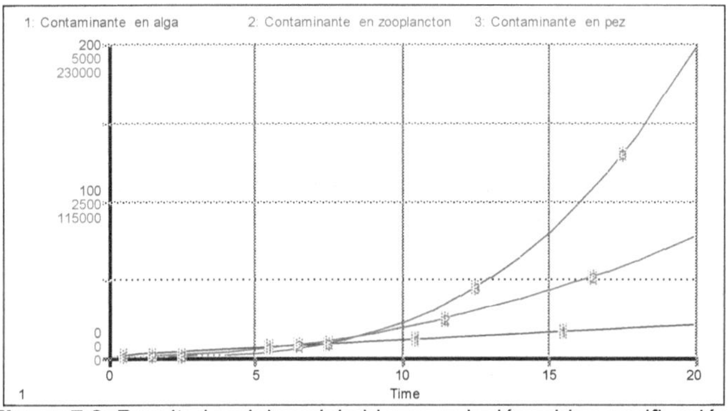

Figura 7.8. Resultados del modelo bioacumulación – biomagnificación.

Tabla 7.4. Resultados del modelo de bioacumulación – biomagnificación.

Tiempo	Contaminante (ud.)		
	Alga	Zooplancton	Pez
0	0	0	0
5	5	100	2000
10	10	450	24000
15	15	1050	91000
20	20	1900	228000

7.5 Modelo de Almacenamiento de Residuos

Problema de modelación:

Se cuenta con un tanque para almacenar residuos industriales peligrosos los cuales se consideran conservativos, es decir, no reaccionan ni se descomponen por medios químicos o bacteriológicos en el corto plazo. Se dispondrán 10 Kg de residuos durante el primer mes, pero se cuenta con un plan de producción limpia que reducirá tal valor en 0,3 Kg por mes. A partir de tal información, se desea construir un modelo que represente la cantidad de residuos que se almacenan durante 2 años.

Condiciones iniciales:

- Unidad de tiempo: mes
- Cambio en la unidad de tiempo: 1 (*dt* = *1*)
- El modelo se simula desde t_0 hasta t_{24}
- Método de integración: Euler

Ecuaciones:

$$Res.\ acumulados_t = Res.\ acumulados_{t-1} + \frac{dRes.acumulados}{dt}\, dt$$

$$Res.\ acumulados_{t=0} = 0\ (Kg)$$

$$Res.\ acumulados_t = 10 \times Meses,\ si\ t = 0;\ (Kg)$$
$$= (10 - 0{,}3\ Mes) \times Meses,\ si\ t > 0;\ (Kg)$$

$$\frac{d\ Res.acumulados}{dt} = 10\ (Kg/mes);\ si\ t = 0;$$
$$= 10 - 0{,}3\ Meses\ (Kg/mes);\ si\ t > 0$$

Modelo:

El modelo de acumulación de residuos se presenta en la figura 7.9 y se ha asignado un *stock* para los residuos que se acumulan. Se destacan dos aspectos del modelo: el primero la incorporación de la función *if then else* para ingresar cantidades distintas a través del tiempo; el segundo, el uso del comando *time* como complemento del anterior.

Los resultados se muestran en la figura 7.10 y en la tabla 7.5, y para propósitos de ilustración se exponen los valores del *stock* junto con los del flujo de entrada, mostrando el último un comportamiento lineal y el primero una respuesta no lineal.

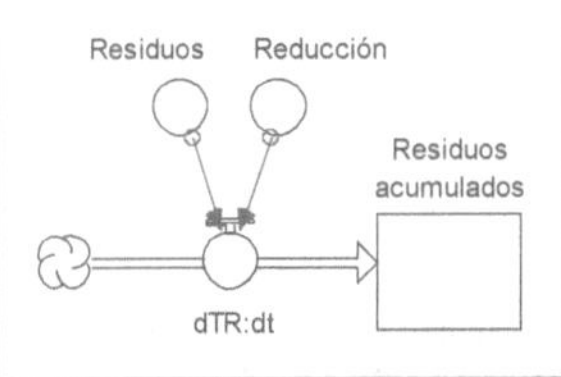

Residuos acumulados(t) = Residuos acumulados(t - dt) + (dTR:dt) * dt
INIT Residuos acumulados = 0
INFLOWS:
dTR:dt = IF (TIME = 0) THEN Residuos ELSE (Residuos – Reducción * TIME)

Reducción = 0,3
Residuos = 10

Figura 7.9. Modelo de acumulación de residuos.

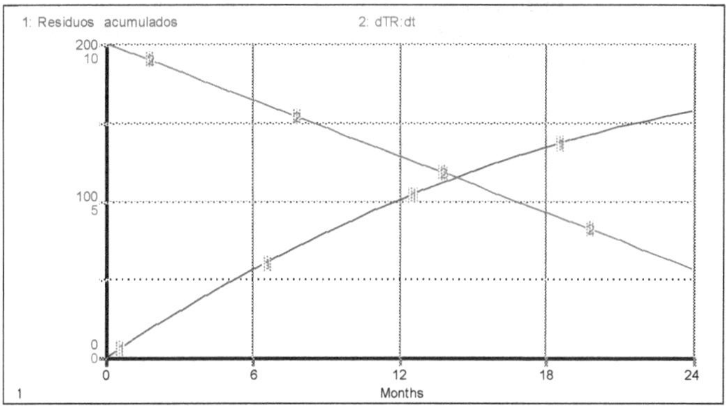

Figura 7.10. Resultados del modelo de acumulación de residuos.

Tabla 7.5. Resultados del modelo de acumulación de residuos.

Mes	dTR:dt	Residuos acumulados
0	10,0	0,0
5	8,5	47,0
10	7,0	86,5
15	5,5	118,5
20	4,0	143,0
24	2,8	157,2

8. MODELOS LINEALES ESTOCÁSTICOS

En los capítulos anteriores se han construido modelos determinísticos en los cuales los parámetros son constantes e invariables, situación que en términos prácticos equivale a trabajar con tasas promedio. Para diversas situaciones puede resultar de interés, no obstante, simular los modelos permitiéndole a las tasas valores distintos, tal y como podría ocurrir en una situación cotidiana. Con frecuencia este procedimiento permite buscar salidas del modelo que no corresponden al valor esperado, sino a un conjunto de posibles resultados en los que el interés se concentra, entre otros, en conocer la varianza o el patrón de distribución de la variable de salida.

El programa Stella cuenta con un conjunto de comandos que permiten operar situaciones aleatorias, hecho que da lugar a modelos estocásticos en los cuales hay diferentes salidas entre simulaciones o corridas del mismo modelo.

En el presente capítulo se expone un mismo ejemplo empleando diferentes comandos de aleatoriedad.

8.1 Modelo de Emisiones de CO_2: Distribución Normal

Problema de modelación:

Se asume que las emisiones de CO_2 por habitante en América Latina siguen una distribución normal con promedio de 2 toneladas por año[2] y desviación estándar de 1,0, y se desea construir un modelo de emisión para una población de 1 millón de habitantes durante 10 años.

Modelo:

La figura 8.1 muestra el modelo de emisiones de CO_2 destacando el hecho que la tasa de emisión es definida con el comando *normal(2,1)* lo que indica se trata de una distribución normal con promedio igual a 2 y desviación estándar igual a 1. En el caso particular que el número aleatorio generado por Stella sea negativo, este no tiene incidencia en las emisiones por cuanto el flujo de entrada no puede tomar valores negativos. A este respecto, para que un flujo permita ingresar o extraer cuantías debe definirse como *biflow*.

Cabe referir que la estructura de este modelo simula un valor de emisión per cápita cada año que se multiplica por el millón de habitantes, situación que sería diferente a simular un valor particular para cada individuo.

La figura 8.2 refleja 5 simulaciones y se advierte que aunque se trata de un modelo lineal, el comportamiento es cambiante ello, por supuesto, por la variación aleatoria que experimenta la tasa de emisión. Así mismo, se aprecia que los resultados de las simulaciones son diferentes dado su carácter estocástico.

Es necesario subrayar que el promedio y la desviación estándar de la muestra se aproximarán a los valores esperados en tanto mayor sea el número de registros simulados que, para el caso de este modelo, estaría representado por un número mayor de años o un delta de tiempo más pequeño.

[2] Valor de la mediana tomado de www.grida.no; la desviación estándar corresponde a un valor supuesto.

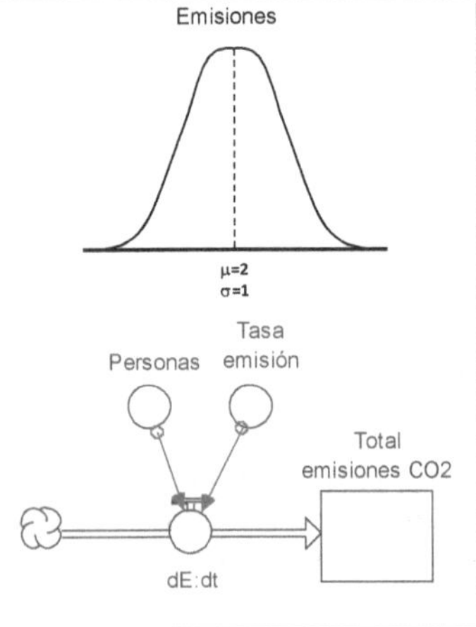

Total emisiones CO2(t) = Total emisiones CO2(t - dt) + (dE:dt) * dt
INIT Total emisiones CO2 = 0
INFLOWS:
dE:dt = Personas * Tasa emisión

Personas = 1 000 000
Tasa emisión = NORMAL(2,1)

Figura 8.1. Modelo de emisiones de CO_2 para una tasa con distribución normal.

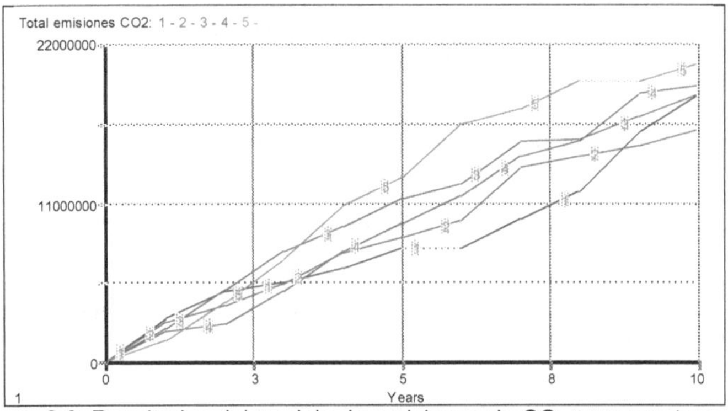

Figura 8.2. Resultados del modelo de emisiones de CO_2 para una tasa con distribución normal.

8.2 Modelo de Emisiones de CO_2: Distribución Uniforme

Problema de modelación:

Se aborda el mismo ejemplo de emisiones de CO_2 para una población de 1 millón de habitantes durante 10 años, pero se asume que las emisiones caen entre 0,5 y 3,5 ton/año siguiendo una distribución uniforme, es decir que, todas las emisiones en dicho rango tienen igual probabilidad de ocurrencia.

Modelo:

La figura 8.3 muestra el modelo de emisiones de CO_2 con la tasa de emisión definida como *random(0,5, 3,5)*, el cual arroja números aleatorios entre 0,5 y 3,5 con igual probabilidad para todos los valores comprendidos en dicho rango. La figura 8.4 refleja 5 salidas del modelo.

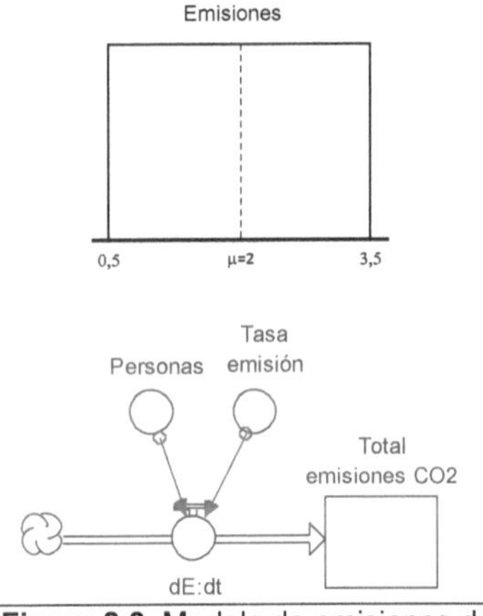

Total emisiones CO2(t) = Total emisiones CO2(t - dt) + (dE:dt) * dt
INIT Total emisiones CO2 = 0
INFLOWS:
dE:dt = Personas * Tasa emisión

Personas = 1 000 000
Tasa emisión = RANDOM(0,5, 3,5)

Figura 8.3. Modelo de emisiones de CO_2 para una tasa con distribución uniforme.

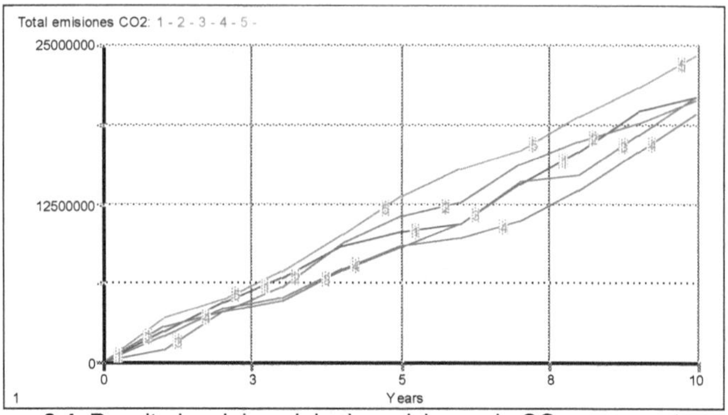

Figura 8.4. Resultados del modelo de emisiones de CO_2 para una tasa con distribución uniforme.

8.3 Modelo de Emisiones de CO_2: Distribución Discreta

Problema de modelación:

La simulación de Monte Carlo permite trabajar con distribuciones discretas particulares en las cuales se conocen los diferentes eventos que pueden sobrevenir, así como su probabilidad de ocurrencia. La simulación tiene en cuenta entonces tales probabilidades y es de gran utilidad cuando no se conoce la función que relaciona a las variables en cuestión, o cuando tales resultados no semejan una distribución familiar. Para el ejemplo en curso se asumen las siguientes emisiones y su frecuencia y, a partir de las últimas, se calcula su probabilidad:

Emisión CO_2 individual (Ton/año)	Frecuencia (%)	Probabilidad
1	30	0,3
1,5	50	0,5
2	10	0,1
2,5	8	0,08
3	2	0,02

Sobre la base de la distribución anterior se realiza la simulación para 1 millón de personas y 10 años.

Modelo:

La figura 8.5 muestra el modelo de emisiones de CO_2 con la simulación de Monte Carlo para la distribución de frecuencias previamente referida. Para ello se crearon 4 parámetros que generan números aleatorios de 0 ó 1 los cuales corresponden con las frecuencias 30, 50,10 y 8. El valor aleatorio de 1 indica éxito y significa que esa es la emisión de ese año, el valor de 0 indica fracaso y busca en la categoría siguiente. Es importante observar la secuencia de órdenes asignadas en la *Tasa de emisión* del algoritmo de Stella, pues dicha secuencia representa la sucesión en que se evalúan tales números aleatorios (aleatorio 4, 3, 2 y 1, en su orden).

Para ilustrar tal proceso, se han incluido en la tabla 8.1 los valores aleatorios generados por el programa y sobre estos se explica su operación en el modelo. Para el tiempo 0 los valores aleatorios 4 y 3 son iguales a 0 lo que indica que las emisiones no corresponden a 2,5 ó 2, en su orden, y sí a una emisión igual a 1,5 puesto que el valor aleatorio 2 es igual a 1. Lo mismo sucede para el tiempo 1. En el tiempo 3 todos los números aleatorios fueron iguales a 0 lo que indica se trata de una emisión igual a 3 y así sucesivamente.

Las emisiones para una simulación de 10 años se ilustran en la figura 8.6.

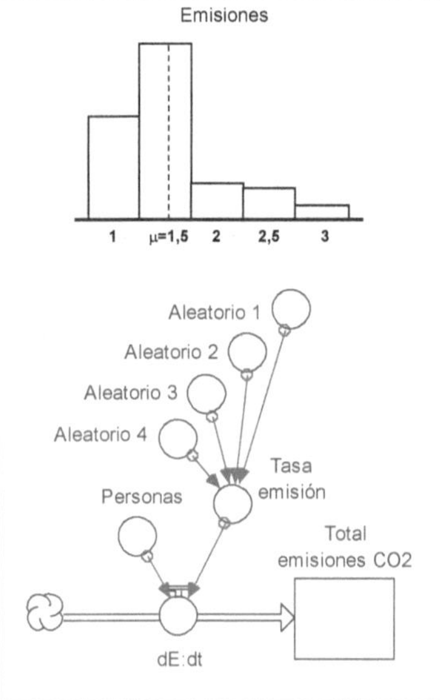

Total emisiones CO2(t) = Total emisiones CO2(t - dt) + (dE:dt) * dt
INIT Total emisiones CO2 = 0
INFLOWS:
dE:dt = Personas * Tasa emisión

Aleatorio 1 = MONTECARLO(30)
Aleatorio 2 = MONTECARLO(50)
Aleatorio 3 = MONTECARLO(10)
Aleatorio 4 = MONTECARLO(8)
Personas = 1 000 000
Tasa emisión = IF (Aleatorio 4 = 1) THEN 2,5 ELSE IF (Aleatorio 3 = 1) THEN 2 ELSE IF (Aleatorio 2 = 1) THEN 1,5 ELSE IF (Aleatorio 1 = 1) THEN 1 ELSE 3

Figura 8.5. Modelo de emisiones de CO_2 para una tasa con distribución discreta y simulación de Monte Carlo.

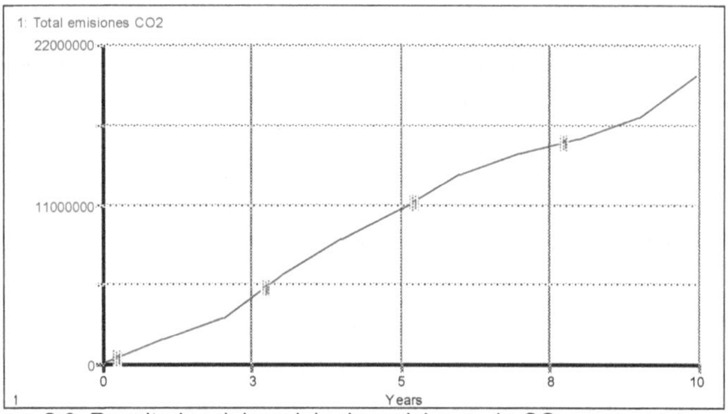

Figura 8.6. Resultados del modelo de emisiones de CO_2 para una tasa con distribución discreta y simulación de Monte Carlo.

Tabla 8.1. Resultados del modelo de emisiones de CO_2 para una tasa con distribución discreta y simulación de Monte Carlo.

Año	Total emisiones (Ton)	Aleatorio 4	Aleatorio 3	Aleatorio 2	Aleatorio 1	Tasa emisión (Ton/año)
0	0	0	0	1	1	1,5
1	1 500 000	0	0	1	0	1,5
2	3 000 000	0	0	0	0	3,0
3	6 000 000	1	1	0	1	2,5
4	8 500 000	0	1	1	0	2,0
5	10 500 000	1	0	1	0	2,5
6	13 000 000	0	0	1	0	1,5
7	14 500 000	0	0	0	1	1,0
8	15 500 000	0	0	1	0	1,5
9	17 000 000	0	0	0	0	3,0
10	20 000 000	1	0	0	0	2,5
Promedio						**2,05**
Desviación						**0,69**

9. MODELOS EXPONENCIALES

Como punto de inicio vale recordar que la función general que describe el comportamiento exponencial es:

$$Y = aK^X \qquad \text{o} \qquad Y = ae^{bX}$$

Y la derivada de la última es:

$$\frac{dY}{dX} = bY$$

Esta función indica que los cambios que experimenta *Y* no son constantes, sino que dependen del valor de *Y*.

De otro lado, la tasa *b* corresponde a una proporción que se asemeja al cambio porcentual cuando su valor es pequeño (en la práctica menor a 10%), pero se distancia progresivamente sobre porcentajes mayores (tabla 9.1). Una situación cercana se reconoce en funciones inversas por lo que hay que guardar precaución en el valor de *b*. Cabe señalar que en cambios negativos mayores a 63% se deben correr los modelos con unidades de tiempo más pequeñas como por ejemplo, *dt = 0,1*.

Tabla 9.1. Equivalencias para cambios porcentuales, *K* y *b* (*b* se ha aproximado a 2 decimales).

Cambio (%)	K	b = Ln K
1	1,01	0,01
5	1,05	0,05
10	1,10	0,10
20	1,20	0,18
30	1,30	0,26
40	1,40	0,34
50	1,50	0,41
100	2,00	0,69
-1	0,99	-0,01
-5	0,95	-0,05
-10	0,90	-0,11
-20	0,80	-0,22
-30	0,70	-0,36
-40	0,60	-0,51
-50	0,50	-0,69
-99	0,01	-4,61

Al respecto, si *b* es positivo se crea un bucle de retroalimentación positivo en el cual el valor de *Y* crece como una bola de nieve haciéndose más y más grande.

Por el contrario, si *b* es negativo se crea un bucle de retroalimentación negativo que contrae el valor de *Y* (figura 9.1). En uno u otro caso, un modelo exponencial en Stella implica que un *action connector* debe ir desde el *stock* hacia los *flujos* de entrada o de salida respectivamente.

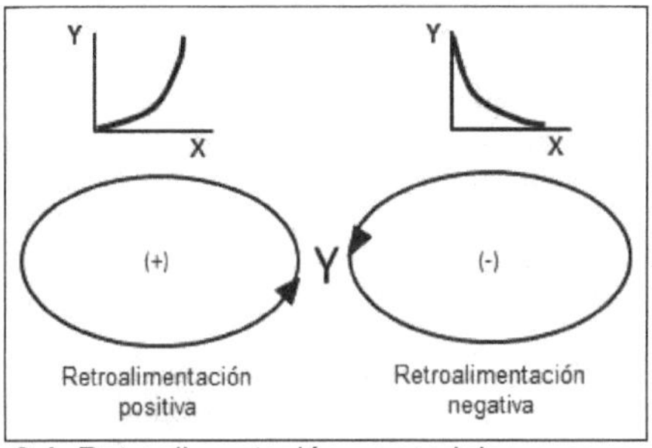

Figura 9.1. Retroalimentación en modelos exponenciales.

En capítulos previos se anotó que el método de integración cobra relevancia en modelos no lineales e igual ocurre con el delta de tiempo con que opere el modelo. Por lo anterior, el método de integración de Runge-Kutta 4 con *dt = 1* es empleado en este libro en los modelos no lineales que tienen tasas positivas, aunque en algunos pocos casos se empleó *dt = 0,1* para mayor precisión de los resultados.

Cuando las tasas son negativas y muestran cambios menores a 60% se emplea también el método de Runge-Kutta 4 con *dt = 0,1*. A este respecto, el empleo de *dt = 1* cuando el cambio es por ejemplo de -70% (*k=-1,204*), arroja resultados muy diferentes y de allí la necesidad de emplear *dt = 0,1*.

9.1 Modelo de Demanda de Recursos

Problema de modelación:

La población mundial alcanzó 7 mil millones de habitantes en el año 2011[3] y su tasa media de crecimiento es de aproximadamente 1%. Se desea construir un modelo para las demandas que requerirá la población durante los años 2011 a 2030, asumiendo que los consumos medios por habitante son los siguientes:

- Agua = 3 m^3/persona/mes
- Energía = 40 KW/persona/mes
- Alimentos = 1 Kg/persona/día

La construcción del modelo inicia con la elección de la unidad de tiempo que para este caso concreto será *años*. Continúa con la estandarización de las Tasas de Consumo Per Cápita (TCPC) por años y, para manejar cifras más cómodas, se han expresado en millones (*M*) de unidades:

- Agua = 3 x 12 = 36 m^3/persona/año = 0,000036 Mm^3/persona/año
- Energía = 40 x 12 = 480 KW/persona/año = 0,00048 MKW/persona/año
- Alimentos = 1 x 365 = 365 Kg/persona/año = 0,000365 MKg/persona/año

Condiciones iniciales:

- Unidad de tiempo: año
- Cambio en la unidad de tiempo: 1 (*dt = 1)*
- El modelo se simula desde t_{2011} hasta t_{2030}
- Método de integración: Runge-Kutta 4

Ecuaciones:

$$Población_{t} = Población_{t-1} + \frac{d\,Población}{dt}\,dt$$

$$Población_{t=2011} = 7\,000\,000\,000\ (Ind)$$

$$Población_{t} = Población_{t=2011}\ e^{(r\ Años)}$$

$$\frac{dPoblación}{dt} = 0{,}01 \times Población\ (Ind/año)$$

---

[3] www.unfpa.org

$$Agua_t = Agua_{t-1} + \frac{d\,Agua}{dt}\,dt$$

$$Agua_{t=2011} = 0\ (Mm^3)$$

$$Agua_t\ (Mm^3) = TCAPC \times Población \times Años$$

$$\frac{dAgua}{dt} = 0{,}000036\ \times Población\ (Mm^3/año)$$

$$Energía_t = Energía_{t-1} + \frac{d\,Energía}{dt}\,dt$$

$$Energía_{t=2011} = 0\ (MKW)$$

$$Energía_t\ (MKW) = TCEPC \times Población \times Años$$

$$\frac{dEnergía}{dt} = 0{,}00048\ \times Población\ (MKW/año)$$

$$Alimentos_t = Alimentos_{t-1} + \frac{d\,Alimentos}{dt}\,dt$$

$$Alimentos_{t=2011} = 0\ (MKg)$$

$$Alimentos_t\ (MKg) = TCAIPC \times Población \times Años$$

$$\frac{dAlimentos}{dt} = 0{,}000365\ \times Población\ (MKg/año)$$

Modelo:

El modelo se expone en la figura 9.2 y se aprecia que la población sigue un crecimiento exponencial, hecho que se refleja por el conector que va de la población al flujo de entrada, en tanto las demandas de recursos siguen una función lineal.

El resultado de la simulación se expone en la figura 9.3 y en la tabla 9.2 y se observa que la demanda de recursos se incrementa exponencialmente debido al incremento exponencial de la población.

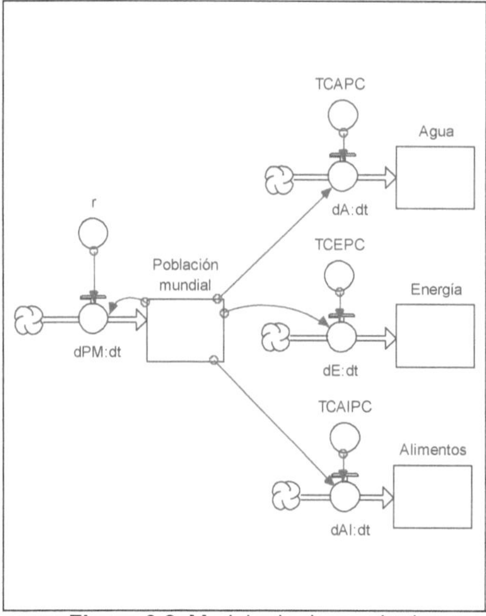

Población mundial(t) = Población mundial(t - dt) + (dPM:dt) * dt
INIT Población mundial = 7 000 000 000
INFLOWS:
dPM:dt = r * Población mundial

Agua(t) = Agua(t - dt) + (dA:dt) * dt
INIT Agua = 0
INFLOWS:
dA:dt = TCAPC * Población mundial

Energía(t) = Energía(t - dt) + (dE:dt) * dt
INIT Energía = 0
INFLOWS:
dE:dt = TCEPC * Población mundial

Alimentos(t) = Alimentos(t - dt) + (dAI:dt) * dt
INIT Alimentos = 0
INFLOWS:
dAI:dt = TCAIPC * Población mundial

r = 0,01
TCAPC = 0,000036
TCEPC = 0,00048
TCAIPC = 0,000365

Figura 9.2. Modelo de demanda de recursos de la población mundial.

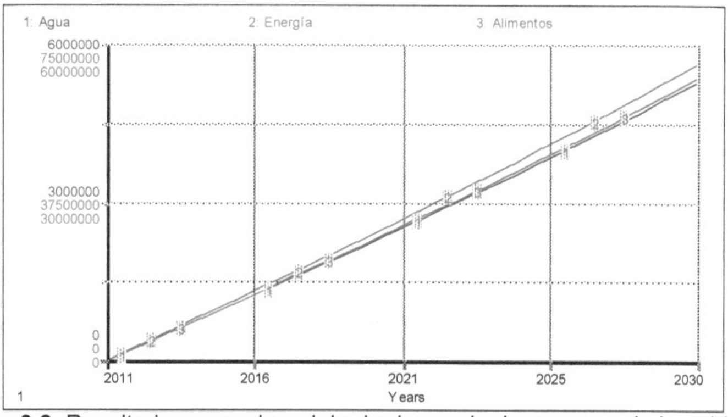

Figura 9.3. Resultados para el modelo de demanda de recursos de la población mundial.

Tabla 9.2. Resultados para el modelo de demanda de recursos de la población mundial.

Año	Población	Consumo Agua (Mm3)	Consumo Energía (MKW)	Consumo Alimentos (MKg)
2011	7 000 000 000	0	0	0
2015	7 285 675 419	1 028 432	13 712 420	10 427 153
2020	7 659 219 986	2 373 192	31 642 559	24 061 529
2025	8 051 916 592	3 786 900	50 491 996	38 394 956
2030	8 464 747 183	5 273 090	70 307 865	53 463 272

A la tasa de crecimiento poblacional actual, para el año 2030 la población humana alcanzará aproximadamente 8,5 mil millones de habitantes y la demanda acumulada de recursos para el período 2011-2030 será:

Agua = 5 273 090 Mm^3
Energía = 70 307 865 MKW
Alimentos = 53 463 272 MKg

9.2 Modelo de Deterioro Ambiental

Problema de modelación:

La población mundial alcanzó 7 mil millones de habitantes en el año 2011[4] y su tasa media de crecimiento es de aproximadamente 1%. Se desea construir un modelo que incorpore el deterioro ambiental que generará durante el período 2011 - 2030, asumiendo las siguientes Tasas Per Cápita de deterioro ambiental (TPC):

- Emisión CO_2 = 4,42 Ton/habitante/año
- Residuos sólidos = 0,365 Ton/habitante/año
- Deforestación de bosques = 0,0019 ha/habitante/año

Llevadas a unidades de millón, las tasas previas son las siguientes:

- Emisión CO_2 = 0,00000442 MTon/hab/año
- Residuos sólidos = 0,000000365 MTon/hab/año
- Deforestación de bosques = 0,0000000019 Mha/hab/año

Condiciones iniciales:

- Unidad de tiempo: año
- Cambio en la unidad de tiempo: 1 (*dt = 1)*
- El modelo se simula desde t_{2011} hasta t_{2030}
- Método de integración: Runge-Kutta 4

Ecuaciones:

$$Población_t = Población_{t-1} + \frac{d\,Población}{dt} dt$$

$$Población_{t=2011} = 7\,000\,000\,000\ (Ind)$$

$$Población_t = Población_{t=2011}\ e^{(r\,Años)}$$

$$\frac{dPoblación}{dt} = 0{,}01 \times Población\ (Ind/año)$$

$$CO_{2\,t} = CO_{2\,t-1} + \frac{d\,CO_2}{dt} dt$$

$$CO_{2\,t=2011} = 0\ (MTon)$$

[4] www.unfpa.org

$CO_{2\,t}\,(MTon) = TCO_2PC \times Población \times Años$

$$\frac{d\,CO_2}{dt} = 0{,}00000442 \times Población\ (MTon/año)$$

$$Res.Sólidos_{\,t} = Res.Sólidos_{\,t-1} + \frac{d\ Res.Sólidos}{dt}\,dt$$

$Res.Sólidos_{\,t=2011} = 0\ (MTon)$

$Res.\ Sólidos_{\,t}\,(MTon) = TRSPC \times Población \times Años$

$$\frac{d\,Res.Sólidos}{dt} = 0{,}000000365 \times Población\ (MTon/año)$$

$$Deforestación_{\,t} = Deforestación_{\,t-1} + \frac{d\ Deforestación}{dt}\,dt$$

$Deforestación_{\,t=2011} = 0\ (Mha)$

$Deforestación_{\,t}\,(Mha) = TDPC \times Población \times Años$

$$\frac{d\,Deforestación}{dt} = 0{,}0000000019 \times Población\ (Mha/año)$$

Modelo:

La figura 9.4 presenta el modelo y la figura 9.5 y la tabla 9.3 las salidas de la simulación para el periodo 2011-2030.

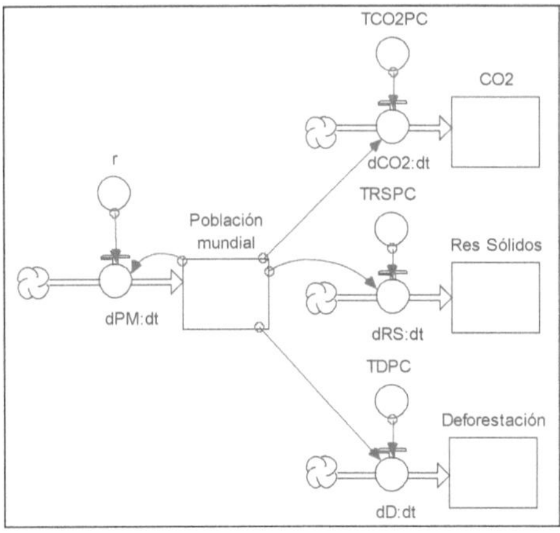

Población mundial(t) = Población mundial(t - dt) + (dPC:dt) * dt
INIT Población mundial = 7 000 000 000
INFLOWS:
dPC:dt = r * Población mundial

CO2(t) = CO2(t - dt) + (dCO2:dt) * dt
INIT CO2 = 0
INFLOWS:
dCO2:dt = TCO2PC * Población mundial

Res Sólidos(t) = Res Sólidos(t - dt) + (dE:dt) * dt
INIT Residuos sólidos = 0
INFLOWS:
dE:dt = TRSPC * Población mundial

Deforestación(t) = Deforestación(t - dt) + (dAI:dt) * dt

	INIT Deforestación = 0 INFLOWS: dAI:dt = TDPC * Población mundial r = 0,01 TCO2PC = 0,00000442 TRSPC = 0,000000365 TDPC = 0,0000000019

Figura 9.4. Modelo de deterioro ambiental mundial.

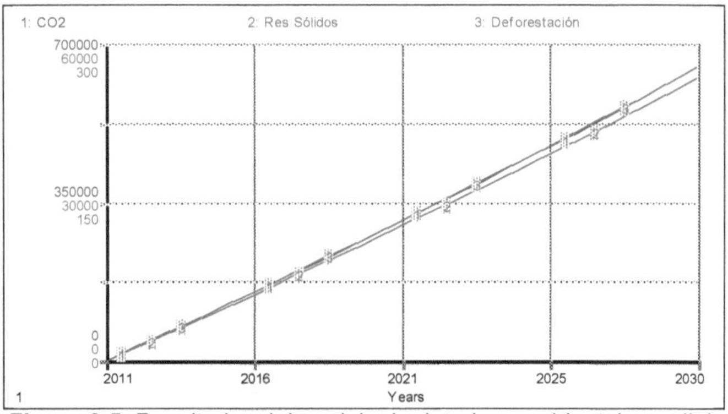

Figura 9.5. Resultados del modelo de deterioro ambiental mundial.

Tabla 9.3. Resultados para el modelo de deterioro ambiental de la población mundial.

Año	Emisión CO2 (MTon)	Res. Sólidos (MTon)	Deforestación (Mha)
2011	0	0	0
2015	126 269	10 427	54
2020	291 375	24 062	125
2025	464 947	38 395	200
2030	647 418	53 463	278

El deterioro ambiental sigue un comportamiento exponencial a causa del crecimiento también exponencial de la población. Los niveles de deterioro acumulados durante el período de referencia son los siguientes:

Emisiones de CO_2 = 647 418 Mton
Residuos sólidos = 53 463 Mton
Deforestación = 278 Mha

9.3 Modelo de Descomposición de Materia Orgánica

Problema de modelación:

La descomposición de la materia orgánica sigue un comportamiento exponencial representado por la función:

$$W_t = W_0 e^{-k\,t}$$

Donde: *W* representa la biomasa y *k* la tasa de descomposición

Se desea evaluar a lo largo de un año la descomposición vegetal de un área de 5 hectáreas de rastrojo que será talada en su totalidad, y para ello se han empleado las estimaciones de biomasa por hectárea y las tasas medias de descomposición diaria para distintos componentes de las plantas. Ellas son:

Biomasa:
- Tallos-raíces = 500 Kg/ha
- Hojas = 100 Kg/ha
- Flores = 15 Kg/ha

Tasa descomposición:
- Tallos-raíces = 0,1 % día
- Hojas = 3 % día
- Flores = 6 % día

Condiciones iniciales:

- Unidad de tiempo: días
- Cambio en la unidad de tiempo: 1 (*dt = 1)*
- El modelo se simula desde t_0 hasta t_{365}
- Método de integración: Runge-Kutta 4

Ecuaciones:

$$\textit{Tallos-raíces}_{\,t} = \textit{Tallos-raíces}_{\,t-1} + \frac{d\,Tallos\text{−}raíces}{dt}\,dt$$

$$\textit{Tallos-raíces}_{\,t=0} = 2\,500\ (Kg)$$

$$Tallos - raíces\ _t(Kg) = Tallos - raíces\ _{t=0}\ e^{-k1\,Días}$$

$$\frac{d\,Tallos - raíces}{dt} = -\ 0{,}001\ \times Tallos - raíces\ (Kg/día)$$

$$Hojas_{\,t} = Hojas_{\,t-1} + \frac{d\,Hojas}{dt}\,dt$$

$$Hojas_{\,t=0} = 500\ (Kg)$$

$$Hojas_{\,t}\,(Kg) = Hojas_{\,t=0}\; e^{-k2\ Días}$$

$$\frac{d\,Hojas}{dt} = -\ 0{,}03 \times Hojas\ (Kg/día)$$

$$Flores_{\,t} = Flores_{\,t-1} + \frac{d\,Flores}{dt}\,dt$$

$$Flores_{\,t=0} = 75\ (Kg)$$

$$Flores_{\,t}\,(Kg) = Flores_{\,t=0}\; e^{-k3\ Días}$$

$$\frac{d\,Flores}{dt} = -\ 0{,}06\ \times Flores\ (Kg/día)$$

Modelo:

El modelo de descomposición vegetal se ilustra en la figura 9.6 y los resultados para la simulación en la figura 9.7 y en la tabla 9.4.

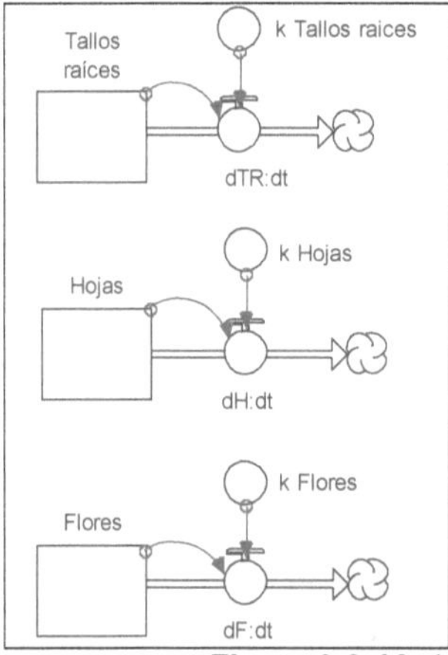

Tallos raíces(t) = Tallos raíces(t - dt) + (- dTR:dt) * dt
INIT Tallo raíces = 2 500
OUTFLOWS:
dTR:dt = k Tallos raíces * Tallos raíces

Hojas(t) = Hojas(t - dt) + (- dH:dt) * dt
INIT Hojas = 500
OUTFLOWS:
dH:dt = k Hojas * Hojas

Flores(t) = Flores(t - dt) + (- dF:dt) * dt
INIT Flores = 75
OUTFLOWS:
dF:dt = k Flores * Flores

k Tallos raíces = 0,001
k Hojas = 0,03
k Flores = 0,06

Figura 9.6. Modelo de descomposición del rastrojo.

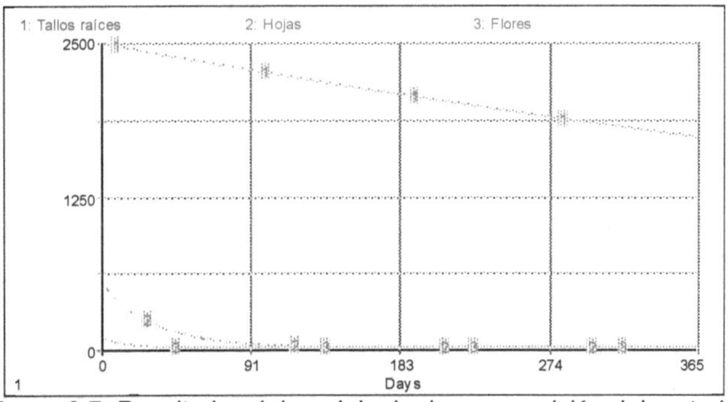

Figura 9.7. Resultados del modelo de descomposición del rastrojo.

Tabla 9.4. Resultados del modelo de descomposición del rastrojo.

Días	Biomasa Tallos-raíces (Kg)	Biomasa hojas (Kg)	Biomasa flores (Kg)
0	2 500,0	500,0	75,0
30	2 426,1	203,3	12,4
60	2 354,4	82,6	2,0
90	2 284,8	33,6	0,3
120	2 217,3	13,7	0,1
150	2 151,8	5,6	0
180	2 088,2	2,3	0
210	2 026,5	0,9	0
240	1 966,6	0,4	0
270	1 908,4	0,2	0
300	1 852,0	0,1	0
330	1 797,3	0	0
360	1 744,2	0	0
365	1 735,5	0	0

Para el período estudiado hay descomposición total de las flores y de las hojas, en tanto la biomasa de tallos-raíces aún mantiene un alto porcentaje de la biomasa inicial.

9.4 Modelo de Resiliencia

Problema de modelación:

El derrame de un contaminante en un lago artificial conduce a su bioacumulación en el fitoplancton y un monitoreo realizado durante 5 semanas arroja las siguientes concentraciones del contaminante en éste (*ug/Kg*).

Semanas	0	1	2	3	4	5
Contaminante en fitoplancton – CF-	0,1	0,25	0,38	0,75	1,5	2,8

A partir de la quinta semana se restablecen completamente las condiciones del agua e inicia un proceso de autodepuración que denota la resiliencia de la comunidad.

Se desea construir un modelo que represente la bioacumulación-biodepuración del contaminante en el fitoplancton durante 12 semanas, dado que ambos procesos siguen una función exponencial y que la tasa de depuración es la mitad de la tasa de bioacumulación.

Con base en los registros de bioacumulación previos se realizó un análisis de regresión para una función exponencial y se obtuvo la siguiente función (r^2 = 0,994; $p<0,001$):

$$Biacumulación\ (\mathrm{ug/Kg}) = 0{,}11\ e^{0{,}65\ t}$$

Luego, la función de depuración es:

$$Biadepuración\ (\mathrm{ug/Kg}) = 2{,}8\ e^{-0{,}325\ t}$$

Condiciones iniciales:

- Unidad de tiempo: semanas
- Cambio en la unidad de tiempo: 1 *(dt = 1)*
- El modelo se simula desde t_0 hasta t_{12}
- Método de integración: Runge-Kutta 4

Ecuaciones:

$$Con.Fitoplancton_{\,t} = Con.Fitoplancton_{\,t-1} + \frac{d\ Con.Fitoplancton}{dt} dt$$

$$Cont.Fitoplancton_{\,t=0} = 0,1\ (ug/Kg)$$

$$Cont.Fitoplancton_{t}\ (ug/Kg) = Cont.Fitoplancton\ (ug/Kg)_{t=i}\ e^{(k\ Semanas)}$$

$$\frac{dCont.Fitoplancton}{dt} = 0{,}65\ \times Con.Fitoplancton\ (ug/Kg.sem);\ semanas\ t_0 at_5$$
$$= -0{,}325\ \times Con.Fitoplancton\ (ug/Kg.sem);\ semanas\ t_6 at_{12}$$

Modelo:

La figura 9.8 expone el modelo de resiliencia del fitoplancton y la figura 9.9 y la tabla 9.5 los resultados de la simulación para las 12 semanas. Nótese que se empleó el comando condicional *if then else* para que el modelo opere con tasas distintas a través del tiempo.

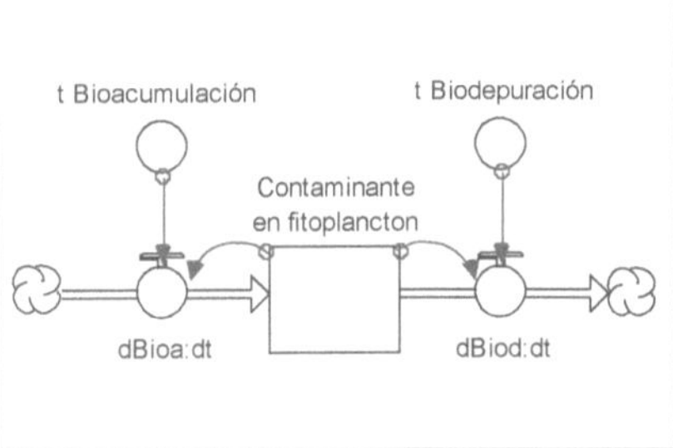

Contaminante en fitoplancton(t) = Contaminante en fitoplancton(t - dt) + (dBioa:dt - dBiod:dt) * dt
INIT Contaminante en fitoplancton = 0,1
INFLOWS:
dBioa:dt = IF (TIME>5) THEN 0 ELSE tBioacumulación * Contaminante en fitoplancton
OUTFLOWS:
dBiod:dt = IF (TIME>5) THEN t Biodepuración * Contaminante en fitoplancton ELSE 0

t Bioacumulación = 0,65
t Biodepuración = 0,325

Figura 9.8. Modelo de resiliencia.

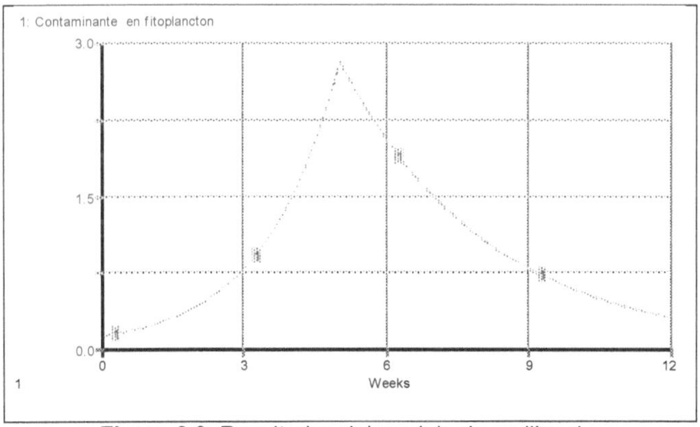

Figura 9.9. Resultados del modelo de resiliencia.

Tabla 9.5. Resultados del modelo de resiliencia.

Semanas	Bioacumulación (ug/Kg)	Semanas	Biodepuración (ug/Kg)
0	0,11	7	1,72
1	0,21	8	1,24
2	0,40	9	0,90
3	0,77	10	0,65
4	1,48	11	0,47
5	2,83	12	0,34
6	2,37		

9.5 Modelo de Deforestación

Problema de modelación:

Muchos procesos de deforestación muestran decaimiento exponencial de la cobertura de los bosques (Viña y Cavelier, 1999) y, sobre esta premisa, se quiere construir un modelo que represente para un período de 2 años la deforestación de un bosque de 200 Km^2 que se tala a una tasa de 10% por mes. Se desea modelar tanto el área deforestada como el área de bosque remanente.

Condiciones iniciales:

- Unidad de tiempo: mes
- Cambio en la unidad de tiempo: 1 (*dt = 1)*
- El modelo se simula desde t_0 hasta t_{24}
- Método de integración: Runge-Kutta 4

Ecuaciones:

$$Cobertura\ bosque_{t} = Cobertura\ bosque_{t-1} + \frac{d\ Cobertura\ bosque}{dt}\,dt$$

$$Cobertura\ bosque_{t=0} = 200\ (Km^2)$$

$$Cobertura\ bosque_{t}\ (Km^2) = Cobertura\ bosque_{t=0}\ e^{-k\,Mes}$$

$$\frac{dCobertura\ bosque}{dt} = -0{,}1\ \times Cobertura\ bosque\ (Km^2/mes)$$

$$Cob.\ deforestada_{t} = Cob.\ deforestada_{t-1} + \frac{d\ Cob.\ deforestada}{dt}\,dt$$

$$Cobertura\ deforestada_{t=0} = 0\ (Km^2)$$

$$Cob.deforestada\ (Km^2) = 200 - Cobertura\ bosque_{t} = 200(1 - e^{-\,0{,}1\,Mes})$$

$$\frac{dCobertura\ deforestada}{dt} = 0{,}1 \times 200e^{-0{,}1\,Mes}\ (Km^2/mes)$$
$$= 0{,}1 \times Cobertura\ bosque\ (Km^2/mes)$$

Modelo:

La figura 9.10 ilustra el modelo de deforestación y la figura 9.11 y la tabla 9.6 los resultados del modelo. Se destaca que el cambio en la cobertura del bosque es igual pero con signo contrario a la cobertura deforestada y ello sugiere una interconexión entre los 2 *stocks*, puesto que lo que gana uno de ellos corresponde a lo que pierde el otro. Se observa que en tanto la cobertura del bosque exhibe un decaimiento exponencial, el área deforestada sigue una función de *asociación exponencial* con un valor asintótico igual a 200.

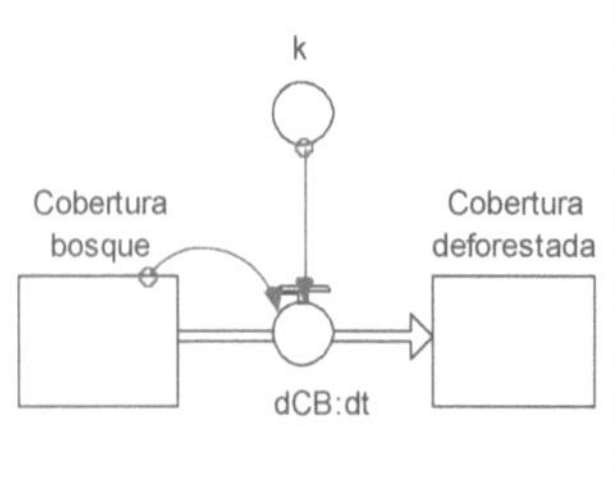

Cobertura bosque(t) = Cobertura bosque(t - dt) + (-dCB:dt) * dt
INIT Cobertura bosque = 200
OUTFLOWS:
dCB:dt = k * Cobertura bosque

Cobertura deforestada(t) = Cobertura deforestada(t - dt) + (dCB:dt) * dt
INIT Cobertura deforestada = 0
INFLOWS:
dCB:dt = k * Cobertura bosque

k = 0,1

Figura 9.10. Modelo de deforestación.

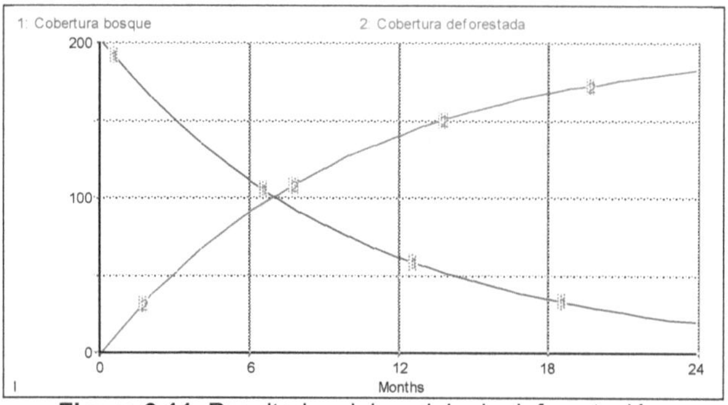

Figura 9.11. Resultados del modelo de deforestación.

Tabla 9.6. Resultados del modelo de deforestación.

Meses	Cobertura bosque (Km^2)	Cobertura deforestada (Km^2)
0	200	0
5	121	79
10	74	126
15	45	155
20	27	173
24	18	182

9.6 Modelo de Matrices de Transición en Paisaje

Problema de modelación:

Un estudio de ecología del paisaje en un área particular arrojó la siguiente matriz de transición para el período 2001 a 2010 (en proporciones):

	Bosque primario	Bosque secundario	Agricultura	Urbano
Bosque primario (Bp)*	0,65	0,20	0,10	0,05
Bosque secundario (Bs)	0,20	0,50	0,15	0,15
Agricultura (Ag)	0	0,20	0,70	0,10
Urbano (Ur)	0	0	0	1

*Lectura de fila: el 65% del Bp se mantuvo; el 20%, 10% y 5% se transformó respectivamente a Bs, Ag y Ur.

Se quiere construir un modelo de sucesión por 50 años para un bosque primario aledaño de 100 Km^2 en el que se asume que ocurrirán las probabilidades de transición previamente encontradas.

Condiciones iniciales:

- Unidad de tiempo: 10 años (por cuanto la matriz de transición se construyó sobre 10 años de cambio en el paisaje)
- Cambio en la unidad de tiempo: 1 (*dt = 1)*
- El modelo se simula desde t_0 hasta t_5
- Método de integración: Runge-Kutta 4

Las tasas de cambio entre componentes para el modelo exponencial quedan así:

	Tasas entre componentes			
	Bosque 1°	**Bosque 2°**	**Agricultura**	**Urbano**
Bosque 1°		0,182*	0,095	0,049
Bosque 2°	0,182		0,140	0,140
Agricultura		0,182		0,095

*Ln (1,2)

Ecuaciones:

Las ecuaciones diferenciales se obtienen con base en las tasas de cambio de una unidad de paisaje a otra:

$$Bosque\ primario_{\,t} = Bosque\ primario_{\,t-1} + \frac{d\ Bosque\ primario}{dt}\,dt$$

$$Bosque\ primario_{\,t=0} = 100\ (Km^2)$$

$$\frac{dBp}{dt} = 0{,}182Bs - 0{,}182p - 0{,}095Bp - 0{,}049Bp\ (Km^2/10\ años)$$

Bosque secundario $_t$ = *Bosque secundario* $_{t-1}$ + $\frac{d\ Bosque\ secundario}{dt}\ dt$

Bosque secundario $_{t=0}$ = *0* (Km^2)

$$\frac{dBs}{dt} = 0{,}182Bp + 0{,}182Ag - 0{,}182Bs - 0{,}140Bs - 0{,}140Bs\ \ (Km^2/10\ años)$$

Agricultura $_t$ = *Agricultura* $_{t-1}$ + $\frac{d\ Agricultura}{dt}\ dt$

Agricultura $_{t=0}$ = *0* (Km^2)

$$\frac{dAg}{dt} = 0{,}095Bp + 0{,}140Bs - 0{,}182Ag - 0{,}095Ag\ \ (Km^2/10\ años)$$

Urbano $_t$ = *Urbano* $_{t-1}$ + $\frac{d\ Urbano}{dt}\ dt$

Urbano $_{t=0}$ = *0* (Km^2)

$$\frac{dUr}{dt} = 0{,}049Bp + 0{,}140Bs + 0{,}095Ag\ \ (Km^2/10\ años)$$

Modelo:

La figura 9.12 ilustra el modelo de cambio en el uso del paisaje y la figura 9.13 y la tabla 9.7 los resultados del modelo para una simulación de 50 años.

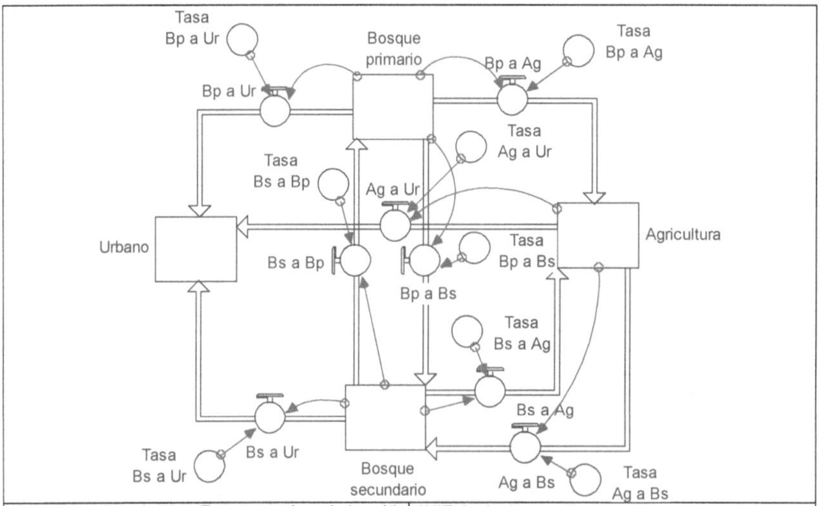

Bosque primario(t) = Bosque primario(t - dt) + (Bs a Bp - Bp a Bs - Bp a Ag - Bp a Ur) * dt
INIT Bosque primario = 100
INFLOWS:
Bs a Bp = Bosque secundario * Tasa Bs a Bp
OUTFLOWS:
Bp a Bs = Bosque primario * Tasa Bp a Bs
Bp a Ag = Bosque primario * Tasa Bp a Ag
Bp a Ur = Bosque primario * Tasa Bp a Ur

Bosque secundario(t) = Bosque secundario(t - dt) + (Bp a Bs + Ag a Bs - Bs a Bp - Bs a Ag - Bs a Ur) * dt
INIT Bosque secundario = 0
INFLOWS:
Bp a Bs = Bosque primario * Tasa Bp a Bs
Ag a Bs = Agricultura * Tasa Ag a Bs
OUTFLOWS:
Bs a Bp = Bosque secundario * Tasa Bs a Bp
Bs a Ag = Bosque secundario * Tasa Bs a Ag
Bs a Ur = Bosque secundario * Tasa Bs a Ur

Agricultura(t) = Agricultura(t - dt) + (Bp a Ag + Bs a Ag - Ag a Bs - Ag a Ur) * dt
INIT Agricultura = 0
INFLOWS:
Bp a Ag = Bosque primario * Tasa Bp a Ag
Bs a Ag = Bosque secundario * Tasa Bs a Ag
OUTFLOWS:
Ag a Bs = Agricultura * Tasa Ag a Bs
Ag a Ur = Agricultura * Tasa Ag a Ur

Urbano(t) = Urbano(t - dt) + (Bp a Ur + Bs a Ur + Ag a Ur) * dt
INIT Urbano = 0
INFLOWS:
Bp a Ur = Bosque primario * Tasa Bp a Ur
Bs a Ur = Bosque secundario * Tasa Bs a Ur
Ag a Ur = Agricultura * Tasa Ag a Ur

Tasa Bp a Bs = 0,182
Tasa Bp a Ag = 0,095
Tasa Bp a Ur = 0,049
Tasa Bs a Bp = 0,182
Tasa Bs a Ag = 0,140
Tasa Bs a Ur = 0,140
Tasa Ag a Bs = 0,182
Tasa Ag a Ur = 0,095

Figura 9.12. Modelo de transición del paisaje.

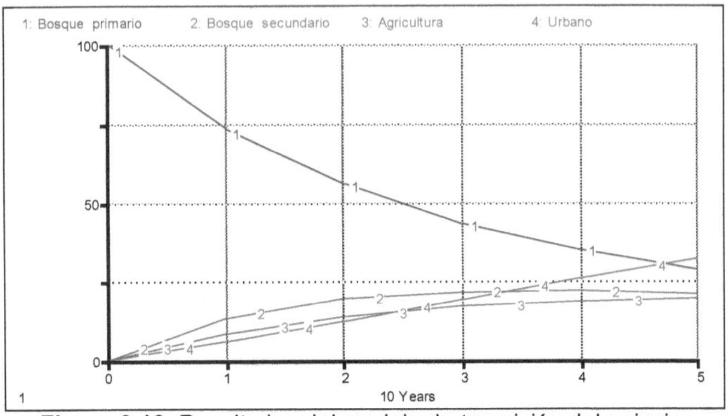

Figura 9.13. Resultados del modelo de transición del paisaje.

Tabla 9.7. Resultados del modelo de paisaje.

Años	Bosque primario (Km²)	Bosque secundario (Km²)	Agricultura (Km²)	Urbano (Km²)
0	100	0	0	0
10	73	13	8	6
20	56	19	13	12
30	43	21	17	19
40	35	22	18	25
50	28	21	19	32

Se observa que el bosque primario decrece exponencialmente a medida que el bosque secundario y la agricultura crecen hasta alcanzar valores máximos, para luego decrecer dando paso al área urbana. En tanto la cobertura urbana no genere transformaciones hacia otros usos del suelo, el sistema tenderá hacia un estado absorbente en el cual prevalecerá únicamente este tipo de cobertura. Dicho estado se reconoce en una matriz de transición por la presencia de un valor igual a 1 en la diagonal principal.

9.7 Modelo Markoviano de Conservación

Problema de modelación:

El esquema de contaminación-conservación de una región se puede describir bajo el siguiente modelo de Markov que refiere las probabilidades de cambio de uno a otro:

	Contaminación	Conservación
Contaminación	1	0
Conservación	0,2	0,8

Esto es, los ecosistemas que se contaminan permanecen contaminados, mientras que los ecosistemas conservados se contaminan en un 20% cada unidad de tiempo. A partir de tal modelo se desea:

1) Simular la evolución de los ecosistemas conservados durante 20 unidades de tiempo
2) Determinar las modificaciones que tendrían que hacerse para que permanezcan, en el largo plazo, por lo menos la mitad de los ecosistemas conservados.

Condiciones iniciales:

- Unidad de tiempo: tiempo
- Cambio en la unidad de tiempo: 1 (*dt = 1*)
- El modelo se simula desde t_0 hasta t_{20}
- Método de integración: Runge-Kutta 4

Las tasas de cambio respectivas son entonces (ver tabla 9.1):

	Contaminación	Conservación
Contaminación		0
Conservación	0,182	

Ecuaciones:

$$Conservado_t = Conservado_{t-1} + \frac{d\,Conservado}{dt}\,dt$$

$$Conservado_{t=0} = 1$$

$$\frac{d\,Conservado}{dt} = -0{,}182 \times Conservado$$

$$Contaminado_{t} = Contaminado_{t-1} + \frac{d\,Contaminado}{dt}\,dt$$

$$Contaminado_{t=0} = 0$$

$$\frac{d\,Contaminado}{dt} = 0{,}182 \times Conservado$$

<u>Modelo</u>:

El modelo markoviano se representa en la figura 9.14 y se construyó a partir de 2 *stocks* que se transfieren cantidades el uno al otro. El resultado indica que en tanto no existan programas de descontaminación, los ecosistemas tienden a la contaminación total, tal como se ilustra en la figura 9.15 y en la tabla 9.8.

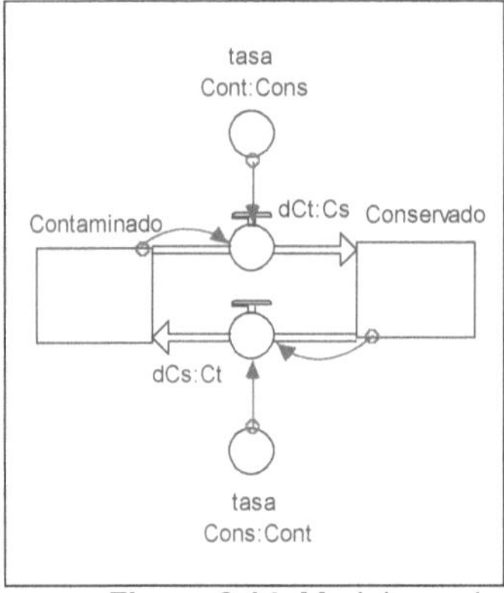

Conservado(t) = Conservado(t - dt) + (dCt:Cs - dCs:Ct) * dt
INIT Conservado = 1
INFLOWS:
dCt:Cs = tasa Cont:Cons * Contaminado
OUTFLOWS:
dCs:Ct = tasa Cons:Cont * Conservado

Contaminado(t) = Contaminado(t - dt) + (dCs:Ct - dCt:Cs) * dt
INIT Contaminado = 0
INFLOWS:
dCs:Ct = tasa Cons:Cont * Conservado
OUTFLOWS:
dCt:Cs = tasaCont:Cons * Contaminado

tasa Cons:Cont = 0,182
tasa Cont:Cons = 0

Figura 9.14. Modelo markoviano de contaminación-conservación

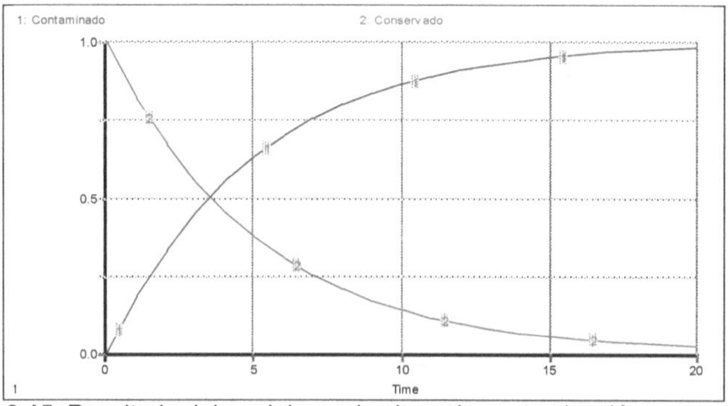

Figura 9.15. Resultado del modelo markoviano de contaminación-conservación.

Tabla 9.8. Resultado del modelo markoviano de contaminación-conservación.

Tiempo	Conservado	Contaminado
0	0,00	1,00
2	0,31	0,69
4	0,52	0,48
6	0,66	0,34
8	0,77	0,23
10	0,84	0,16
12	0,89	0,11
14	0,92	0,08
16	0,95	0,05
18	0,96	0,04
20	0,97	0,03

Para que en el largo plazo se conserve adecuadamente la mitad de la región, se requiere descontaminar, por unidad de tiempo, 20% de las áreas contaminadas para así igualar las tasas de contaminación y descontaminación (figura 9.16):

	Contaminación	Conservación
Contaminación	0,8	0,2
Conservación	0,2	0,8

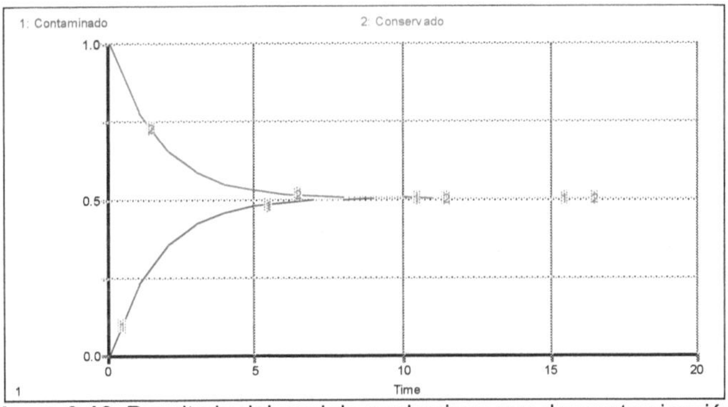

Figura 9.16. Resultado del modelo markoviano con descontaminación.

De cualquier manera, en tanto exista algún porcentaje de contaminación de las áreas conservadas y haya carencia de programas de descontaminación, toda la región se contaminará en el largo plazo, para evitar ello se deben implementar programas de descontaminación.

9.8 Modelo de Riego

Problema de modelación:

En un experimento realizado en un invernadero se hizo seguimiento al riego con agua durante un período de 96 horas y se encontró que el agua se mueve a lo largo de distintos componentes del sistema tal y como se ilustra en la figura 9.17.

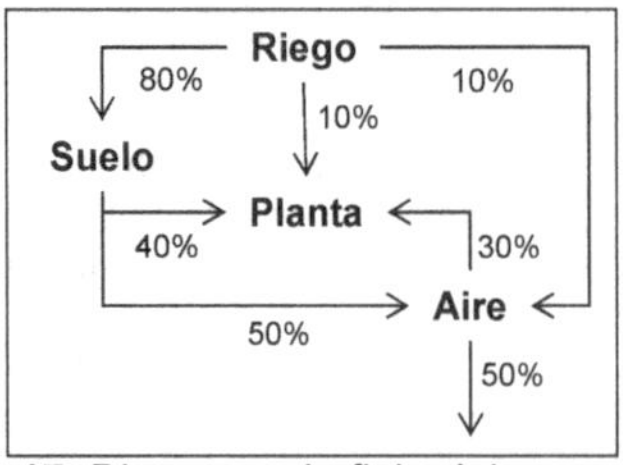

Figura 9.17. Diagrama de flujo del agua de riego.

Adicionalmente, la velocidad con la cual se moviliza el agua entre tales componentes es la siguiente:

Del riego a los otros elementos: 1 hora
Del suelo a los otros elementos: 96 horas
Del aire a los otros elementos: 48 horas

A partir de tal información, se desea construir un modelo que represente el riego de 1 000 litros de agua durante un período de 96 horas.

Para dar cuenta de este modelo se debe dejar sentado, como primera medida, que se trata de un modelo exponencial en cada componente, por cuanto el flujo está representado en porcentajes. En segundo lugar, se deben uniformizar las tasas de flujo a una misma unidad de tiempo, que para el caso presente se refiere a horas. Los cálculos para ello son los siguientes:

- *Tasas de riego*: se asumió que al final de la hora del 100% de agua regada quedó 0,01% por regar y se empleó la siguiente ecuación para su cálculo:

$$Ag_t = Ag_{t0}\, e^{-k\, t}$$

$$0{,}01 = 100e^{-k\, 1}$$

$$k = \frac{Ln\frac{0,01}{100}}{1} = -9,21034$$

El valor de *k* se partió proporcionalmente a los componentes suelo (80%), planta (10%) y aire (10%) lo cual arroja tasas respectivas de 7,3683, 0,921 y 0,921.

- *Tasas del suelo*: después de 96 horas persiste en el suelo el 10% del agua suministrada (100%) luego, la función exponencial que describe esta situación es:

$$10 = 100e^{-k\,96}$$

$$k = \frac{Ln\frac{10}{100}}{96} = -0,024$$

El valor de -0,024, a su vez, se reparte entre la planta (40/90) y el aire (50/90) así:

Tasa suelo – aire = 50/90 x -0,024 = -0,0133
Tasa suelo – planta = 40/90 x -0,024 = -0,0107

- *Tasas del aire*: aplicando un procedimiento similar se tiene que:

$$20 = 100e^{-k\,48}$$

$$k = \frac{Ln\frac{20}{100}}{48} = -0,0335$$

Tasa aire – planta = 30/80 x -0,0335 = -0,0125
Tasa aire - fuera del sistema = 50/80 x -0,0335 = -0,021

Condiciones iniciales:

- Unidad de tiempo: hora
- Cambio en la unidad de tiempo: 0,1 *(dt = 0,1)*
- El modelo se simula desde t_0 hasta t_{96}
- Método de integración: Runge-Kutta 4

Ecuaciones:

$$Riego_{t} = Riego_{t-1} + \frac{d\,Riego}{dt}\,dt$$

$$Riego_{t=0}\,(l) = 1000$$

$$\frac{dRiego}{dt} = -7{,}3683\, Riego - 0{,}921 Riego - 0{,}921 Riego$$

$$Suelo_{t} = Suelo_{t-1} + \frac{d\, Suelo}{dt} dt$$

$$Suelo_{t=0} (l) = 0$$

$$\frac{dSuelo}{dt} = 7{,}3683 Riego - 0{,}0107 Suelo - 0{,}0133 Suelo$$

$$Aire_{t} = Aire_{t-1} + \frac{d\, Aire}{dt} dt$$

$$Aire_{t=0} (l) = 0$$

$$\frac{dAire}{dt} = 0{,}921 Riego + 0{,}0133 Suelo - 0{,}0125 Aire - 0{,}021 Aire$$

$$Planta_{t} = Planta_{t-1} + \frac{d\, Planta}{dt} dt$$

$$Planta_{t=0} (l) = 0$$

$$\frac{dPlanta}{dt} = 0{,}921 Riego + 0{,}0107 Suelo + 0{,}0125 Aire$$

Las ecuaciones anteriores denotan que el comportamiento de cada variable respecto a las demás es de tipo exponencial y cada coeficiente refiere la tasa de cambio correspondiente.

Modelo:

La figura 9.18 ilustra el modelo de riego y la figura 9.19 y la tabla 9.9 los resultados en litros para una simulación de 96 horas. Nótese que se incluyeron comandos condicionales de *if then else* para que el movimiento del agua entre componentes se dé a partir del tiempo 1. Al igual que en el ejemplo previo, se corrió el modelo con $dt = 0{,}1$ por los altos valores de las tasas negativas.

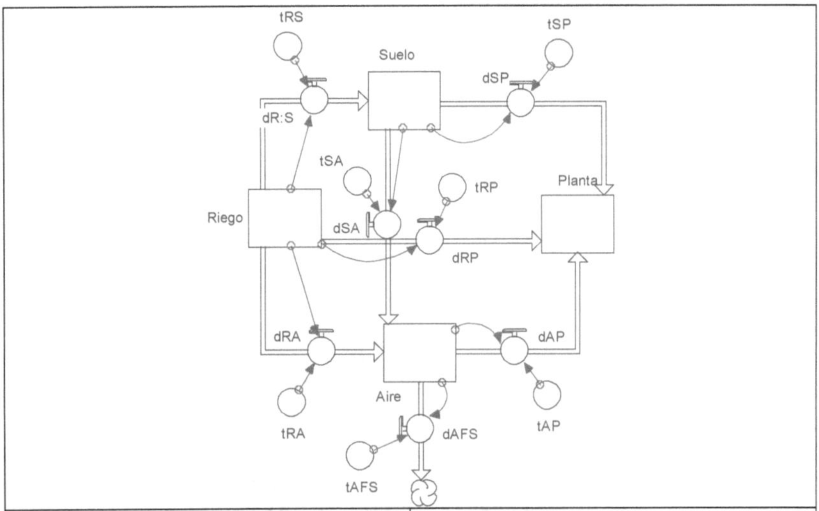

Riego(t) = Riego(t - dt) + (- dR:S - dRA - dRP) * dt
INIT Riego = 1 000
OUTFLOWS:
dR:S = tRS * Riego
dRA = tRA * Riego
dRP = tRP * Riego

Suelo(t) = Suelo(t - dt) + (dR:S - dSP - dSA) * dt
INIT Suelo = 0
INFLOWS:
dR:S = tRS * Riego
OUTFLOWS:
dSP = tSP * Suelo
dSA = tSA * Suelo

Aire(t) = Aire(t - dt) + (dRA + dSA - dAFS - dAP) * dt
INIT Aire = 0
INFLOWS:
dRA = tRA * Riego
dSA = tSA * Suelo
OUTFLOWS:
dAFS = tAFS * Aire
dAP = tAP * Aire

Planta(t) = Planta(t - dt) + (dRP + dSP + dAP) * dt
INIT Planta = 0
INFLOWS:
dRP = tRP * Riego
dSP = tSP * Suelo
dAP = tAP * Aire

tRS = 7,3683
tRA = 0,921
tRP = 0,921
tSA = IF TIME>1 THEN 0,0133 ELSE 0
tSP = IF TIME>1 THEN 0,0107 ELSE 0
tAP = IF TIME>1 THEN 0,0125 ELSE 0
tAFS = IF TIME>1 THEN 0,021 ELSE 0

Figura 9.18. Modelo de riego.

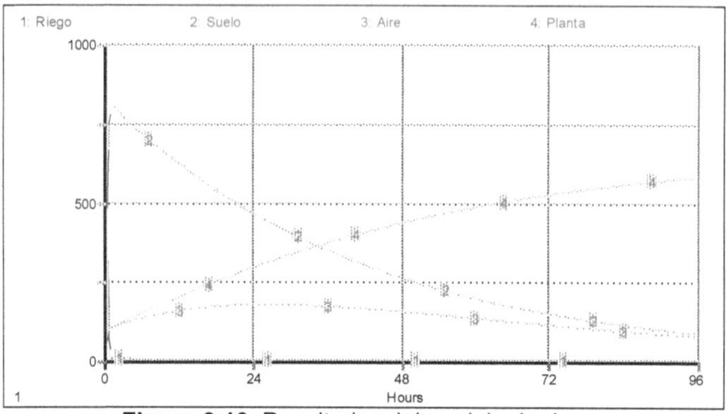

Figura 9.19. Resultados del modelo de riego.

Tabla 9.9. Resultados del modelo de riego.

Horas	Riego (l)	Suelo (l)	Aire (l)	Planta (l)
0	1 000	0	0	0
1	0	800	100	100
2	0	781	107	110
3	0	763	114	119
4	0	745	120	129
5	0	727	125	138
10	0	645	148	183
20	0	507	170	265
30	0	399	172	335
40	0	314	163	394
50	0	247	148	443
60	0	194	131	484
70	0	153	113	518
80	0	120	96	545
90	0	95	81	568
96	0	82	72	579

9.9 Modelo de Solubilidad del Oxígeno

Problema de modelación:

Un reservorio natural de agua dulce ubicado a 1 500 m.s.n.m. con una temperatura de 15°C va a ser utilizado durante 1 año para refrigerar un vertimiento de agua industrial y se espera que la temperatura del reservorio se incremente en promedio 1°C por mes. Se desea modelar la solubilidad del oxígeno para determinar si en dicho lapso de tiempo la solubilidad decaerá a menos de 4 mg/l, concentración que se ha considerado como umbral de no afectación de la comunidad de peces presente. Se sabe adicionalmente, que la concentración media de oxígeno en el agua en dicha zona es igual al 80% de su solubilidad.

En primer lugar, hay que tener en cuenta que la solubilidad del oxígeno en el agua dulce se relaciona con la altitud y la temperatura según la siguiente ecuación (calculada por el autor con base en los registros expuestos por Ramírez y Viña, 1998):

$$Solub.Oxígeno\ (mg/l) = \{e^{2{,}6257}\}\{e^{-0{,}0001\ Altitud(msnm)}\}\{e^{-0{,}0202\ Temperatura(oC)}\}$$

Condiciones iniciales:

- Unidad de tiempo: mes
- Cambio en la unidad de tiempo: 1 (*dt = 1)*
- El modelo se simula desde t_0 hasta t_{12}
- Método de integración: Euler (porque el comportamiento del *stock* es lineal)

Ecuaciones:

$$Temperatura_{\ t} = Temperatura_{\ t-1} + \frac{dTemperatura}{dt}\,dt$$

$$Temperatura_{\ t=0} = 15\ (^oC)$$

$$Temperatura_{\ t} = Temperatura_{\ 0} + Tasa\ incremento \times Meses\ (^oC)$$

$$\frac{dTemperatura}{dt} = 1\ (oC/mes)$$

Concentración oxígeno = 0,8 x Solubilidad oxígeno (mg/l)

Modelo:

La figura 9.20 presenta el modelo de solubilidad del oxígeno y la figura 9.21 y la tabla 9.10 los resultados de la simulación para los 12 meses. Se observa que para el lapso de tiempo estudiado la concentración de oxígeno decae exponencialmente pero no alcanza el umbral establecido de 4 mg/l.

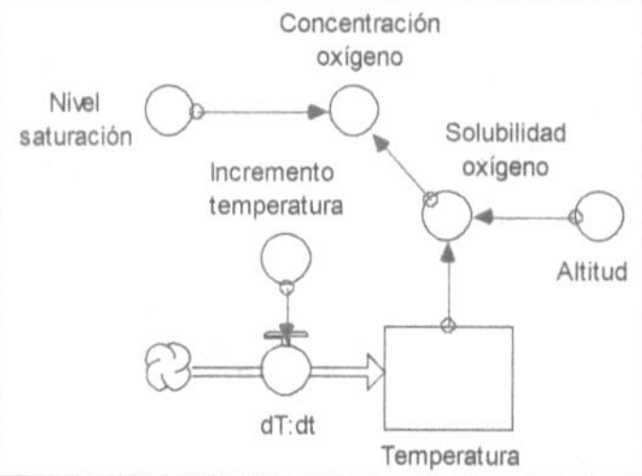

Temperatura(t) = Temperatura(t - dt) + (dT:dt) * dt
INIT Temperatura = 15
INFLOWS:
dT:dt = Incremento temperatura

Incremento temperatura = 1
Altitud = 1 500
Solubilidad oxígeno = EXP(2,6257) * EXP(-0,0001 * Altitud) * EXP(-0,0202 * Temperatura)
Nivel saturación = 0,8
Concentración oxígeno = Nivel saturación * Solubilidad oxígeno

Figura 9.20. Modelo de solubilidad del oxígeno.

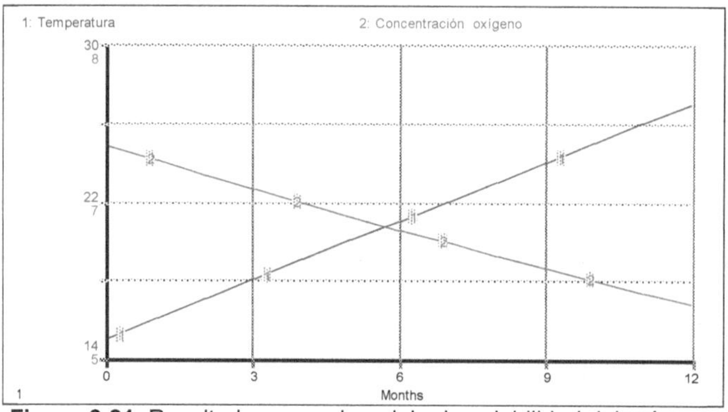

Figura 9.21. Resultados para el modelo de solubilidad del oxígeno.

Tabla 9.10. Resultados para el modelo de solubilidad del oxígeno.

Mes	Temperatura (°C)	Oxígeno (mg/l)
0	15	7,03
1	16	6,89
2	17	6,75
3	18	6,61
4	19	6,48
5	20	6,35
6	21	6,22
7	22	6,10
8	23	5,98
9	24	5,86
10	25	5,74
11	26	5,63
12	27	5,51

9.10 Modelo de Extinción Local de Especies

Problema de modelación:

La riqueza de especies (*S*) de un taxa particular se ha relacionado con el área de un bosque bajo la ecuación *S = 11 x Ln (Hectáreas de bosque)*. El bosque originalmente de 80 hectáreas, experimenta un proceso de deforestación del 15% anual. Se desea construir un modelo que permita estimar la extinción local de especies de dicho taxa durante un período de 10 años.

Condiciones iniciales:

- Unidad de tiempo: año
- Cambio en la unidad de tiempo: 1 ($dt = 1$)
- El modelo se simula desde t_0 hasta t_{10}
- Método de integración: Runge-Kutta 4

Ecuaciones:

$$Bosque_{t} = Bosque_{t-1} + \frac{d\,Bosque}{dt}\,dt$$

$$Bosque_{t=0} = 80\ (ha)$$

$$Bosque_{t}\ (ha) = Bosque_{t=0}\ e^{-Tasa\ deforestación\ \times\ Año}$$

$$\frac{d\,Bosque}{dt} = -0{,}140\ \times Bosque\ (ha/año)$$

$$S = 11 \times Ln\ (Bosque)$$

Modelo:

La figura 9.22 presenta el modelo de extinción local de especies y la figura 9.23 y la tabla 9.11 los resultados de la simulación para 10 años. Se observa que en tanto el bosque decrece exponencialmente la riqueza de especies calculada a partir de aquel, lo hace linealmente, ello por cuanto las funciones exponencial y logarítmica se cancelan entre sí.

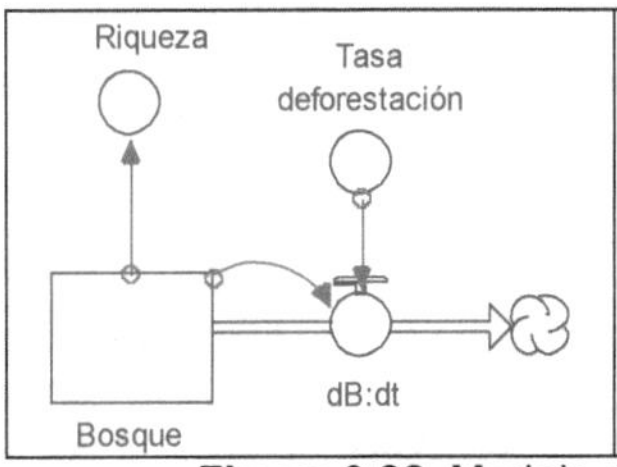

Bosque(t) = Bosque(t - dt) + (- dB:dt) * dt
INIT Bosque = 80
OUTFLOWS:
dB:dt = Tasa deforestación * Bosque

Tasa deforestación = 0,140
Riqueza = 11 * LOGN(Bosque)

Figura 9.22. Modelo de extinción local de especies.

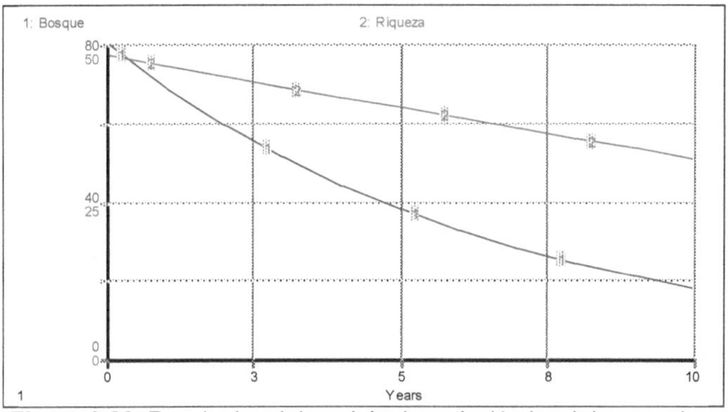

Figura 9.23. Resultados del modelo de extinción local de especies.

Tabla 9.11. Resultados del modelo de extinción local de especies.

Año	Bosque (ha)	Riqueza
0	80,0	48,2
1	69,5	46,7
2	60,5	45,1
3	52,6	43,6
4	45,7	42,0
5	39,7	40,5
6	34,5	39,0
7	30,0	37,4
8	26,2	35,9
9	22,7	34,3
10	19,7	32,8

9.11 Modelo de Dilución de un Contaminante en un Cuerpo Lótico

Problema de modelación:

La modelación de un contaminante en un cuerpo lótico suele ser de gran importancia ecológica y ambiental, y para ello es relevante definir si el compuesto es o no conservativo, esto es, si mantiene su estructura química o si, por el contrario, se descompone o degrada por reacciones químicas o biológicas. Para el caso de compuestos conservativos su concentración se diluye por cambios en el caudal y por efectos de mezcla. Para los no conservativos las ecuaciones descritas por Thomann y Mueller (1987) son las siguientes:

$$C_D = C_0 e^{-k \frac{Distancia}{Velocidad}}$$

$$C_t = C_0 e^{-k\, Tiempo}$$

Es decir que, para estos compuestos se puede determinar tanto la concentración en un tiempo dado aguas abajo (C_t), como a una distancia particular (C_D) a partir de la velocidad de la corriente y la tasa de degradación del contaminante (k).

Asumiendo un cuerpo lótico con velocidad media de 1,5 m/seg y una concentración de 20 mg/l de un compuesto no conservativo que se degrada a una tasa de 0,1% cada segundo, se desea construir un modelo que exprese la concentración del contaminante aguas abajo del punto referido pasados 5 minutos.

Condiciones iniciales:

- Unidad de tiempo: segundo
- Cambio en la unidad de tiempo: 1 (*dt = 1)*
- El modelo se simula desde t_0 hasta t_{300}
- Método de integración: Runge-Kutta 4

Ecuaciones:

$$Concentración_{\,t} = Concentración_{\,t-1} + \frac{d\,Concentración}{dt}\,dt$$

$$Concentración_{\,t=0} = 20\ (mg/l)$$

$$Concentración_{\,t} = Concentración_{\,t=0}\; e^{-k\,t}$$

$$\frac{dConcentración}{dt} = -0{,}001 \times Concentración\ (mg/l.seg)$$

Distancia (m) = 1,5 (m/seg) x Tiempo (seg)

Modelo:

El modelo de dilución del contaminante se expone en la figura 9.24 y los resultados de la salida en la figura 9.25 y en la tabla 9.12. Sobre el modelo se ha incluido el cálculo de la distancia a partir del tiempo y, como es natural, la concentración decae exponencialmente con el tiempo en tanto la distancia alcanzada por el contaminante muestra un comportamiento lineal.

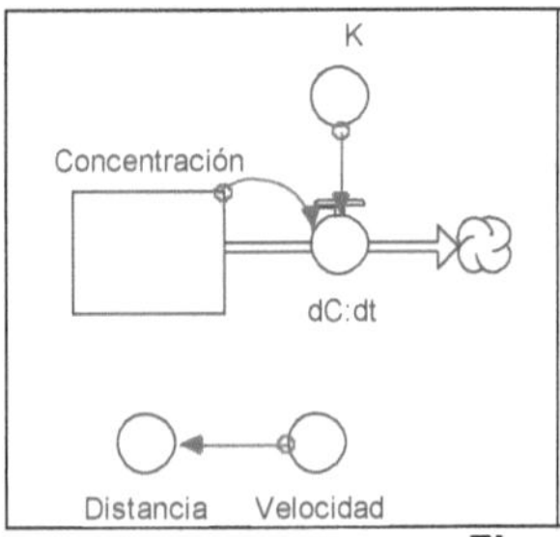

Concentración(t) = Concentración(t - dt) + (- dC:dt) * dt
INIT Concentración = 20
OUTFLOWS:
dC:dt = K * Concentración

K = 0,001
Velocidad = 1,5
Distancia = Velocidad * TIME

Figura 9.24. Modelo de dilución.

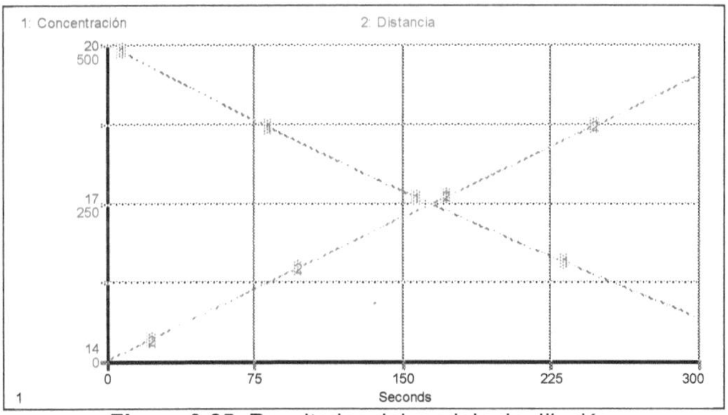

Figura 9.25. Resultados del modelo de dilución.

Tabla 9.12. Resultados del modelo de dilución.

Tiempo (seg)	Concentración (mg/l)	Distancia (m)
0	20,0	0
30	19,4	45
60	18,8	90
90	18,3	135
120	17,7	180
150	17,2	225
180	16,7	270
210	16,2	315
240	15,7	360
270	15,3	405
300	14,8	450

9.12 Modelo de Generación de Residuos

Problema de modelación:

Una ciudad produce 300 toneladas de residuos durante un año y se vaticina que en los años sucesivos ocasionará 10% más respecto a lo generado el año inmediatamente anterior. Se desea construir un modelo que represente el total de residuos producido por 10 años.

Condiciones iniciales:

- Unidad de tiempo: año
- Cambio en la unidad de tiempo: 1 (*dt = 1)*
- El modelo se simula desde t_1 hasta t_{10}
- Método de integración: Euler

Ecuaciones:

Vale notar que este ejemplo no responde a un modelo exponencial típico como los representados previamente, puesto que la tasa de incremento no es constante.

$$Residuos_{t} = Residuos_{t-1} + \frac{d\,Residuos}{dt}\,dt$$

$$Residuos_{t=0} = 300\ (Ton)$$

$$Residuos\ acumulados_t\ (Ton) = \sum_{t=0}^{10} R_0 e^{0{,}1\ Tiempo}$$

Modelo:

La figura 9.26 expone el modelo y en éste se ha calculado la producción anual de residuos a partir de la solución analítica, y esta última se ha acumulado en un *stock* de residuos por el período de la simulación. Por lo anterior, el flujo representa la producción e ingreso anual de residuos al *stock*, el cual inicia con 300 Ton y por ello se simula desde el tiempo 1.

La figura 9.27 y la tabla 9.13 ilustran el resultado de la simulación y, para propósitos de comparación, se ha incluido la producción anual.

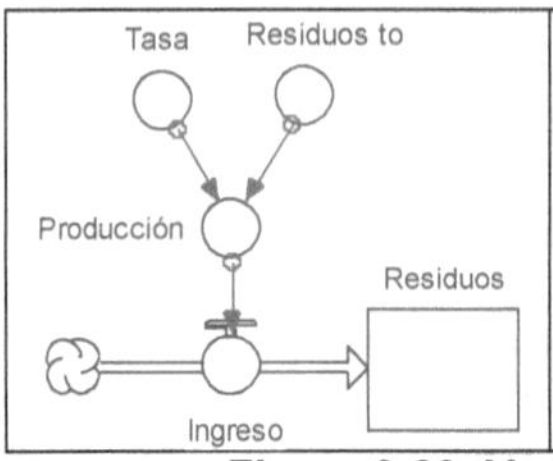

Residuos(t) = Residuos(t - dt) + (dR_dt) * dt
INIT Residuos = 0
INFLOWS:
Ingreso = Producción
Producción = Residuos to * exp (Tasa * TIME)

Residuos to = 300
Tasa = 0,1

Figura 9.26. Modelo de generación de residuos.

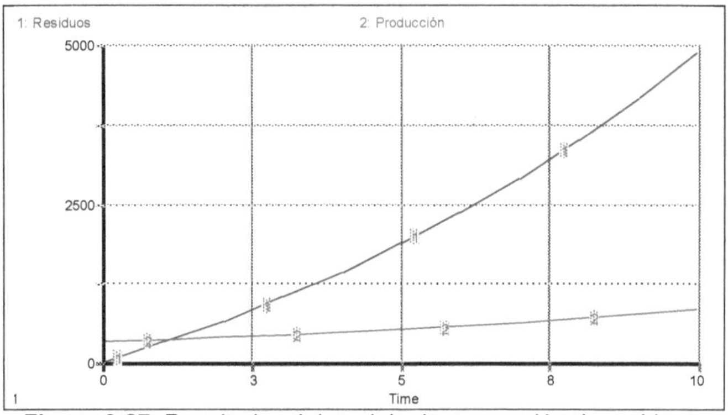

Figura 9.27. Resultados del modelo de generación de residuos.

Tabla 9.6. Resultados del modelo de generación de residuos.

Año	**Residuos acumulaos**	**Producción**
1	300	332
2	632	366
3	998	405
4	1403	448
5	1850	495
6	2345	547
7	2892	604
8	3496	668
9	4164	738
10	4901	

10. OTROS MODELOS

10.1 Modelo de Tráfico Vehicular

Problema de modelación:

Tomando como base las funciones teóricas del tráfico (Dhingra y Gull, 2011), una muestra tomada minuto a minuto en una autopista encontró que la relación entre la velocidad (Km/h) y la densidad vehicular (veh/Km) se ajusta a la siguiente función exponencial:

$$Velocidad = 85\ e^{-0{,}02\ Densidad}$$

Así mismo, el flujo (*veh/h*) y la velocidad (*Km/h*) se ajustan a una función polinomial de segundo orden así:

$$Flujo = 90\ Velocidad - 1\ Velocidad^{2}$$

A partir de las ecuaciones previas se desea construir un modelo para evaluar el flujo vehicular durante las horas de mayor congestión, dado que a una densidad inicial de 10 vehículos por kilómetro, se le adiciona una tasa promedio de 2 nuevos vehículos por kilómetro cada minuto durante un período de 2 horas.

Condiciones iniciales:

- Unidad de tiempo: minuto
- Cambio en la unidad de tiempo: 1 (*dt = 1)*
- El modelo se simula desde t_0 hasta t_{120}
- Método de integración: Euler (se eligió esta técnica porque el comportamiento del *stock* es lineal)

Ecuaciones:

$$Densidad_{t} = Densidad_{t-1} + \frac{dDensidad}{dt}\ dt$$

$$Densidad_{t=0} = 10\ (veh/Km)$$

$$Densidad_{t}\ (veh/Km) = Densidad_{t=0} + Tasa\ Incremento \times Minuto$$

$$\frac{dDensidad}{dt} = 2\ (Veh/Km.minuto)$$

Modelo:

El modelo se ilustra en la figura 10.1 y sus resultados en la figura 10.2 y en la tabla 10.1. Se observa que el incremento lineal de la densidad de vehículos conduce a un decrecimiento exponencial de la velocidad, que a su vez da lugar a un incremento y posterior decaimiento del flujo vehicular. El flujo se maximiza en 2025 veh/h y las condiciones en que ocurre son: velocidad de 45 Km/h y densidad de 32 veh/Km.

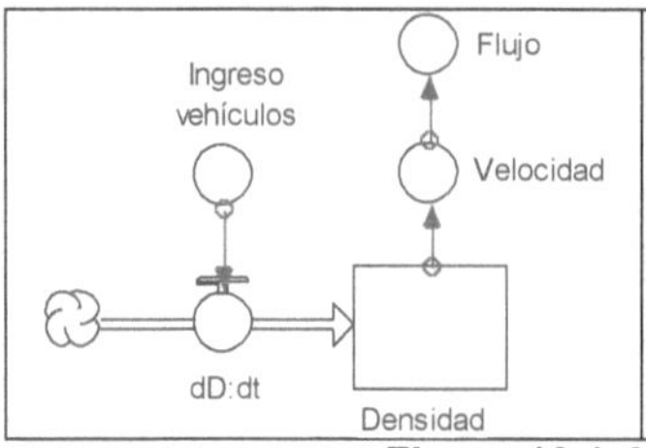

Densidad(t) = Densidad(t - dt) + (dD:dt) * dt
INIT Densidad = 10
INFLOWS:
dD:dt = Ingreso vehículos
Ingreso vehículos = 2

Velocidad = 85 * EXP(-0,02 * Densidad)
Flujo = 90 * Velocidad – 1 * Velocidad^2

Figura 10.1. Modelo de tráfico vehicular.

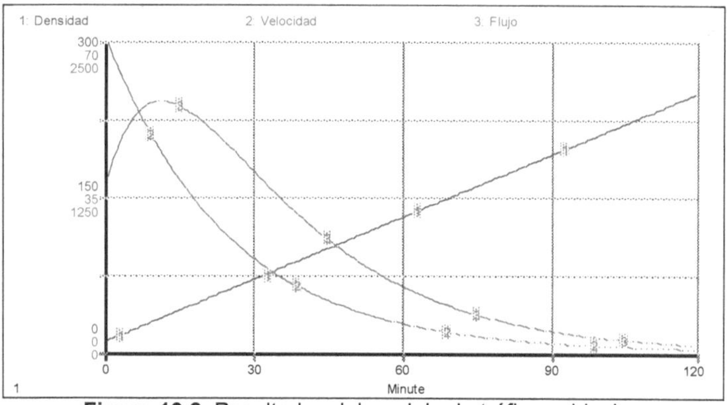

Figura 10.2. Resultados del modelo de tráfico vehicular.

Tabla 10.1. Resultados del modelo de tráfico vehicular.

Minuto	Densidad (veh/Km)	Velocidad (Km/h)	Flujo (veh/h)
0	10	70	1420
10	30	47	2022
11	**32**	**45**	**2025**
20	50	31	1836
30	70	21	1447
40	90	14	1067
50	110	9	759
60	130	6	528
70	150	4	363
80	170	3	247
90	190	2	168
100	210	1	113
110	230	1	76
120	250	1	51

10.2 Modelo de Ruido Vehicular

Problema de modelación:

El ruido vehicular se estudia a partir del nivel equivalente continuo (L_{Aeq}) y depende, entre otros, del flujo y la velocidad vehicular, en ambos caso bajo un modelo logarítmico. El modelo Alemán RLS90 propone la siguiente ecuación para condiciones de tráfico sin vehículos pesados (Arana et al., 2000):

$$L_{Aeq,25\,m} = 27{,}7 + 10\,Log_{10}(Q) + 10Log_{10}(1 + 0{,}02\,V)^3$$

Donde: Q: flujo (veh/h); V: velocidad (Km/h)

Con base en la información expuesta en el ejemplo previo de tráfico vehicular, construya un modelo para estimar el nivel equivalente continuo.

Condiciones iniciales:

Las mismas del modelo anterior.

Ecuaciones:

Además de las del modelo anterior, la ecuación expuesta para $L_{Aeq,\,25\,m}$.

Modelo:

La figura 10.3 expone el modelo de ruido vehicular el cual simplemente agrega el cálculo del L_{Aeq} frente al modelo de tráfico vehicular. Los resultados exhibidos en la figura 10.4 y en la tabla 10.2, muestran que a causa de la reducción de la velocidad y posteriormente del flujo, el nivel equivalente continuo se reduce durante todo el tiempo simulado.

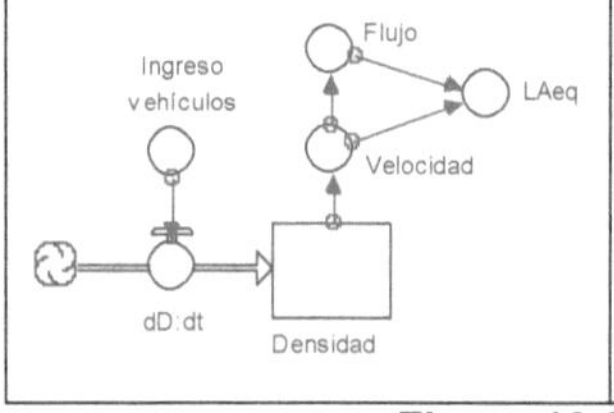

Densidad(t) = Densidad(t - dt) + (dD:dt) * dt
INIT Densidad = 10
INFLOWS:
dD:dt = Ingreso vehículos

Ingreso vehículos = 2
Velocidad = 85 * EXP(-0,02 * Densidad)
Flujo = 90 * Velocidad – 1 * Velocidad^2
LAeq = 27,7 + 10 * LOG10(Flujo) + 10 * LOG10((1 + 0,02 * Velocidad)^3)

Figura 10.3. Modelo de ruido vehicular.

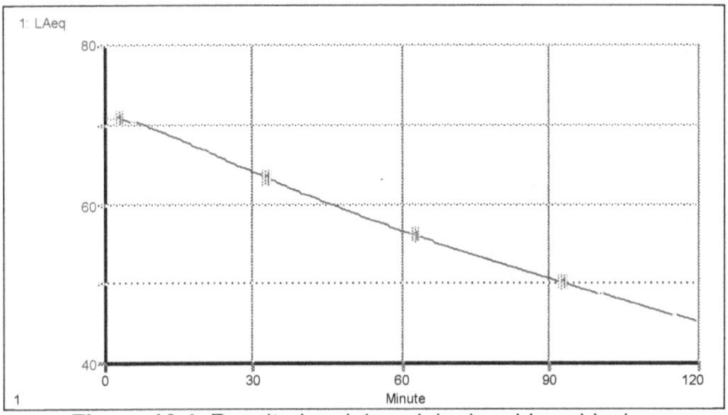

Figura 10.4. Resultados del modelo de ruido vehicular.

Tabla 10.2. Resultados del modelo de ruido vehicular.

Minuto	$L_{Aeq,25m}$ (dBA)
0	70,6
10	69,3
11	69,1
20	66,7
30	63,9
40	61,2
50	58,8
60	56,5
70	54,4
80	52,4
90	50,4
100	48,6
110	46,7
120	44,9

10.3 Modelo de Riesgo por Contaminación Atmosférica

El *riesgo* es comúnmente evaluado como el producto entre la *vulnerabilidad* y la *amenaza*, donde la primera se refiere a los elementos susceptibles de ser negativamente afectados (población humana, ecosistemas, recursos, infraestructura, etc.) y, la segunda, a la variable o condición que va a ocasionar el impacto, sea esta última de origen natural (huracanes, terremotos, etc.) o antrópica (contingencias, emisiones, sobreexplotación, etc.).

<u>Problema de modelación:</u>

Una importante avenida sobre un área urbana ha experimentado un crecimiento sostenido en el flujo vehicular y con ello un aumento en la contaminación atmosférica. La población aledaña se encuentra en riesgo de salud por cuanto las concentraciones de las partículas menores a 2,5 micrómetros por metro cúbico ($PM_{2,5}$) se vienen incrementando. Los umbrales de riesgo sugeridos por la Organización Mundial de la Salud[5] son los siguientes niveles:

Riesgo 1: $< 10\ \mu m/m^3$
Riesgo 2: $< 15\ \mu m/m^3$
Riesgo 3: $< 25\ \mu m/m^3$
Riesgo 4: $< 35\ \mu m/m^3$

Con base en los umbrales previos, se quiere evaluar la población que se encuentra en cada nivel de riesgo por los siguientes 12 años, dadas las siguientes condiciones de referencia:

- *Flujo vehicular inicial: 1 000 (veh/h)*
- *Incremento medio del flujo: 100 veh/año*
- *Concentración en la Avenida ($\mu m/m^3$):*

$$Concentración_A = 2 + 0{,}018\ Flujo\ vehicular$$

- *Concentración a Distancia D ($\mu m/m^3$):*

$$Concentración_D = Concentración_A\ e^{(-0{,}1\ Distancia)}$$

[5] www.who.int/es

- *La población muestra 3 grados de exposición por su distancia a la avenida, así:*

	Área contigua	**Área intermedia**	**Área distante**
Población	2 500	3 000	3 500
Distancia (m)	10	50	100

Condiciones iniciales:

- Unidad de tiempo: años
- Cambio en la unidad de tiempo: 1 (*dt = 1)*
- El modelo se simula desde t_0 hasta t_{12}
- Método de integración: Euler

Ecuaciones:

El modelo cuenta con un solo *stock* que corresponde al flujo vehicular, el cual se incrementa linealmente con los años (de allí el uso del método de integración de Euler):

$$\text{Flujo vehicular}_t = \text{Flujo vehicular}_{t-1} + \frac{d\,Flujo\ vehicular}{dt}dt$$

$$\text{Flujo vehicular}_{t=0} = 1000\ (veh/año)$$

$$\text{Flujo vehicular}_t\ (veh/año) = \text{Flujo vehicular}_{t=0} + \text{Incremento flujo} \times \text{Años}$$

$$\frac{dFlujo\ vehicular}{dt} = 100\ (Veh/año)$$

Modelo:

La figura 10.5 expone el modelo de riesgo por contaminación atmosférica y la figura 10.6 y la tabla 10.3 los resultados del mismo. Se aprecia que para el periodo de estudio toda la población alcanza niveles de riesgo 1 y 2, en tanto la población más expuesta alcanza niveles de riesgo 3 y 4.

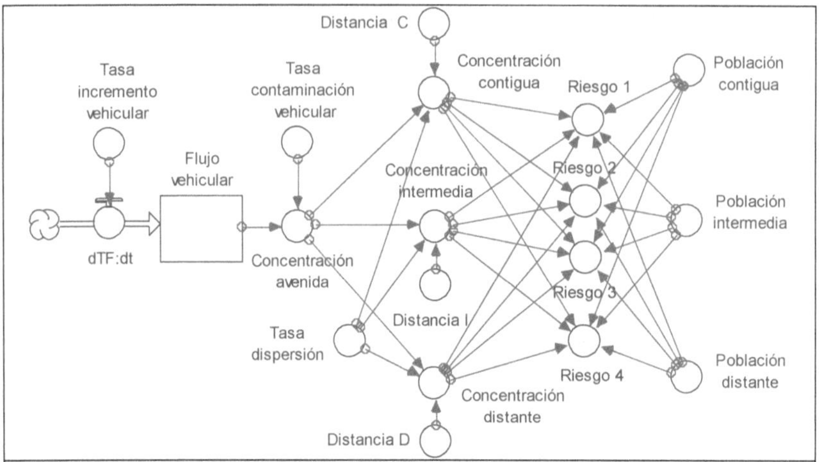

Flujo vehicular(t) = Flujo vehicular(t - dt) + (dTF:dt) * dt
INIT Flujo vehicular = 1 000
INFLOWS:
dTF:dt = Tasa incremento vehicular

Concentración avenida = 2 + Tasa contaminación vehicular * Flujo vehicular
Concentración contigua = Concentración avenida * EXP(Tasa dispersión * Distancia C)
Concentración intermedia = Concentración avenida * EXP(Tasa dispersión * Distancia I)
Concentración distante = Concentración avenida * EXP(Tasa dispersión * Distancia D)
Riesgo 1 = IF(Concentración contigua > 10 AND Concentración intermedia > 10 AND Concentración distante > 10) THEN Población contigua + Población intermedia + Población distante ELSE IF(Concentración contigua > 10 AND Concentración intermedia > 10) THEN Población contigua + Población intermedia ELSE IF(Concentración contigua > 10) THEN Población contigua ELSE 0
Riesgo 2 = IF(Concentración contigua > 15 AND Concentración intermedia > 15 AND Concentración distante > 15) THEN Población contigua + Población intermedia + Población distante ELSE IF(Concentración contigua > 15 AND Concentración intermedia > 15) THEN Población contigua + Población intermedia ELSE IF(Concentración contigua > 15) THEN Población contigua ELSE 0
Riesgo 3 = IF(Concentración contigua > 25 AND Concentración intermedia > 25 AND Concentración distante > 25) THEN Población contigua + Población intermedia + Población distante ELSE IF(Concentración contigua > 25 AND Concentración intermedia > 25) THEN Población contigua + Población intermedia ELSE IF(Concentración contigua > 25) THEN Población contigua ELSE 0
Riesgo 4 = IF(Concentración contigua > 35 AND Concentración intermedia > 35 AND Concentración distante > 35) THEN Población contigua + Población intermedia + Población distante ELSE IF(Concentración contigua > 35 AND Concentración intermedia > 35) THEN Población contigua + Población intermedia ELSE IF(Concentración contigua > 35) THEN Población contigua ELSE 0
Distancia C = 10
Distancia I = 50
Distancia D = 100
Población contigua = 2 500
Población intermedia = 3 000
Población distante = 3 500

Tasa dispersión = - 0,01
Tasa contaminación vehicular = 0,018
Tasa incremento vehicular = 100

Figura 10.5. Modelo de riesgo por contaminación atmosférica.

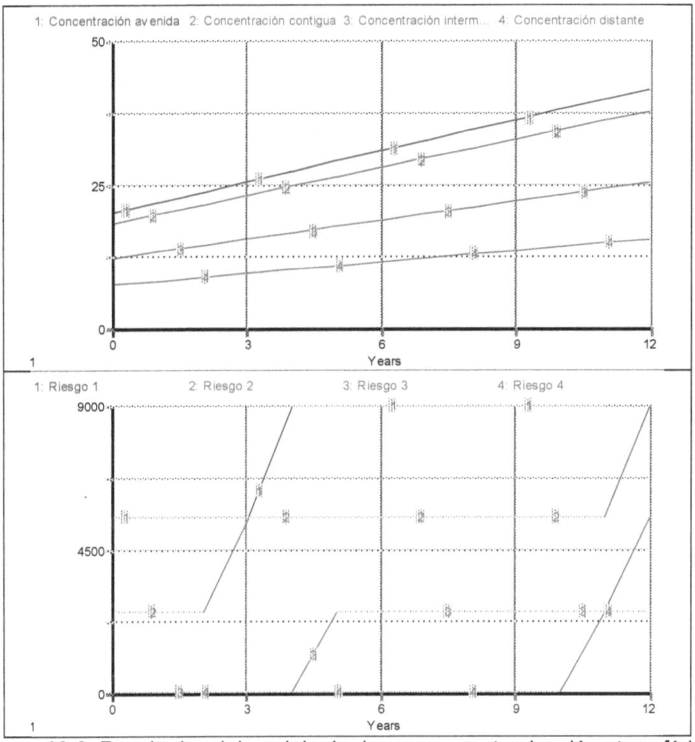

Figura 10.6. Resultados del modelo de riesgo por contaminación atmosférica.

Tabla 10.3. Resultados del modelo de riesgo por contaminación atmosférica.

Año	Concentración (μm/m³)			Población			
	Contigua	Intermedia	Distante	Riesgo 1	Riesgo 2	Riesgo 3	Riesgo 4
0	18,1	12,1	7,4	5500	2500	0	0
1	19,7	13,2	8,0	5500	2500	0	0
2	21,4	14,3	8,7	5500	2500	0	0
3	23,0	15,4	9,3	5500	5500	0	0
4	24,6	16,5	10,0	9000	5500	0	0
5	26,2	17,6	10,7	9000	5500	2500	0
6	27,9	18,7	11,3	9000	5500	2500	0
7	29,5	19,8	12,0	9000	5500	2500	0
8	31,1	20,9	12,7	9000	5500	2500	0
9	32,8	22,0	13,3	9000	5500	2500	0
10	34,4	23,0	14,0	9000	5500	2500	0
11	36,0	24,1	14,6	9000	5500	2500	2500
12	37,6	25,2	15,3	9000	9000	5500	2500

10.4 Modelo Logístico de Deforestación

Problema de modelación:

Los procesos de deforestación con frecuencia han sido descritos siguiendo una función logística inversa (Etter et al., 2006) la cual se puede representar con la siguiente ecuación:

$$Y = \frac{a}{1 + ce^{b\,X}}$$

Los modelos logísticos directos, a su vez, se expresan como:

$$Y = \frac{a}{1 + ce^{-b\,X}}$$

Donde: *a:* área total inicial; *c:* factor asociado a la diferencia entre el valor inicial y el valor asintótico; *b*: tasa de deforestación.

A partir de la función previa se desea construir un modelo que represente la deforestación de un bosque durante 36 meses bajo los siguientes parámetros: a = 200 (ha); c = 0,01; b = 0,25.

Condiciones iniciales:

- Unidad de tiempo: mes
- Cambio en la unidad de tiempo: 1 (*dt = 1)*
- El modelo se simula desde t_0 hasta t_{24}
- Método de integración: Runge-Kutta 4

Ecuaciones:

$$Bosque_{t} = Bosque_{t-1} + \frac{d\,Bosque}{dt}dt$$

$$Bosque_{t=0} = 200\ (ha)$$

$$Bosque_{t}\,(ha) = \frac{a}{1 + c\,e^{\,b\,Tiempo}}$$

$$\frac{dBosque}{dt} = \frac{-\,abce^{b\,t}}{(1 + \,ce^{b\,t})^2}$$

$$Deforestado_{t} = Deforestado_{t-1} + \frac{d\,Deforestado}{dt}dt$$

$$Deforestado_{t=0} = 0\ (ha)$$

$$Bosque_t\,(ha) = \frac{a}{1 + c\,e^{-b\,Tiempo}}$$

$$\frac{dDeforestado}{dt} = \frac{-\,abce^{b\,t}}{(1+\,ce^{b\,t})^2}\ ;\ para\ b\ negativo$$

Modelo:

La figura 10.7 expone el modelo de deforestación logística representado por 2 *stocks* interconectados entre sí, dado que el primero se transforma en el segundo. Cabe aclarar que el bosque cuenta con una salida dado el valor negativo de la derivada y, al respecto, vale recordar que el signo negativo está implícito en las salidas y, por tanto, no se adiciona en Stella.

La figura 10.8 y la tabla 10.4 muestran los resultados del modelo para una simulación de 36 meses, y se observa un comportamiento asintótico logístico para los dos *stocks* pero inversos el uno del otro.

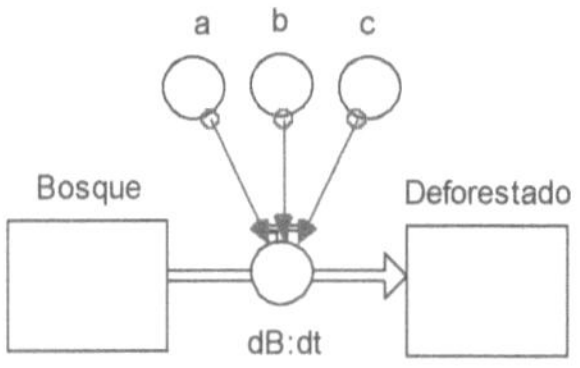

Bosque(t) = Bosque(t - dt) + (- dB:dt) * dt
INIT Bosque = 200
OUTFLOWS:
dB:dt = a * b * c * EXP(b * TIME) / ((1 + c * EXP(b * TIME))^2)

Deforestado(t) = Deforestado(t - dt) + (dB:dt) * dt
INIT Deforestado = 0
INFLOWS:
dB:dt = a * b * c * EXP(b * TIME) / ((1 + c * EXP(b * TIME))^2)

a = 200
b = 0,25
c = 0,01

Figura 10.7. Modelo de deforestación logística.

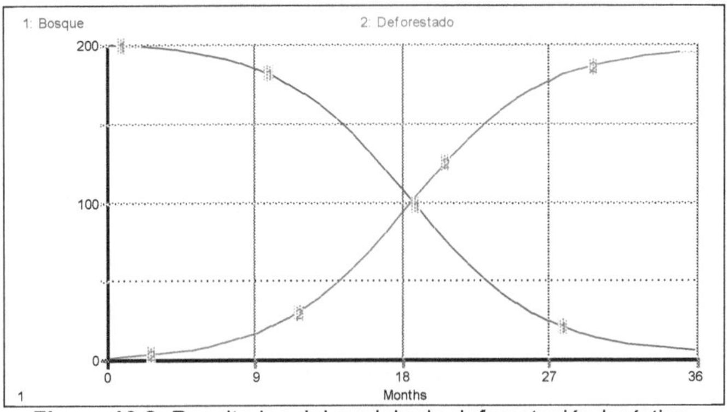

Figura 10.8. Resultados del modelo de deforestación logística.

Tabla 10.4. Resultados del modelo de deforestación logística.

Mes	Bosque (ha)	Deforestada (ha)
0	200	0
5	195	5
10	180	20
15	142	58
20	82	118
25	34	166
30	12	188
35	5	195
36	4	196

10.5 Modelo de Confort Térmico

Problema de modelación:

Un estudio realizado en un centro urbano arrojó la siguiente función polinomial para el *Índice de Confort Térmico* (*ICT*) de sus habitantes:

$$ICT = 0{,}1\ Temperatura - 0{,}0025\ Temperatura^2$$

Con ICT = 0 si: T < 0°C o T > 40°C; Temperatura en oC

Se quiere modelar el comportamiento del *ICT* durante un período de 2 años a partir de las variaciones medias de la temperatura a lo largo del ciclo anual. Éstas son:

Mes	Ene.	Feb.	Mar.	Abr.	May.	Jun.	Jul.	Ago.	Sep.	Oct.	Nov.	Dic.
T (°C)	-15	-5	5	10	15	20	25	30	25	15	5	-10

Condiciones iniciales:

- Unidad de tiempo: mes
- Cambio en la unidad de tiempo: 1 (*dt = 1)*
- El modelo se simula desde t_0 hasta t_{24}
- Método de integración: Euler

Ecuaciones:

$$ICT = 0{,}1\ Temperatura - 0{,}0025\ Temperatura^2$$

Modelo:

La figura 10.9 exhibe el modelo y, al respecto, cabe referir los siguientes aspectos:

- No hay un *stock*, sólo el cálculo de una variable a partir de otra puesto que ni la temperatura ni el *ICT* son variables acumulables
- La temperatura se definió 1) como: *counter(0,12)*, ello indica que expone un ciclo de 12 unidades de tiempo; 2) Como una función gráfica *(To Graphical Function*) y allí se asignaron los valores de la temperatura para cada mes
- Se incluyó un formato condicional *if then else* para asignar valores de 0 al ICT cuando la temperatura es menor a 0°C o mayor a 40°C.

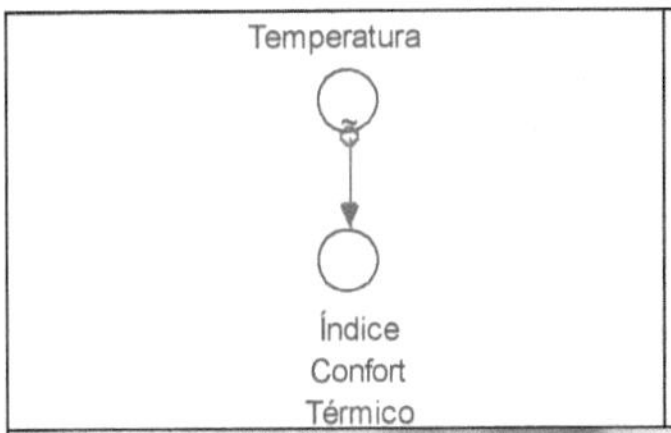

Índice Confort Térmico = IF(Temperatura < 0 OR Temperatura > 40) THEN 0 ELSE 0,1 * Temperatura - 0,0025 * Temperatura ^ 2
Temperatura = GRAPH(COUNTER(0,12))
(0, -15), (1, -5), (2, 5), (3, 10), (4, 15), (5, 20), (6, 25), (7, 30), (8, 25), (9, 15), (10, 5), (11, -10)

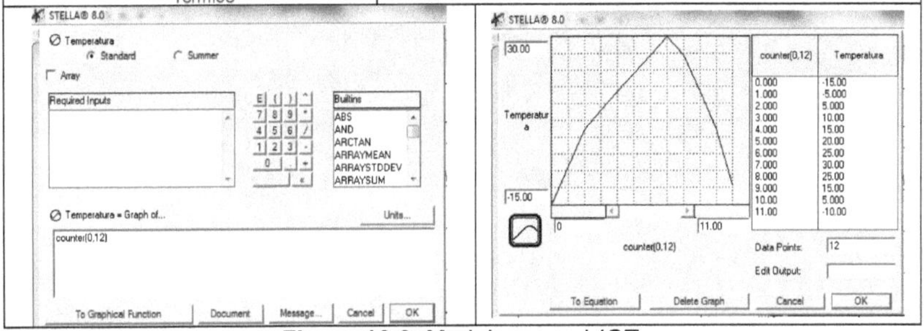

Figura 10.9. Modelo para el *ICT*.

Los resultados del modelo se presentan en la figura 10.10 y en la tabla 10.5; se reconoce el comportamiento cíclico del *ICT* para los 2 años, así como su desempeño durante el ciclo anual.

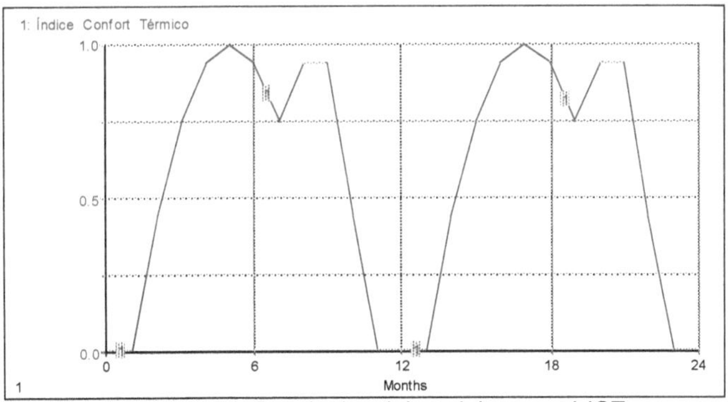

Figura 10.10. Resultados del modelo para el *ICT*.

Tabla 10.5. Resultados del modelo para el *ICT*.

Mes	Temperatura (oC)	ICT	Mes	Temperatura (oC)	ICT
Ene.	-15	0,00	**Jul.**	25	0,94
Feb.	-5	0,00	**Ago.**	30	0,75
Mar.	5	0,44	**Sep.**	25	0,94
Abr.	10	0,75	**Oct.**	15	0,94
May.	15	0,94	**Nov.**	5	0,44
Jun.	20	1,00	**Dic.**	-10	0,00

10.6 Modelo de Trasmisión de Enfermedades

Problema de modelación:

La trasmisión de una enfermedad sigue la ley de acción de masas por lo que la proporción de habitantes infectados resulta de los encuentros entre individuos susceptibles *(S)* e infectados (*I*) (Isaza y Campos, 2006). En un sentido matemático la ley de acción de masas se representa por el producto de las variables involucradas (encuentros posibles), por lo que para el caso de la trasmisión de enfermedades da lugar a las siguientes ecuaciones:

$$\frac{dI}{dt} = \alpha SI$$

$$\frac{dS}{dt} = -\alpha SI$$

Donde: la población (*N)* permanece constante durante el tiempo de modelación
$N = I + S$

Con base en lo anterior, se quiere construir un modelo de propagación de una enfermedad durante 10 días, dados los siguientes parámetros iniciales: N = 100; I = 1; S = 99; α = 0,01 (el último dato indica que el 1% de todas las potenciales interacciones entre susceptibles e infectados, se infecta).

Condiciones iniciales:

- Unidad de tiempo: día
- Cambio en la unidad de tiempo: 1 (*dt = 1)*
- El modelo se simula desde t_0 hasta t_{10}
- Método de integración: Runge-Kutta 4

Ecuaciones:

$$Infectados_{t} = Infectados_{t-1} + \frac{d\,Infectados}{dt}dt$$

$Infectados_{t=0} = 1$ (Ind)

$$\frac{dInfectados}{dt} = 0{,}01 \times S \times I \ (Ind/día)$$

$$Susceptibles_{t} = Susceptibles_{t-1} + \frac{d\,Susceptibles}{dt}dt$$

Susceptibles $_{t=0}$ = 99 (Ind)

$$\frac{dSusceptibles}{dt} = -\ 0{,}01 \times S \times I\ (Ind/día)$$

<u>Modelo</u>:

La figura 10.11 expone el modelo de trasmisión de la enfermedad el cual se ha construido a partir de 2 *stocks* por los que fluye el número de personas que se van infectando. La figura 10.12 y la tabla 10.6 ilustran tales resultados, y se observa que los comportamientos de las 2 poblaciones siguen modelos logísticos inversos entre ellos.

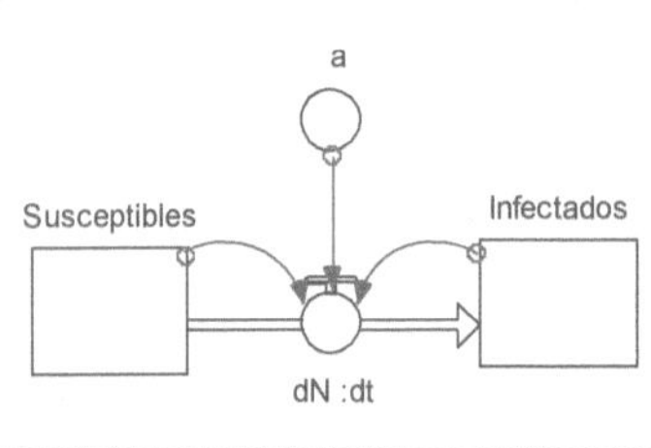

Infectados(t) = Infectados(t - dt) + (dN:dt) * dt
INIT Infectados = 1
INFLOWS:
dN:dt = a * Infectados * Susceptibles

Susceptibles(t) = Susceptibles(t - dt) + (- dN:dt) * dt
INIT Susceptibles = 99
OUTFLOWS:
dN:dt = a * Infectados * Susceptibles

a = 0,01

Figura 10.11. Modelo de trasmisión de una enfermedad.

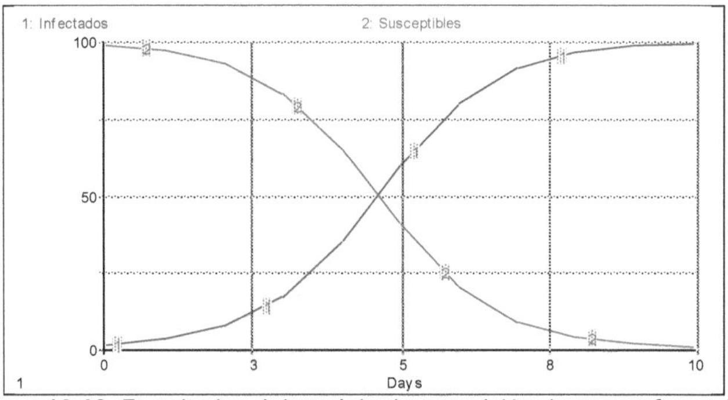

Figura 10.12. Resultados del modelo de trasmisión de una enfermedad.

Tabla 10.6. Resultados del modelo de trasmisión de una enfermedad.

Día	Infectados	Susceptibles
0	1	99
1	3	97
2	7	93
3	17	83
4	35	65
5	60	40
6	80	20
7	92	8
8	97	3
9	99	1
10	100	0

11. DINÁMICA DE POBLACIONES: INTRODUCCIÓN

La *dinámica de poblaciones* se refiere a la rama de la Ecología que estudia las variaciones de una población en el tiempo y se constituye en un tópico formalmente desarrollado en términos matemáticos dentro de esta ciencia. Se fundamenta en ecuaciones que denotan el cambio de una población en el tiempo, en función de un conjunto de variables intrínsecas o extrínsecas a la población.

La *población* desde la Ecología, representa el conjunto de individuos de una especie que habita un mismo espacio-tiempo. Comprende a todos los organismos incluyendo sus diferentes clases de edad y sexo. La *metapoblación*, por otro lado, se refiere al conjunto de poblaciones que aunque cercanas han quedado parcialmente aisladas unas de otras, por lo que muestran bajo intercambio genético entre ellas.

Entre las variables intrínsecas a las poblaciones se destacan las siguientes:

- *Natalidad (b)*: se expresa como una tasa que generalmente se representa por la cantidad de nacimientos que ocurren por cada cien individuos (o mil habitantes en la especie humana), durante una unidad de tiempo. Generalmente es dependiente del tamaño de la población.

- *Mortalidad (m)*: se expresa como una tasa que generalmente se representa por la cantidad de muertes que ocurren por cada cien individuos (o mil habitantes en la especie humana), durante una unidad de tiempo. Generalmente es dependiente del tamaño de la población.

- *Inmigración*: se expresa como una tasa y se refiere a la cantidad de individuos que ingresan a la población por unidad de tiempo. Puede o no ser dependiente del tamaño de la población.

- *Emigración:* se expresa como una tasa que representa la cantidad de individuos que salen de la población por unidad de tiempo. Puede o no ser dependiente del tamaño de la población.

- *Relaciones intraespecíficas:* se refiere a las interacciones entre individuos de una misma población e incluye competencia, depredación, cooperación, reproducción y cuidado parental, principalmente.

- *Capacidad de carga o de sostenimiento (K):* se refiere a la cantidad de individuos que podrían habitar de forma estable en un área particular. En su forma más simple puede definirse como una constante, sin embargo, se trata de una característica variable que está afectada por la oferta de recursos, la competencia intra e interespecífica, las condiciones climáticas y la estacionalidad.

- *Otras:* muchas otras características intrínsecas a las poblaciones pueden afectar su dinámica poblacional, e incluyen sus tasas de mutación y evolución, su tolerancia y resiliencia a distintas condiciones abióticas, su capacidad de dispersión y establecimiento, su estructura de clases de edad y sexos, su longevidad, etc.

Como variables extrínsecas se tienen:

- *Variables abióticas:* las condiciones ambientales (temperatura, oxígeno, precipitación, humedad, salinidad, etc.) definen la tolerancia de las especies y, con ello, la presencia y abundancia potencial ante tales condiciones, la cual se representa a través de *coenoclinas* (figura 11.1). A su vez, los nutrientes, el agua y la luz, principalmente, limitan el crecimiento individual y poblacional de los organismos autótrofos.

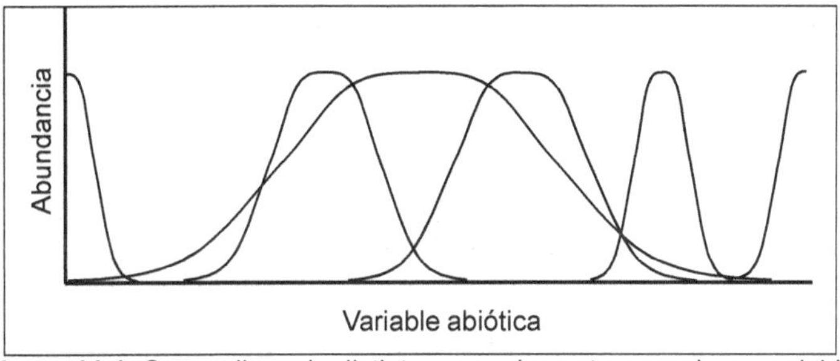

Figura 11.1. Coenoclinas de distintas especies ante una misma variable ambiental.

- *Variables bióticas*: la población de presas, competidores, parásitos, depredadores, mutualistas u otros que interaccionen con otra población particular, se expresan, por lo general, a través de la ley de acción de masas (N_i x N_j). El signo de la relación denota el daño (-) o beneficio (+) que recibe una población a causa de los encuentros con la otra; y el coeficiente de este producto, refiere la proporción de cambio en cada población por la totalidad de posibles encuentros. Así, por ejemplo, si se tienen 3 individuos de la especie *i* y 2 de la especie *j*, y el coeficiente de interacción para la especie *i* es *-0,05*, éste representa un perjuicio de 5% en la población de la especie *i*, respecto a la totalidad de posibles encuentros entre los individuos *i* y *j* (2 x 3 = 6).

- *Variables antrópicas*: hoy día no puede pasarse por alto el papel relevante que toman las actividades antrópicas en el devenir de las poblaciones naturales. Se destacan la deforestación, la contaminación, la explotación de poblaciones y, así mismo, la declaración y protección de áreas y parques naturales.

La ecuación general que describe los cambios de una población en el tiempo se describe como:

$$N_t = N_{t-1} + Nacimientos_{\Delta t} - Muertes_{\Delta t} + Inmigración_{\Delta t} - Emigración_{\Delta t}$$

Con frecuencia estas características dependen del tamaño de la población, por lo que se les denomina denso-dependientes.

El papel más importante de la dinámica de poblaciones recae en la comprensión de los procesos ecológicos, más que en su poder predictivo, puesto que en la naturaleza la dinámica poblacional se ve permanentemente afectada por numerosas variables bióticas y abióticas de naturaleza aleatoria, hecho que se traduce en una multiplicidad de respuestas e incertidumbres que dificultan un acercamiento fidedigno al fenómeno bajo estudio. Por lo anterior, una de las mayores dificultades para su uso predictivo, radica en el desconocimiento de muchas de las respuestas y los parámetros que las acompañan, junto con sus probabilidades de ocurrencia.

Aun así, la dinámica de poblaciones desde una perspectiva matemática formal y de modelación, permite generar conocimiento y teorías ecológicas que, de otra forma, no podrían ser comprendidas. Además, permite realizar experimentación computacional, situación que es casi imposible de realizar en la vida real.

En los capítulos subsecuentes se presenta un conjunto diverso de modelos que dan cubrimiento a un amplio espectro de situaciones manifiestas en la naturaleza y con los cuales el lector podrá ganar experticia, no solo en modelación, sino en la teoría de dinámica de poblaciones.

12. DINÁMICA DE POBLACIONES: MODELOS LINEALES

12.1 Introducción

Tal como se vio en los capítulos iniciales de este libro, todas aquellas situaciones que se refieran a tasas invariables (no porcentuales) pueden conducir a funciones y modelos lineales. Así, por ejemplo, cuando se habla del promedio de apareamientos, fecundidad, crías por nidada, inmigrantes o emigrantes, alimentación, crecimiento individual, etc., se está haciendo referencia a funciones lineales, que dan lugar a modelos lineales o no lineales a través del tiempo.

Claramente una población que está creciendo tal y como ocurre durante el inicio de una sucesión o la ocupación de una nueva área, o como sucede durante el avance de una especie invasora o durante períodos estacionales de alta favorabilidad, no experimentará un comportamiento lineal e igual ocurre cuando la población está en franco descenso, y ello ocurre porque generalmente el cambio poblacional se ve afectado por el tamaño de la población.

Contrariamente, aquellas poblaciones que muestran relativa constancia sí podrían reflejar modelos con comportamiento lineal, tal como acontece con algunas comunidades en estados clímax o cercanos a éste, o cuando se evalúan cambios poblacionales durante períodos de tiempo relativos cortos.

12.2 Modelo de Natalidad

Problema de modelación:

Una pareja de roedores tiene en promedio 5 crías cada 2 meses y se quiere modelar el número potencial de crías que podrían tener 6 parejas de ratones a lo largo de un año.

El modelo tal y como está planteado puede operar con una unidad de tiempo de 2 meses, pero si se desea trabajar con unidades de tiempo mensuales, se debe recalcular la tasa de reproducción mediante una regla de 3 directa, lo que lleva a 2,5 crías/pareja.mes.

Condiciones iniciales:

- Unidad de tiempo: mes
- Cambio en la unidad de tiempo: 1 *(dt = 1)*
- El modelo se simula desde t_0 hasta t_{12}
- Método de integración: Euler

Ecuaciones:

$$No.\ Crías_{t} = No.\ Crías_{t-1} + \frac{d\ No.Crías}{dt}\,dt$$

$$No.\ Crías_{t=0}\ (Ind.) = 0$$

$$No.\ Crías_{t} = No.\ Crías_{t=0} + Tasa\ crías \times No.\ Parejas \times Meses$$

$$\frac{dNo.Crías}{dt} = 2{,}5\ \times\ 6\ (Ind./mes)$$

Modelo:

Se observa en la figura 12.1 el modelo y en la figura 12.2 y en la tabla 12.1, la salida del mismo. Se reconoce que se trata de un modelo lineal, situación que no hubiera ocurrido si se hubiese indagado por el número potencial de ratones que habría si las crías también se reprodujesen.

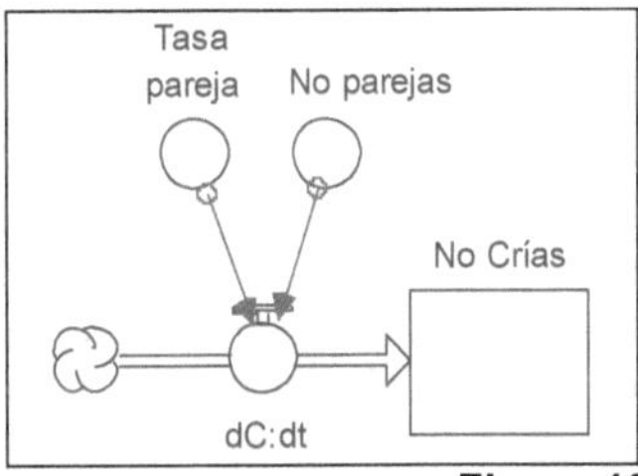

No Crías(t) = No Crías(t - dt) + (dC:dt) * dt
INIT No Crías = 0
INFLOWS:
dC:dt = Tasa pareja * No parejas

No parejas = 6
Tasa pareja = 2,5

Figura 12.1. Modelo de crías.

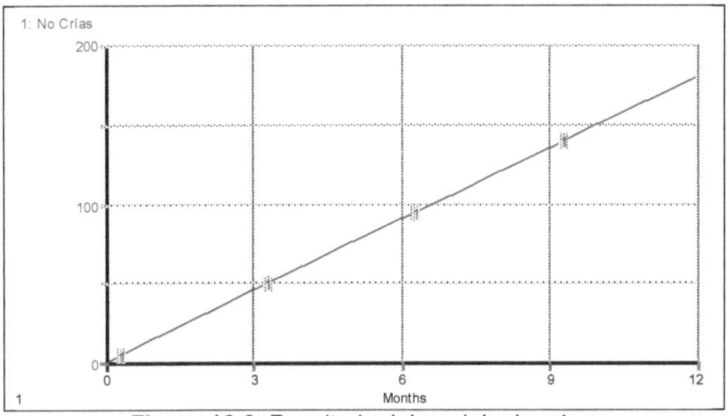

Figura 12.2. Resultado del modelo de crías.

Tabla 12.1. Resultado del modelo de crías.

Mes	Número crías
0	0
2	30
4	60
6	90
8	120
10	150
12	180

12.3 Modelo de Migración

Problema de modelación:

Durante el inicio de la temporada invernal emigran de una región templada en promedio 50 patos por día de una especie particular y de ellos sólo el 60% logra llegar a su destino en el trópico. Se quiere construir un modelo que represente el número de patos que emigran y el de patos que alcanzan su destino durante 30 días.

Condiciones iniciales:

- Unidad de tiempo: día
- Cambio en la unidad de tiempo: 1 *(dt = 1)*
- El modelo se simula desde t_0 hasta t_{30}
- Método de integración: Euler

Ecuaciones:

$$\textit{Patos Emigran}_t = \textit{Patos Emigran}_{t-1} + \frac{d\,BPatos\ Emigran}{dt}\,dt$$

$$\textit{Patos Emigran}_{t=0} = 0\ (\textit{Ind.})$$

$$\textit{Patos Emigran}_t = \textit{Patos Emigran}_{t=0} + \textit{Tasa Emigración x Días}$$

$$\frac{dPatos\ Emigran}{dt} = 50\ (Ind./día)$$

$$\textit{Patos Inmigran}_t = \textit{Patos Inmigran}_{t-1} + \frac{d\,BPatos\ Inmigran}{dt}\,dt$$

$$\textit{Patos Inmigran}_{t=0} = 0\ (\textit{Ind.})$$

$$\textit{Patos Inmigran}_t = \textit{Patos Inmigran}_{t=0} + \textit{Tasa Emigración x Tasa éxito x Días}$$

$$\frac{dPatos\ Inmigran}{dt} = 50 \times 0,6\ (Ind./día)$$

Modelo:

La figura 12.3 ilustra el modelo de migración y en él se destaca que las tasas de emigración y arribo son constantes, lo que da lugar a un modelo lineal tal y como se ilustra en la figura 12.4 y en la tabla 12.2. Cabe notar que en ambos casos se adicionan los patos al *stock* puesto que se contabilizan tanto los que salen como los que arriban.

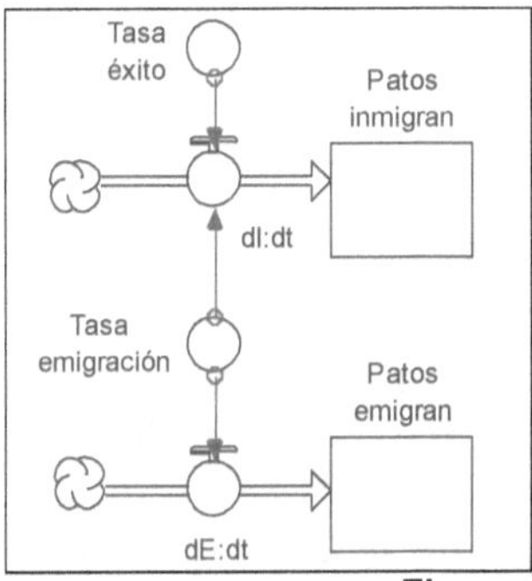

Patos emigran(t) = Patos emigran(t - dt) + (dE:dt) * dt
INIT Patos emigran = 0
INFLOWS:
dE:dt = Tasa emigración

Patos inmigran(t) = Patos inmigran(t - dt) + (dI:dt) * dt
INIT Patos inmigran = 0
INFLOWS:
dI:dt = Tasa emigración * Tasa éxito

Tasa emigración = 50
Tasa éxito = 0,6

Figura 12.3. Modelo de migración.

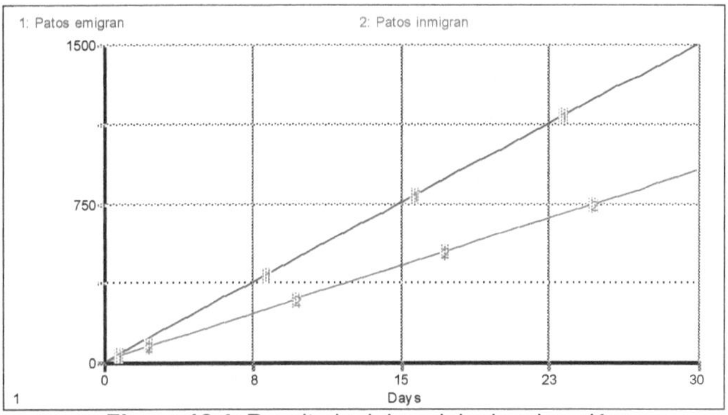

Figura 12.4. Resultado del modelo de migración

Tabla 12.2. Resultado del modelo de migración

Días	Patos emigran	Patos arriban
0	0	0
5	250	150
10	500	300
15	750	450
20	1 000	600
25	1 250	750
30	1 500	900

12.4 Modelo de Supervivencia-Mortalidad en Cohortes Tipo II

Problema de modelación:

Algunas especies muestran tasas de mortalidad relativamente constantes a lo largo de su ciclo de vida, por lo que sus cohortes decaen de forma aproximadamente lineal en el tiempo. A estas curvas de supervivencia-mortalidad se les conoce como Tipo II (Pianka, 1982).

Se desea construir un modelo proyectado a un año en el cual una cohorte de 100 individuos exhibe una tasa de mortalidad mensual que se ajusta a una distribución normal con promedio y desviación estándar de 10 y 5 respectivamente.

Tal y como se aprecia en el enunciado, se trata de un modelo estocástico pero, aun así, se refiere a un modelo lineal por cuanto la tasa de mortalidad es aproximadamente constante.

Condiciones iniciales:

- Unidad de tiempo: mes
- Cambio en la unidad de tiempo: 1 *(dt = 1)*
- El modelo se simula desde t_0 hasta t_{12}
- Método de integración: Euler

Ecuaciones:

$$Cohorte_{t} = Cohorte_{t-1} + \frac{d\,Cohorte}{dt}\,dt$$

$$Cohorte_{t=0} = 100\ (Ind.)$$

$$Cohorte_{t} = Cohorte_{t=0} - Mortalidad \times Mes$$

$$\frac{d\,Cohorte}{dt} = -10\ (Ind./mes);\ con\ \sigma = 5$$

Modelo:

La figura 12.5 expone el modelo de supervivencia-mortalidad y la figura 12.6 el resultado cercano de 5 simulaciones. Se reconoce que se trata de un decaimiento aproximadamente lineal que representa al modelo de mortalidad Tipo II. Vale notar que por tratarse de un modelo estocástico no se expone la tabla de resultados, pues estos cambian con cada nueva simulación del modelo.

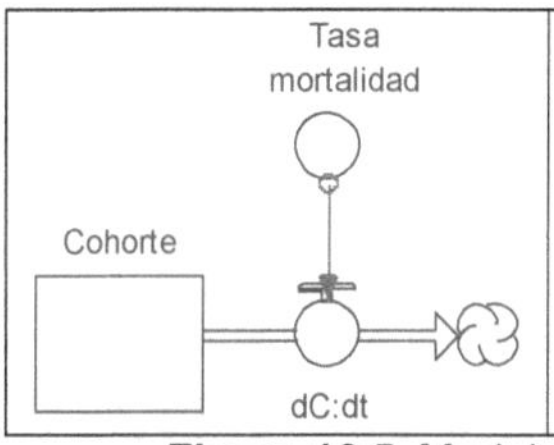

Cohorte(t) = Cohorte(t - dt) + (- dC:dt) * dt
INIT Cohorte = 100
OUTFLOWS:
dC:dt = Tasa mortalidad

Tasa mortalidad = NORMAL(10,5)

Figura 12.5. Modelo de mortalidad en cohortes tipo II.

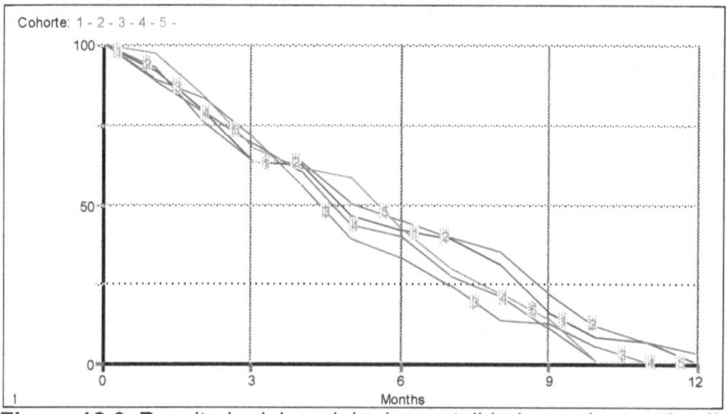

Figura 12.6. Resultado del modelo de mortalidad en cohortes tipo II.

12.5 Modelo de Reproducción Sexual Lineal

Problema de modelación:

En una población poligámica 2 machos A y B disputan con probabilidad de éxito del 50% cada uno la reproducción con 100 hembras. Se desea construir un modelo que represente el número de crías descendiente de cada macho, dado que cada hembra tiene una cría por unidad de tiempo.

Si bien podría abordarse este modelo desde un enfoque determinístico con idénticas probabilidades de reproducción para cada macho ($p = q = 0,5$), resulta más interesante abordarlo desde un enfoque estocástico empleando tales probabilidades.

Condiciones iniciales:

- Unidad de tiempo: simbólica, puesto que el modelo no es dinámico
- Cambio en la unidad de tiempo: 1 (cada unidad de tiempo representa 1 apareamiento)
- El modelo se simula desde t_0 hasta t_{100}
- Método de integración: Euler

Ecuaciones:

$$No.\ Crías\ A_t = No.\ Crías\ A_{t-1} + \frac{d\ No.Crías\ A}{dt}\, dt$$

$$No.\ Crías\ A_{t=0} = 0\ (Ind.)$$

$$No.\ Crías\ A_t = No.\ Crías\ A_{t=0} + Nacimientos \times Tiempo$$

$$\frac{dNo.Crías\ A}{dt} = 1\ (Ind./t)\ ;con\ p \approx 0,5$$

$$No.\ Crías\ B_t = No.\ Crías\ B_{t-1} + \frac{d\ No.Crías\ B}{dt}\, dt$$

$$No.\ Crías\ B_{t=0} = 0\ (Ind.)$$

$$No.\ Crías\ B_t = No.\ Crías\ B_{t=0} + Nacimientos \times Tiempo$$

$$\frac{dNo.Crías\ B}{dt} = 1\ (Ind./t)\ ;con\ q = 1 - p$$

Modelo:

Nótese que se ha definido en las condiciones iniciales un tiempo de simulación igual a 100; éste pretende generar 100 números aleatorios (uno por unidad de tiempo) que se corresponda con los 100 apareamientos. En tal sentido, la unidad de tiempo se refiere a la secuencia de apareamientos con cada nueva hembra. La figura 12.7 exhibe el modelo y se destaca el uso del comando *Montecarlo (50)* que le confiere características estocásticas e idénticas a ambos machos. La figura 12.8 expone el resultado (uno particular), el cual varía con cada nueva simulación.

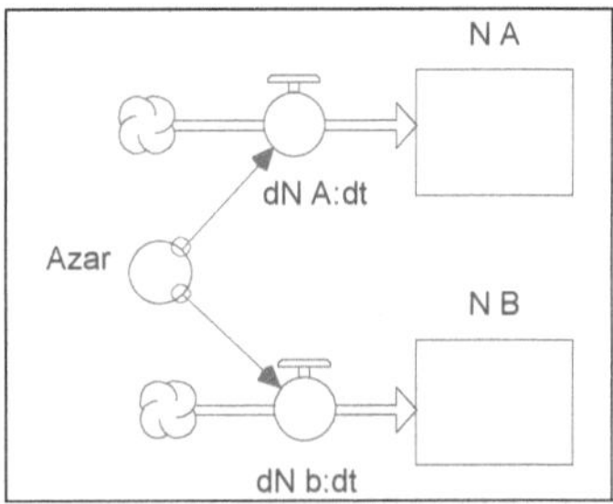

N A(t) = N A(t - dt) + (dN A:dt) * dt
INIT N A = 0
INFLOWS:
dN A:dt = IF(Azar = 1) THEN 1 ELSE 0

N B(t) = N B(t - dt) + (dN b:dt) * dt
INIT N B = 0
INFLOWS:
dN B:dt = IF(Azar = 0) THEN 1 ELSE 0

Azar = MONTECARLO(50)

Figura 12.7. Modelo de reproducción sexual lineal.

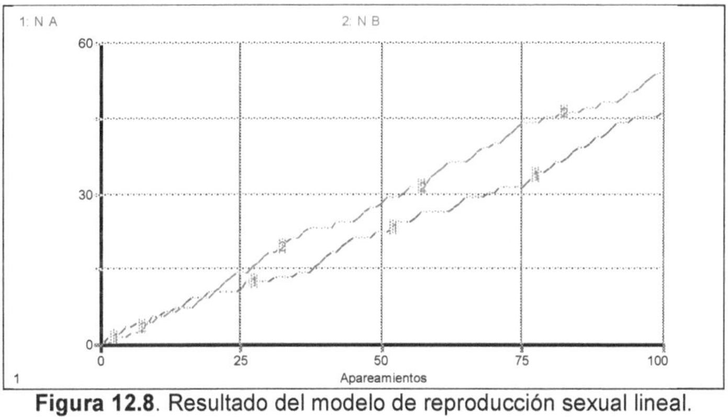

Figura 12.8. Resultado del modelo de reproducción sexual lineal.

12.6 Modelo de Dinámica Poblacional Lineal

Problema de modelación:

Se desea construir un modelo para una población cuya densidad se encuentra en torno a su capacidad de carga y en la que actúan la natalidad (*b*), la mortalidad (*m*), la inmigración (*I*) y la emigración (*E*), las cuales siguen cada una, una distribución normal. A su vez, se desea observar los resultados comparativos de 5 simulaciones sobre un horizonte de 15 meses.

Los parámetros del modelo son los siguientes:

Población inicial = 200 individuos
Natalidad media = 25 individuos/mes con desviación estándar = 5
Mortalidad media = 25 individuos/mes con desviación estándar = 5
Inmigración media = 15 individuos/mes con desviación estándar = 3
Emigración media = 15 individuos/mes con desviación estándar = 3

Condiciones iniciales:

- Unidad de tiempo: mes
- Cambio en la unidad de tiempo: 1 *(dt = 1)*
- El modelo se simula desde t_0 hasta t_{15}
- Método de integración: Euler

Ecuaciones:

$$Población_{t} = Población_{t-1} + \frac{d\,Población}{dt}\,dt$$

$$Población_{t=0} = 200\ (Ind.)$$

$$Población_{t} = Población_{t=0} + (Natal. - Mort. + Inmig. - Emig.)\ Meses$$

$$\frac{dPoblación}{dt} = 25(\sigma = 5) - 25(\sigma = 5) + 15(\sigma = 3) - 15(\sigma = 3)\ (Ind./mes)$$

Modelo:

La figura 12.9 expone el modelo y se observa la disociación de los términos positivos en la entrada y los negativos en la salida. De otro lado, se empleó el comando *normal* para cada parámetro, lo cual le confiere características estocásticas. La figura 12.10 despliega el resultado de las 5 simulaciones y da una primera aproximación a la variabilidad de los resultados. Para ello, se señaló el comando *comparative* en la gráfica.

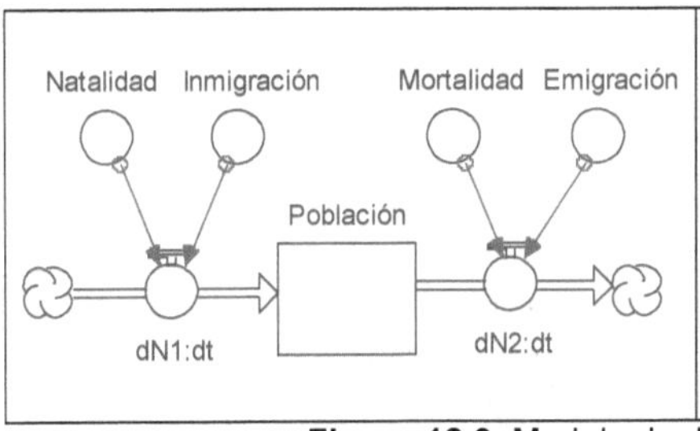

Población(t) = Población(t - dt) + (dN1:dt - dN2:dt) * dt
INIT Población = 200
INFLOWS:
dN1:dt = Natalidad + Inmigración
OUTFLOWS:
dN2:dt = Mortalidad + Emigración

Natalidad = NORMAL(25,5)
Mortalidad = NORMAL(25,5)
Inmigración = NORMAL(15,3)
Emigración = NORMAL(15,3)

Figura 12.9. Modelo de dinámica poblacional.

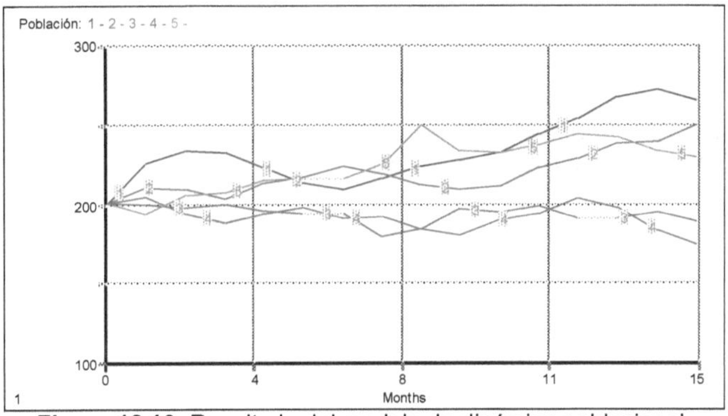

Figura 12.10. Resultado del modelo de dinámica poblacional.

12.7 Modelo de Conservación por Gremios

Problema de modelación:

Se inicia un proceso de restauración de una reserva natural en la cual se espera la reincorporación de fauna silvestre con las siguientes densidades medias esperadas: herbívoros: 1 individuo por 5 hectáreas; carnívoros primarios 1 individuo por 15 hectáreas y carnívoros secundarios 1 individuo por 25 hectáreas. La tasa de restauración es de 10 hectáreas por mes y se quiere construir un modelo que permita estimar las densidades poblacionales de dichos gremios sobre un horizonte de 4 años. Para ello se asume que no hay rezago entre el área restaurada y la llegada de la fauna.

Condiciones iniciales:

- Unidad de tiempo: mes
- Cambio en la unidad de tiempo: 1 *(dt = 1)*
- El modelo se simula desde t_0 hasta t_{48}
- Método de integración: Euler

Ecuaciones:

$$\text{Área restaurada}_{t} = \text{Área restaurada}_{t-1} + \frac{d\,\text{Área restaurada}}{dt}\,dt$$

$$\text{Área restaurada}_{t=0} = 0\ (ha)$$

$$\text{Área restaurada}_{t} = \text{Área restaurada}_{t=0} + \text{Tasa restauración} \times \text{Meses}$$

$$\frac{d\text{Área restaurada}}{dt} = 10\ (ha/mes)$$

$$\text{Herbívoros}_{t} = \text{Tasa recolonización} \times \text{Área restaurada}$$

$$= 1/5 \times \text{Área restaurada}$$

$$\text{Carn. primarios}_{t} = \text{Tasa recolonización} \times \text{Área restaurada}$$

$$= 1/15 \times \text{Área restaurada}$$

$$\text{Carn. secundarios}_{t} = \text{Tasa recolonización} \times \text{Área restaurada}$$

$$= 1/25 \times \text{Área restaurada}$$

Modelo:

La figura 12.11 presenta el modelo y la figura 12.12 y la tabla 12.3 la salida del mismo. La linealidad del modelo responde a las tasas de cambio constantes para cada *stock*. Vale resaltar que la densidad de organismos responde a los individuos que habría por unidad de área sin que ello signifique que se acumulan de un tiempo a otro, es por esta razón que los gremios no presentan *stocks* y representan simplemente un cálculo sobre en el área restaurada.

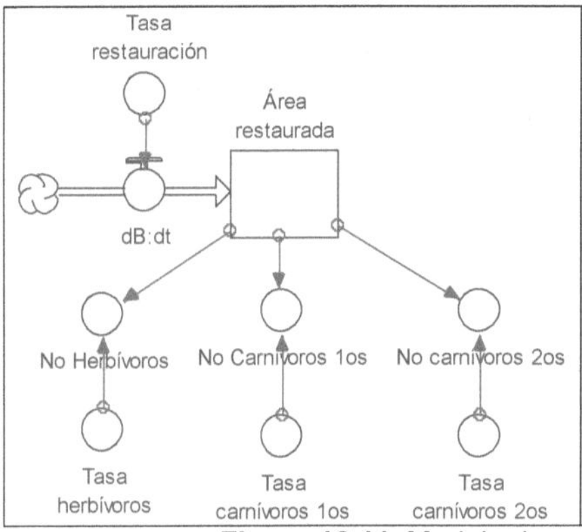

Área restaurada(t) = Área restaurada(t - dt) + (dB:dt) * dt
INIT Área restaurada = 0
INFLOWS:
dB:dt = Tasa restauración

No Herbívoros = Tasa herbívoros * Área restaurada
No Carnívoros 1os = Tasa carnívoros 1os * Área restaurada
No carnívoros 2os = Tasa carnívoros 2os * Área restaurada
Tasa restauración = 10
Tasa herbívoros = 1 / 5
Tasa carnívoros 1os = 1 / 15
Tasa carnívoros 2os = 1 / 25

Figura 12.11. Modelo de conservación por gremios.

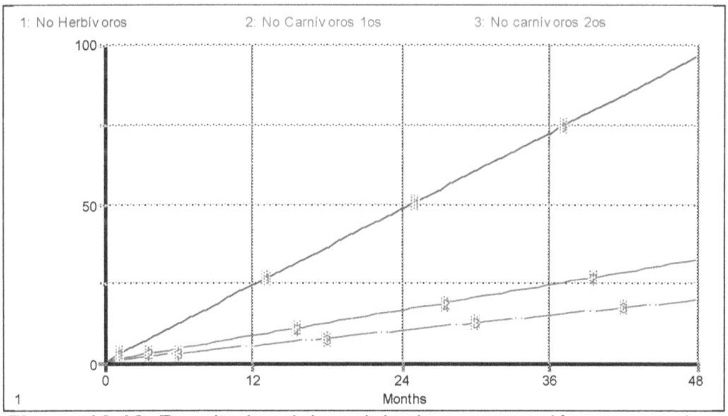

Figura 12.12. Resultados del modelo de conservación por gremios.

Tabla 12.3. Resultados del modelo de conservación por gremios.

Mes	**Área restaurada (ha)**	**Herbívoros (No.)**	**Carnívoros Primarios (No.)**	**Carnívoros secundarios (No.)**
0	0	0	0	0
5	50	10	3	2
10	100	20	7	4
15	150	30	10	6
20	200	40	13	8
25	250	50	17	10
30	300	60	20	12
35	350	70	23	14
40	400	80	27	16
45	450	90	30	18
48	480	96	32	19

13. DINÁMICA DE POBLACIONES: MODELOS EXPONENCIALES

13.1 Introducción

El modelo exponencial es ampliamente utilizado para describir el crecimiento de las poblaciones naturales incluyendo el de la especie humana, puesto que éste se manifiesta con frecuencia en situaciones en las que se producen procesos de sucesión secundaria, restauración, avance de especies exóticas, plagas o especies que superan controles naturales de depredación, competencia o mortalidad. Este crecimiento se soporta en una gran abundancia de recursos por lo que la competencia intraespecífica es baja o despreciable, hecho que le permite a las poblaciones crecer con escasas restricciones y cerca de su crecimiento intrínseco natural.

Claramente en algún punto del crecimiento exponencial toda población deberá experimentar restricción de los recursos y con ello deberán emerger procesos de competencia que limiten su crecimiento, tal situación, no obstante, se aborda en los modelos logísticos.

Las expresiones matemáticas que ilustran el crecimiento exponencial en poblaciones son las siguientes:

$$N_t = N_0 K^t \qquad N_t = N_0 e^{rt} \qquad \frac{dN}{dt} = rN$$

Donde: N_0 es la población inicial; r es la tasa de crecimiento la cual es igual a la tasa de nacimientos (b) menos la tasa de mortalidad (m), ($r = b - m$) aunque puede involucrar también la inmigración y la emigración; $r = Ln\ K$ (ver tabla 9.1).

Como punto relevante se destaca que en el crecimiento exponencial los cambios de las poblaciones son proporcionales al tamaño de las mismas poblaciones y, por tanto, las tasas de cambio se expresan como una proporción o un porcentaje.

13.2 Modelo de Crecimiento Poblacional Exponencial

Problema de modelación:

Se desea construir un modelo a 10 años para una población de 25 individuos cuyas tasas de natalidad y mortalidad anuales son respectivamente 15% y 5%, a la vez que presenta una tasa de migración neta negativa de 3%.

Condiciones iniciales:

- Unidad de tiempo: año
- Cambio en la unidad de tiempo: 1 *(dt = 1)*
- El modelo se simula desde t_0 hasta t_{10}
- Método de integración: Runge-Kutta 4

Ecuaciones:

$$Población_{t} = Población_{t-1} + \frac{d\,Población}{dt}\,dt$$

$$Población_{t=0} = 25 \; (Ind.)$$

$$Población_{t} = Población_{t=0}\, e^{(b-m-E)\,Año}$$

$$\frac{d\,Población}{dt} = \{\ln(1{,}15) - \ln(1{,}05) - \ln(1{,}03)\} \times N$$
$$\approx (0{,}14 - 0{,}05 - 0{,}03) \times N \; (Ind./año)$$

Modelo:

La figura 13.1 expresa el modelo de crecimiento exponencial el cual, cabe recordar, se corre con el método de integración de Runge-Kutta 4 por tratarse de un modelo no lineal. Los resultados se expresan en la figura 13.2 y en la tabla 13.1

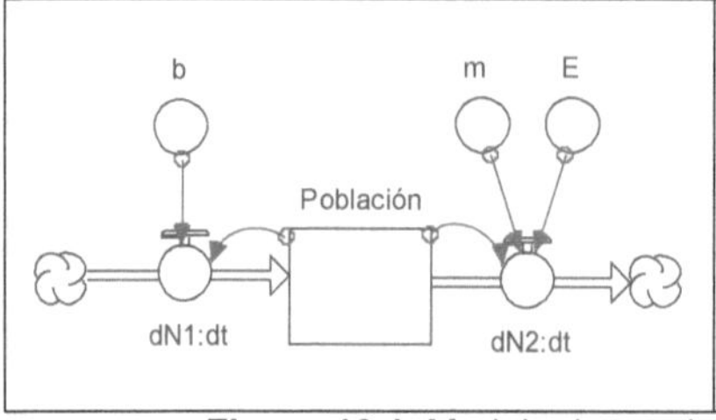

Población(t) = Población(t – dt) + (dN1:dt – dN2:dt) * dt
INIT Población = 25
INFLOWS:
dN1:dt = b * Población
OUTFLOWS:
dN2:dt = m * Población + E * Población

b = 0,14
m = 0,05
E = 0,03

Figura 13.1. Modelo de crecimiento poblacional exponencial.

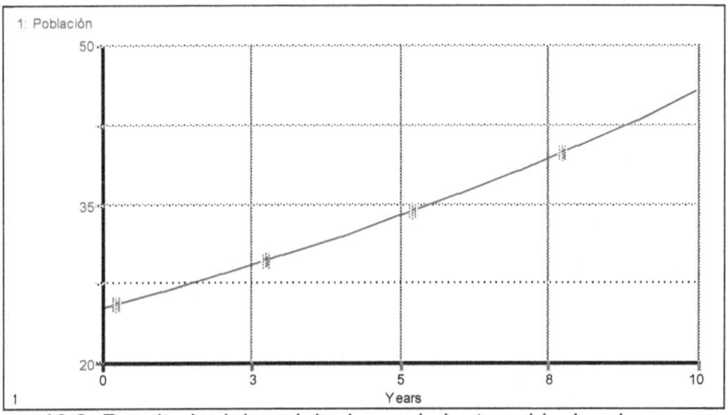

Figura 13.2. Resultado del modelo de crecimiento poblacional exponencial.

Tabla 13.1. Resultado del modelo de crecimiento poblacional exponencial.

Año	Población
0	25
1	27
2	28
3	30
4	32
5	34
6	36
7	38
8	40
9	43
10	46

13.3 Modelo de Reproducción Sexual Exponencial

Problema de modelación:

Una población compuesta por 50 hembras y 50 machos expone una tasa de natalidad del 50% anual respecto al número de hembras, con igual probabilidad de nacimientos de machos y hembras. La tasa de mortalidad anual de los machos es 20% y la de las hembras 10%. Se desea construir un modelo que represente estas condiciones durante 10 años.

Condiciones iniciales:

- Unidad de tiempo: año
- Cambio en la unidad de tiempo: *1 (dt = 1)*
- El modelo se simula desde t_0 hasta t_{10}
- Método de integración: Runge-Kutta 4

Ecuaciones:

$$Machos_{t} = Machos_{t-1} + \frac{d\,Machos}{dt}\,dt$$

$Machos_{t=0} = 50$ *(Ind.)*

$Machos_{t} = Machos_{t=0}$ + *(Tasa nacimientos x Hembras – Tasa mortalidad x Machos) x Años*

$$\frac{d\,Machos}{dt} = \frac{0{,}405}{2} \times Hembras - 0{,}18\ \times Machos\ (Ind./año)$$

$$Hembras_{t} = Hembras_{t-1} + \frac{d\,Hembras}{dt}\,dt$$

$Hembras_{t=0} = 50$ *(Ind.)*

$Hembras_{t} = Hembras_{t=0}$ + *(Tasa nacimientos x Hembras – Tasa mortalidad x Hembras) x Años*

$$\frac{d\,Hembras}{dt} = \frac{0{,}405}{2} \times Hembras - 0{,}1\ \times Hembras\ \ (Ind./año)$$

$$Población = N_{machos} + N_{hembras}$$

Modelo:

El modelo se presenta en la figura 13.3 y la salida de simulación para 10 años en la figura 13.4 y en la tabla 13.2. Se observa que el modelo se ha planteado de forma determinística con igual cantidad de machos y hembras al nacer (pudo ser también estocástico), pero en virtud de las diferentes tasas de mortalidad por sexos, la población de hembras crece más rápidamente que la población de machos. La población total se calculó a partir de la suma de los 2 *stocks* que representan el número de machos y de hembras.

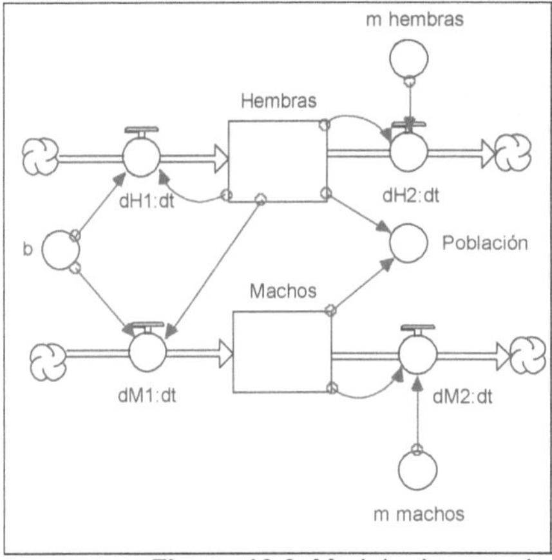

Hembras(t) = Hembras(t - dt) + (dH1:dt - dH2:dt) * dt
INIT Hembras = 50
INFLOWS:
dH1:dt = (b * Hembras) / 2
OUTFLOWS:
dH2:dt = m hembras * Hembras

Machos(t) = Machos(t - dt) + (dM1:dt - dM2:dt) * dt
INIT Machos = 50
INFLOWS:
dM1:dt = (b * Hembras) / 2
OUTFLOWS:
dM2:dt = m machos * Machos

b = 0,405
m hembras = 0,1
m machos = 0,18
Población = Hembras + Machos

Figura 13.3. Modelo de reproducción sexual exponencial.

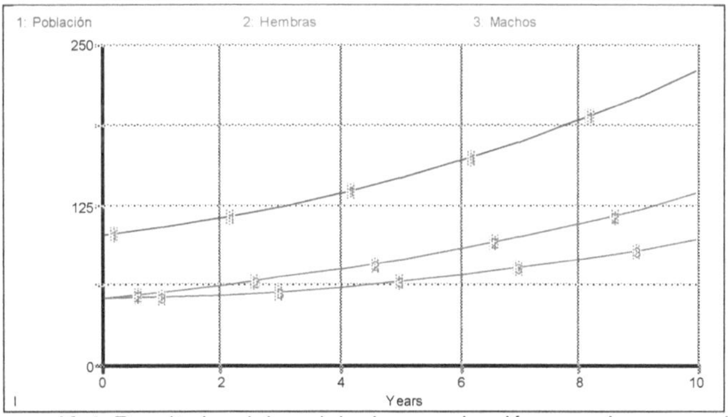

Figura 13.4. Resultados del modelo de reproducción sexual exponencial.

Tabla 13.2. Resultados del modelo de reproducción sexual exponencial.

Año	Hembras (No.)	Machos (No.)	Población (No.)
0	50	50	100
1	55	51	106
2	61	53	114
3	67	56	123
4	74	59	133
5	81	64	145
6	90	69	158
7	99	74	173
8	109	81	190
9	120	89	209
10	133	97	230

13.4 Modelo de Reproducción Sexual basado en Encuentros

Problema de modelación:

El crecimiento de una población puede representarse a partir de la ley de masas la cual simboliza los encuentros entre individuos que, para el caso presente, se refiere a machos y hembras. En tal caso, la ecuación de crecimiento poblacional puede expresarse así (Margalef, 1977):

$$\frac{dN}{dt} = \alpha N_{♀} N_{♂}$$

Donde: α representa la tasa (proporción) de nacimientos que ocasionan todos los encuentros potenciales.

A partir de la ecuación previa y sobre la base de una población total inicial de 100 individuos, se desea comparar el crecimiento de la población durante 15 unidades de tiempo dado que el número de machos inicial es igual a 50, 60, 70, 80 y 90 individuos, y dado que α = 0,0005.

Condiciones iniciales:

- Unidad de tiempo: unidad
- Cambio en la unidad de tiempo: *1 (dt = 1)*
- El modelo se simula desde t_0 hasta t_{15}
- Método de integración: Runge-Kutta 4

Ecuaciones:

$$N_t = N_{t-1} + \frac{dN}{dt}\, dt$$

N Machos $_{t=0}$ = 50; 60; 70; 80; 90 *(Ind.)*

N Hembras $_{t=0}$ = 50; 40; 30; 20; 10 *(Ind.)*

$$N = N_{Machos} + N_{Hembras}$$

$$\frac{dN}{dt} = 0{,}0005\, N_{♀} N_{♂}\ (Ind./t)$$

Modelo:

Para este modelo se ha asumido que las proporciones de machos (*p*) y de hembras (*1-p*) permanecen constantes a lo largo de la simulación. El modelo se presenta en la figura 13.5 y la salida de simulación para 15 unidades de tiempo en la figura 13.6 y en la tabla 13.3.

Tales resultados determinan que el crecimiento poblacional se maximiza a medida que las proporciones de machos y hembras son similares y, consecuentemente, se reduce a medida que hay mayor asimetría entre tales valores, sin importar cuál sexo tiene más o menos individuos. Claramente este modelo puede ser de utilidad para especies hermafroditas, pero requiere modificaciones para especies con individuos unisexuales, pues las tasas de natalidad deben cambiar según las proporciones de machos y hembras.

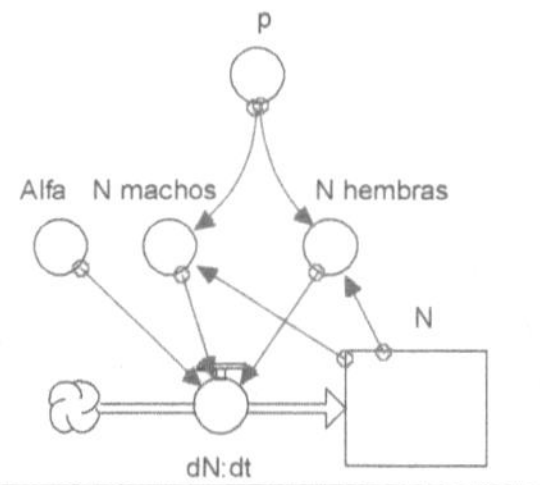

N(t) = N(t - dt) + (dN:dt) * dt
INIT N = 100
INFLOWS:
dN:dt = Alfa * N machos * N hembras

Alfa = 0,0005
N hembras = N * (1 - p)
N machos = N * p
p = 0,5

Figura 13.5. Modelo de reproducción sexual basado en encuentros (p=0,5; 0,6; 0,7; 0,8; 0,9).

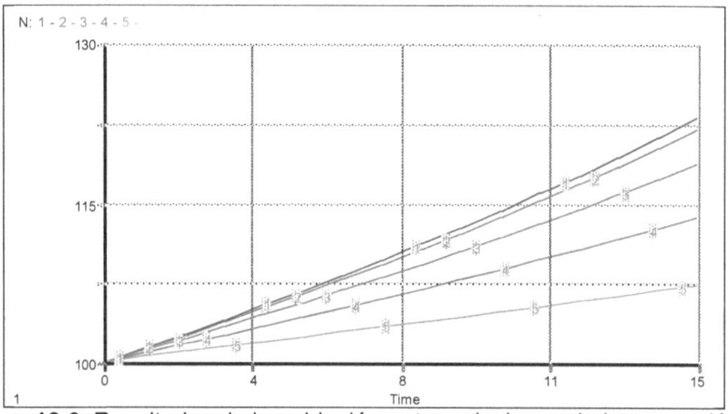

Figura 13.6. Resultados de la población ante variaciones de la proporción de machos y hembras (1: p=0,5; 2: p=0,6; 3: p=0,7; 4: p=0,8; 5: p=0,9).

Tabla 13.3. Resultados de la población ante variaciones de la proporción de machos y hembras.

Tiempo	$N_{0\ machos} = 50$	$N_{0\ machos} = 60$	$N_{0\ machos} = 70$	$N_{0\ machos} = 80$	$N_{0\ machos} = 90$
0	100	100	100	100	100
3	104	104	103	102	101
6	108	108	107	105	103
9	113	112	110	108	104
12	118	117	114	111	106
15	123	122	119	114	107

13.5 Modelo de Crecimiento Exponencial con Ciclo Anual

Problema de modelación:

Una población muestra incidencia del ciclo climático anual sobre su reproducción y los promedios mensuales para su tasa reproductiva *(r=b-m)* son los siguientes:

Mes	Ene.	Feb.	Mar.	Abr.	May.	Jun.	Jul.	Ago.	Sep.	Oct.	Nov.	Dic.
r	0	0,02	0,05	0,15	0,15	0,10	0,03	0,02	0,02	0,02	0	0

Se desea construir un modelo que represente tal situación durante 3 ciclos anuales dado que la población inicial es de 10 individuos.

Condiciones iniciales:

- Unidad de tiempo: mes
- Cambio en la unidad de tiempo: 1 *(dt = 1)*
- El modelo se simula desde t_0 hasta t_{36}
- Método de integración: Runge-Kutta 4

Ecuaciones:

$$Población_{t} = Población_{t-1} + \frac{d\,Población}{dt}\,dt$$

$$Población_{t=0} = 10\ (Ind.)$$

$$Población_{t} = Población_{t=0}\, e^{(b-m)\,mes}$$

$$\frac{d\,Población}{dt} = r \times N\ \ (Ind./mes); r\ es\ variable$$

Modelo:

El modelo se presenta en la figura 13.7 y allí se observa la inclusión del comando *counter* el cual ya fue explicado en el ejemplo del modelo de confort térmico. Dicho comando permite incorporar diferentes valores sobre un mismo parámetro, los cuales se repiten de manera cíclica (figura 13.8) y, para este caso particular, se incorporó en la tasa de crecimiento. Vale notar que a pesar de las variaciones evidenciadas por el comportamiento poblacional, el modelo es determinístico.

Tal y como se observa, la simulación para 36 meses denota crecimiento exponencial pero con ciclos estacionales anuales (tabla 13.4).

Al respecto, muchas especies principal, pero no exclusivamente de zonas templadas, muestran períodos específicos de reproducción a lo largo del ciclo anual como respuesta adaptativa a las estaciones y con ello sobrellevan las dificultades que deben tolerar durante los meses más adversos.

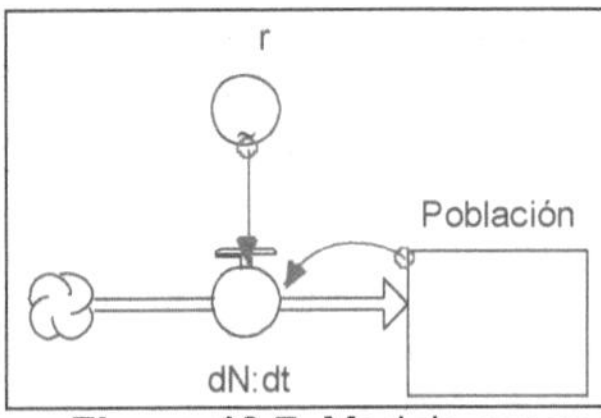

Población(t) = Población(t - dt) + (dN:dt) * dt
INIT Población = 10
INFLOWS:
dN:dt = r * Población

r = GRAPH(COUNTER(0,12))
(0, 0,00), (1, 0,02), (2, 0,05), (3, 0,15), (4, 0,15), (5, 0,1), (6, 0,03), (7, 0,02), (8, 0,02), (9, 0,02), (10, 0,00), (11, 0,00)

Figura 13.7. Modelo exponencial con tasa de crecimiento estacional.

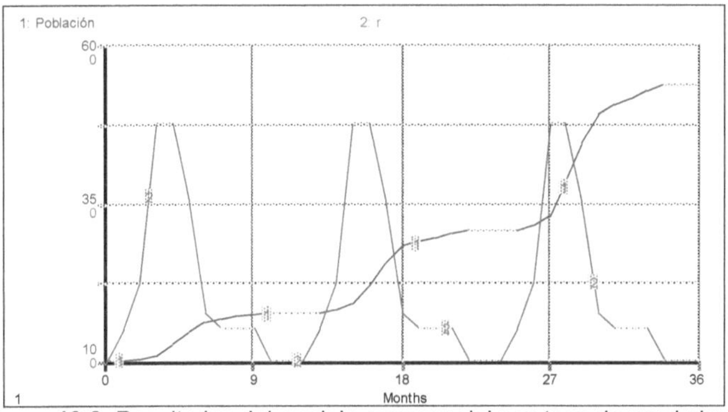

Figura 13.8. Resultados del modelo exponencial con tasa de crecimiento estacional.

Tabla 13.4. Resultados del modelo exponencial con tasa de crecimiento estacional.

Mes	Población (No.)
0	10
5	14
10	18
15	19
20	29
25	31
30	49
35	54
36	54

13.6 Modelo de Supervivencia-Mortalidad en Cohortes Tipo III

Problema de modelación:

Algunas especies exponen su mayor mortalidad durante las primeras etapas de vida y ésta se reduce progresivamente con la longevidad. A estas curvas de mortalidad se les conoce como Tipo III (Pianka, 1982) y están descritas por la función exponencial.

Se desea construir un modelo que represente este comportamiento durante 12 unidades de tiempo, dada una cohorte de 100 individuos y una tasa de mortalidad por unidad de tiempo de 0,3.

Condiciones iniciales:

- Unidad de tiempo: tiempo
- Cambio en la unidad de tiempo: 1 *(dt = 1)*
- El modelo se simula desde t_0 hasta t_{12}
- Método de integración: Runge-Kutta 4

Ecuaciones:

$$Cohorte_{t} = Cohorte_{t-1} + \frac{d\,Cohorte}{dt}\,dt$$

$$Cohorte_{t=0} = 100\ (Ind.)$$

$$\frac{dCohorte}{dt} = -0{,}262\ \times Cohorte\ (Ind./t)$$

Modelo:

El modelo de supervivencia-mortalidad de cohorte tipo III se presenta en la figura 13.9. El resultado del modelo (figura 13.10, tabla 13.5) denota un decaimiento exponencial en el cual los cambios netos en la población son mayores durante las primeras etapas de vida, situación común en muchas especies con prole numerosa y bajo cuidado parental.

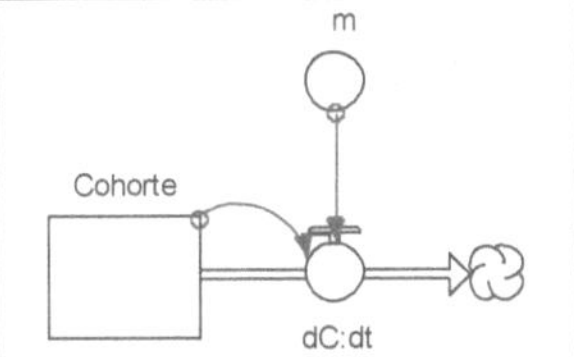

Cohorte(t) = Cohorte(t - dt) + (- dC:dt) * dt
INIT Cohorte = 100
OUTFLOWS:
dC:dt = m * Cohorte

m = 0,262

Figura 13.9. Modelo de mortalidad en cohortes tipo III.

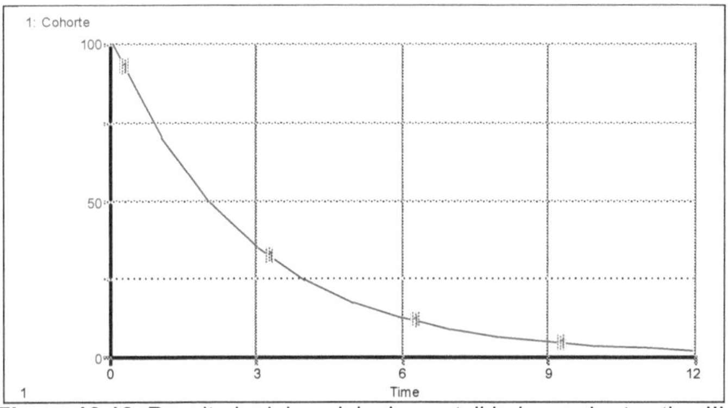

Figura 13.10. Resultado del modelo de mortalidad en cohortes tipo III.

Tabla 13.5. Resultado del modelo de mortalidad en cohortes tipo III.

Tiempo	**Población (No.)**
0	100
1	74
2	54
3	40
4	30
5	22
6	16
7	12
8	9
9	6
10	5
11	4
12	3

13.7 Modelo de Supervivencia-Mortalidad en Cohortes Tipo I

Problema de modelación:

Algunas especies de alta longevidad como es el caso de algunos mamíferos superiores, tienden a exhibir las mayores mortalidades cuando alcanzan su edad adulta o vejez mostrando, contrariamente, baja mortalidad durante las etapas tempranas e intermedias. A esta curva se le conoce como mortalidad tipo I (Pianka, 1982). Sobre este respecto, no hay una ecuación generalizada en ecología de poblaciones para este tipo de curva.

Se quiere construir un modelo de mortalidad-supervivencia tipo I para simular a lo largo de 12 unidades de tiempo, el comportamiento de una cohorte de 100 individuos cuya función estimada empíricamente es la siguiente:

$$N_t = 110 + \frac{-133}{13 - t}$$

Condiciones iniciales:

- Unidad de tiempo: tiempo
- Cambio en la unidad de tiempo: 1 *(dt = 1)*
- El modelo se simula desde t_0 hasta t_{12}
- Método de integración: Runge-Kutta 4

Ecuaciones:

$$Cohorte_{t} = Cohorte_{t-1} + \frac{d\,Cohorte}{dt}\,dt$$

$$Cohorte_{t=0} = 100\ (Ind.)$$

$$\frac{dCohorte}{dt} = \frac{-133}{(13 - t)^2}\ (Ind./t)$$

Modelo:

La figura 13.11 expone el modelo de mortalidad tipo I que, por tratarse de una cohorte, no exhibe entradas. Obsérvese que en la salida de la cohorte queda explícito el comando *time* para representar el *tiempo* que aparece en la ecuación diferencial. La figura 13.12 y la tabla 13.6 enseñan los resultados los cuales reflejan que, sobre el avance del tiempo, la mortalidad de la población se acentúa.

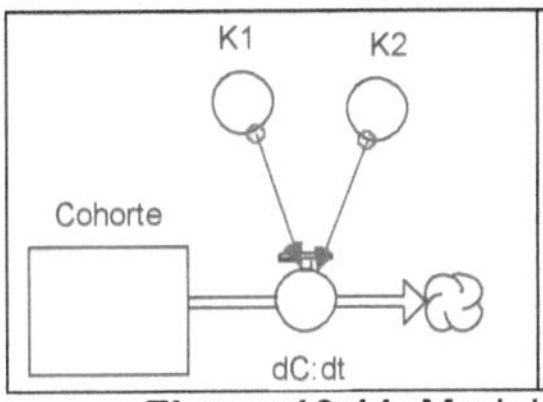

Cohorte(t) = Cohorte(t - dt) + (- dC:dt) * dt
INIT Cohorte = 100
OUTFLOWS:
dC:dt = K1 / ((K2 - TIME) ^ 2)

K1 = 133
K2 = 13

Figura 13.11. Modelo de mortalidad en cohortes tipo I.

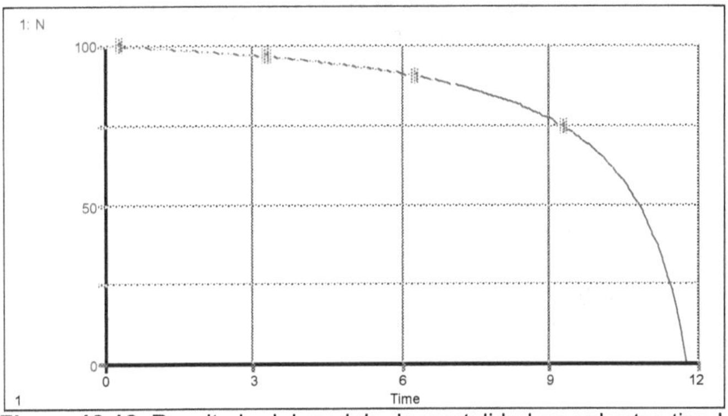

Figura 13.12. Resultado del modelo de mortalidad en cohortes tipo I.

Tabla 13.6. Resultado del modelo de mortalidad en cohortes tipo I.

Tiempo	Cohorte
0	100
1	99
2	98
3	97
4	95
5	94
6	91
7	88
8	84
9	77
10	66
11	44
12	0

13.8 Modelo de Extinción Local de Especies

Problema de modelación:

En un sistema urbano se ha encontrado la siguiente relación entre la riqueza de la avifauna (*S*) y un índice de heterogeneidad de la vegetación evaluado entre 0 y 1:

$$S_{aves} = 54\ (1 - e^{-3\ \text{Índice Heterogeneidad}})$$

Dado que los sistemas urbanos experimentan homogenización de la vegetación, se desea construir un modelo que permita estimar la extinción de especies de aves si el índice de heterogeneidad decae linealmente desde 1 hasta 0, a una tasa de 0,1 unidades por unidad de tiempo.

Condiciones iniciales:

- Unidad de tiempo: no definida
- Cambio en la unidad de tiempo: 1 ($dt = 1$)
- El modelo se simula desde t_0 hasta t_{10} (tiempo requerido para que el índice caiga de 1 a 0)
- Método de integración: Euler (dadas las variaciones lineales en el *stock*)

Ecuaciones:

$$\text{Índ.Heterogeneidad}_{t} = \text{Índ.Heterogeneidad}_{t-1} + \frac{d\ \text{Índ.Heterogeneidad}}{dt}\ dt$$

$$\text{Índ.Heterogeneidad}_{t=0} = 1$$

$$\text{Índ.Heterogeneidad}_{t} = \text{Índ.Heterogeneidad}_{t=0} - 0{,}1\ \text{Tiempo}$$

$$\frac{d\ Ind.Heterogeneidad}{dt} = -0{,}1\ (ud./t)$$

Modelo:

La figura 13.13 expone el modelo de extinción urbana de especies de aves y la figura 13.14 y la tabla 13.7 los resultados de la simulación para 10 unidades de tiempo. Se observa que aunque el Índice de heterogeneidad decae linealmente, el número de especies muestra un comportamiento no lineal por cuanto su relación con el índice de heterogeneidad se enmarca en una función de asociación exponencial.

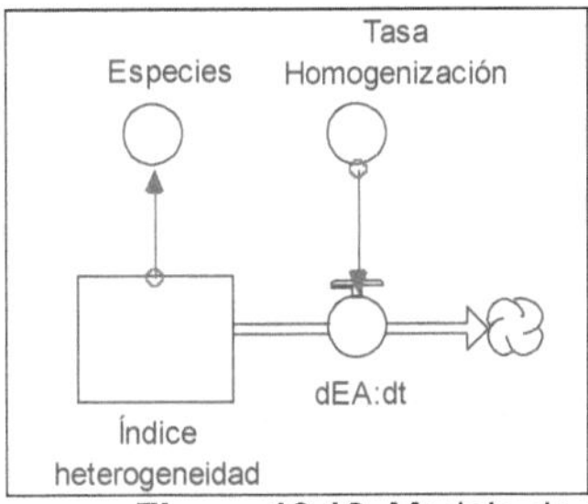

Índice heterogeneidad(t) = Índice heterogeneidad(t - dt) + (- dEA:dt) * dt
INIT Índice heterogeneidad = 1
OUTFLOWS:
dEA:dt = Tasa Homogenización

Especies = 54 * (1 - EXP(- 3 * Índice heterogeneidad))
Tasa Homogenización = 0,1

Figura 13.13. Modelo de extinción de aves en ambientes urbanos.

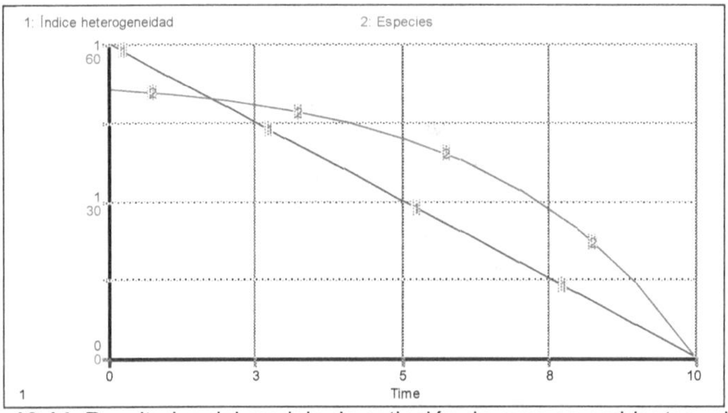

Figura 13.14. Resultados del modelo de extinción de aves en ambientes urbanos.

Tabla 13.7. Resultados del modelo de extinción de aves en ambientes urbanos.

Tiempo	**Índice heterogeneidad**	**Especies aves**
0	1,0	51
1	0,9	50
2	0,8	49
3	0,7	47
4	0,6	45
5	0,5	42
6	0,4	38
7	0,3	32
8	0,2	24
9	0,1	14
10	0,0	0

13.9 Modelo de Crecimiento de la Población Mundial

Problema de modelación:

Se quiere construir un modelo que represente el crecimiento de la población humana a través de la historia, a partir de los valores poblacionales que se presentan en la tabla 13.8, la cual fue elaborada con base en diversos documentos de Naciones Unidas.

Tabla 13.8. Población humana desde el año -10000.

Año	Población
-10000	5000000
-1000	80000000
0	250000000
1500	400000000
1650	500000000
1750	750000000
1800	1000000000
1850	1250000000
1930	2000000000
1950	2500000000
1990	5300000000
2000	6000000000
2005	6500000000
2011	7000000000

Como punto de inicio se ha realizado un análisis de regresión con los datos previos siguiendo un modelo de crecimiento exponencial tal como se ilustra en la figura 13.15. El resultado, no obstante, muestra un bajo ajuste de la función con respecto a los valores poblacionales (r^2 = 0,7469).

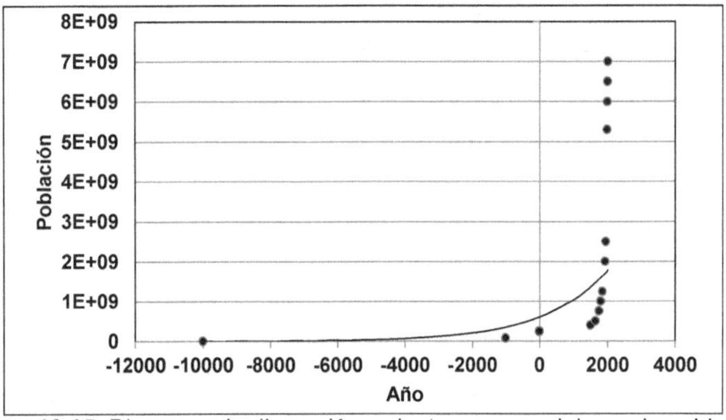

Figura 13.15. Diagrama de dispersión y ajuste exponencial para la población humana.

Este resultado sugiere la necesidad de evaluar el comportamiento de la tasa de crecimiento poblacional a lo largo del período de estudio, tal como se ilustra en la tabla 13.9 la cual fue obtenida mediante la función:

$$r = \frac{Ln\left(\frac{N_t}{N_0}\right)}{t}$$

Tabla 13.9. Tasa de crecimiento de la población humana para cada período.

Año	Tasa de crecimiento (r)
-10 000	0,00031
-1 000	0,00114
0	0,00031
1 500	0,00149
1 650	0,00405
1 750	0,00575
1 800	0,00446
1 850	0,00588
1 930	0,01116
1 950	0,01879
1 990	0,01241
2 000	0,01601
2 005	0,01235
2 011	

Se observa que la tasa de crecimiento se ha incrementado de manera importante a lo largo de la historia (a causa de la agricultura, el descubrimiento de América, la revolución industrial y la medicina, principalmente) y ella es la razón del bajo ajuste que se obtiene con una única ecuación de regresión. Por lo anterior, resulta más apropiado dividir la población en períodos en los cuales la tasa de crecimiento exhiba un comportamiento cercano y, a partir de tales valores, realizar análisis de regresión para cada uno de ellos. Los resultados para este procedimiento son los siguientes:

Años	**-10000 a 1650**	**1650 a 1930**	**1930 a 2011**
Tasa de crecimiento (r)	0,00038	0,00495	0,01617
Coeficiente de determinación (r^2)	0,9693	0,9937	0,9948

Se observa que el empleo de 3 ecuaciones de crecimiento genera un alto ajuste con los valores empíricos, por lo que el modelo en Stella se aborda utilizando 3 tasas de crecimiento distintas de acuerdo a los periodos previamente señalados.

Condiciones iniciales:

- Unidad de tiempo: año
- Cambio en la unidad de tiempo: *1 (dt = 1)*
- El modelo se simula desde t_{-10000} hasta t_{2011}
- Método de integración: Runge-Kutta 4

Ecuaciones:

$$Pob.\ humana_{t} = Pob.\ humana_{t-1} + \frac{dPob.humana}{dt}\ dt$$

$$Pob.\ humana_{t=-10000} = 5000000\ (hab)$$

$$\frac{d\ Pob.humana}{dt} = r \times N\ (Hab./año); r\ es\ variable$$

Donde: r = 0,00038 (de -10000 a 1650); 0,00495 (de 1650 a 1930); 0,01617 (de 1930 a 2011)

Modelo:

Se construyeron 2 modelos distintos:

1) A partir de una única población inicial de 5000000 y variando la tasa de crecimiento a lo largo del tiempo
2) A partir de 3 poblaciones iniciales correspondientes a los valores *observados* de los años -10000, 1650 y 1930

El primer modelo genera una subestimación poblacional desde los primeros años que se prolonga hasta el año 2011, razón por la cual se construyó el segundo modelo que trata, por separado, los 3 períodos de tiempo y utiliza las poblaciones iniciales expuestas en la tabla 13.8, condición que genera un mejor ajuste (Figuras 13.16 y 13.17). Los resultados se exponen en la figura 13.18 y en la tabla 13.10.

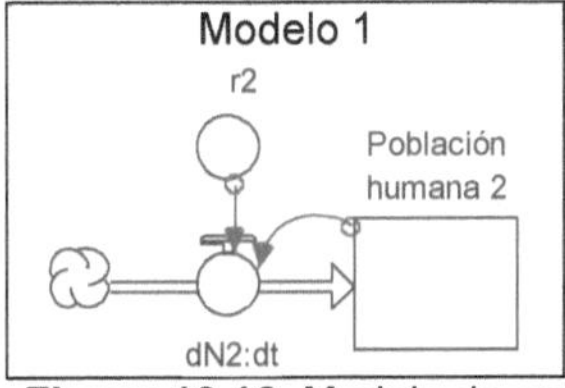


```
Población humana(t) = Población humana(t - dt) + (dN:dt) * dt
INIT Población humana = 5 000 000
INFLOWS:
dN:dt = r * Población humana

r = IF (TIME <= 1650) THEN 0,00038 ELSE IF(TIME <= 1930) THEN 0,00495 ELSE 0,01617
```

Figura 13.16. Modelo de crecimiento de la población humana a partir de un único valor inicial.

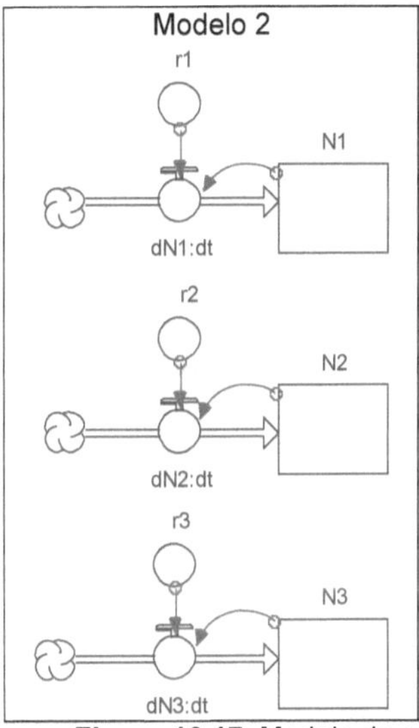


```
N1(t) = N1(t - dt) + (dN1:dt) * dt
INIT N1 = 5 000 000
INFLOWS:
dN1:dt = r1 * N1

N2(t) = N2(t - dt) + (dN2:dt) * dt
INIT N2 = 500 000 000
INFLOWS:
dN2:dt = r2 * N2

N3(t) = N3(t - dt) + (dN3:dt) * dt
INIT N3 = 2 000 000 000
INFLOWS:
dN3:dt = r3 * N3

r1 = IF (TIME <= 1650) THEN 0,00038 ELSE 0
r2 = IF (TIME > 1650) THEN 0,00495 ELSE 0
r3 = IF (TIME > 1930) THEN 0,01617 ELSE 0
```

Figura 13.17. Modelo de crecimiento de la población humana a partir de 3 diferentes valores iniciales.

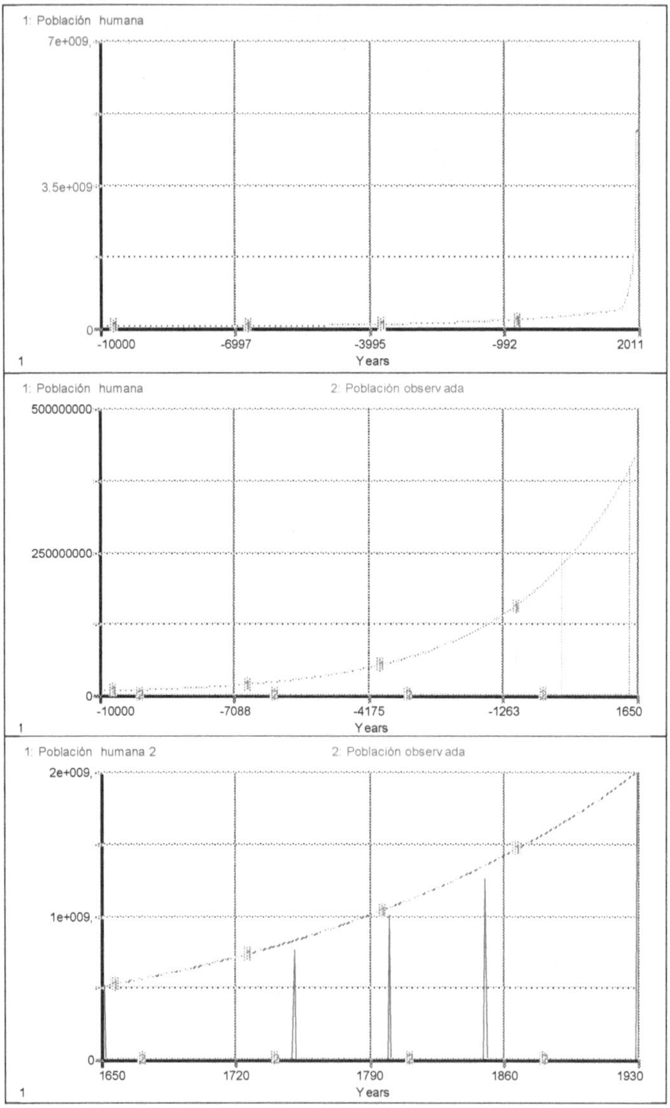
1: Población humana
7e+009,
3.5e+009
0
-10000
-6997
-3995
-992
2011
1
Years
1: Población humana
2: Población observada
500000000
250000000
0
-10000
-7088
-4175
-1263
1650
1
Years
1: Población humana 2
2: Población observada
2e+009,
1e+009,
0
1650
1720
1790
1860
1930
1
Years

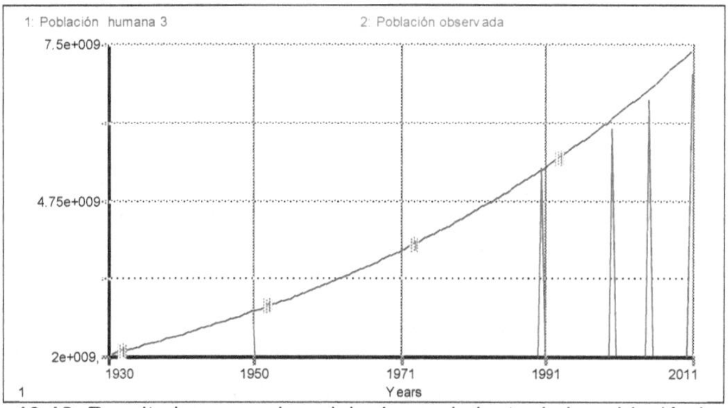

Figura 13.18. Resultados para el modelo de crecimiento de la población humana.

Tabla 13.10. Resultados para el modelo de crecimiento de la población humana.

Año	Población observada	Población estimada (1)	Población estimada (2)
-10 000	5 000 000	5 000 000	5 000 000
-1 000	80 000 000	152 847 075	152 847 075
0	250 000 000	223 505 922	223 505 922
1 500	400 000 000	395 218 158	395 218 158
1 650	500 000 000	418 400 000	500 000 000
1 750	750 000 000	685 861 667	819 572 414
1 800	1 000 000 000	878 464 903	1 049 724 217
1 850	1 250 000 000	1 125 154 857	1 344 507 102
1 930	2 000 000 000	1 671 833 079	2 000 000 000
1 950	2 500 000 000	2 305 848 969	2 756 187 933
1 990	5 300 000 000	4 402 836 202	5 262 722 830
2 000	6 000 000 000	5 175 567 138	6 186 370 346
2 005	6 500 000 000	5 611 392 603	6 707 313 786
2 011	7 000 000 000	6 183 094 811	7 390 671 086

13.10 Modelo de Crecimiento de la Población Urbana y Rural

Problema de modelación:

Se desea construir un modelo que represente los cambios de la población mundial rural y urbana de los países en desarrollo y desarrollados durante el período 1950-2030, con base en los siguientes parámetros expuestos por Naciones Unidas (2004):

	Población (N) 1950 (billones)	Tasa de crecimiento anual (%) 1950-1975	Tasa de crecimiento anual (%) 1975-2000	Tasa de crecimiento anual (%) 2000-2030
Urbana				
Desarrollados (NUD)	0,43	2,00	0,91	0,47
En desarrollo (NUeD)	0,31	3,91	3,55	2,29
Rural				
Desarrollados (NRD)	0,39	-0,46	-0,40	-1,05
En desarrollo (NReD)	1,40	1,82	1,09	0,06

Condiciones iniciales:

- Unidad de tiempo: año
- Cambio en la unidad de tiempo: 1 *(dt = 1)*
- El modelo se simula desde t_{1950} hasta t_{2030}
- Método de integración: Runge-Kutta 4

Ecuaciones:

Dado que las tasas de crecimiento poblacional (proporciones) exhiben valores muy pequeños, se han equiparado éstas a las tasas de crecimiento (*r*).

$$NUD_t = NUD_{t-1} + \frac{d\,NUD}{dt}\,dt$$

$$NUD_{t=1950} = 0,43\ (Hab.)$$

$$\frac{d\,NUD}{dt} = r_{NUD} \times NUD\ (Hab./año)$$

Donde: $r_{NUD} = 0,02$; *1950-1975;* $r_{NUD} = 0,0091$; *1975-2000;* $r_{NUD} = 0,0047$; *2000-2030*

$$NUeD_t = NUeD_{t-1} + \frac{d\,NUeD}{dt}\,dt$$

$NUeD_{t=1950} = 0{,}31$ (Hab.)

$$\frac{d\,NUeD}{dt} = r_{NUeD} \times NUeD \ (Hab./año)$$

Donde: $r_{NUeD} = 0{,}0391$; 1950-1975; $r_{NUeD} = 0{,}0355$; 1975-2000; $r_{NUeD} = 0{,}0229$; 2000-2030

$$NRD_t = NRD_{t-1} + \frac{d\,NRD}{dt}\,dt$$

$NRD_{t=1950} = 0{,}39$ (Hab.)

$$\frac{d\,NRD}{dt} = r_{NRD} \times NRD \ (Hab./año)$$

Donde: $r_{NRD} = -0{,}0046$; 1950-1975; $r_{NRD} = -0{,}0040$; 1975-2000; $r_{NRD} = -0{,}0105$; 2000-2030

$$NReD_t = NReD_{t-1} + \frac{d\,NReD}{dt}\,dt$$

$NReD_{t=1950} = 1{,}40$ (Hab.)

$$\frac{d\,NReD}{dt} = r_{NReD} \times NReD \ (Hab./año)$$

Donde: $r_{NReD} = 0{,}0182$; 1950-1975; $r_{NReD} = 0{,}0109$; 1975-2000; $r_{NReD} = 0{,}0006$; 2000-2030

Modelo:

Se destaca, como primera medida, que la población rural en países desarrollados (*NRD*) muestras tasas de crecimiento negativas por lo que su *stock* carece de entrada y solo exhibe salida, situación antagónica a los 3 *stocks* restantes (figura 13.19). De los resultados se recalca el alto crecimiento que exhibe la población urbana de los países en desarrollo (*NUeD*), que constituye actualmente el mayor aporte al crecimiento de la especie en el planeta. Es así que para el año 1950 dicha población representa el 70% de la población urbana de los países desarrollados, no obstante, para el año 2030 la supera en casi un 300% (figura 13.20, tabla 13.11).

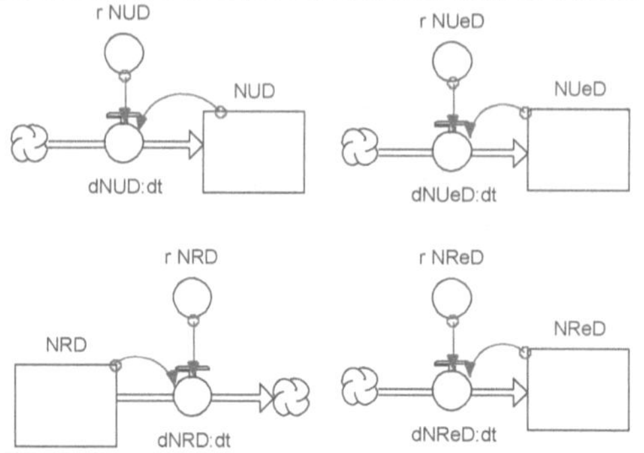

NUD(t) = NUD(t - dt) + (dNUD:dt) * dt
INIT NUD = 0,43
INFLOWS:
dNUD:dt = r NUD * NUD

NUeD(t) = NUeD(t - dt) + (dNUeD:dt) * dt
INIT NUeD = 0,31
INFLOWS:
dNUeD:dt = r NUeD * NUeD

NRD(t) = NRD(t - dt) + (dNRD:dt) * dt
INIT NRD = 0,39
OUTFLOWS:
dNRD:dt = r NRD * NRD

NReD(t) = NReD(t - dt) + (dNReD:dt) * dt
INIT NReD = 1,40
INFLOWS:
dNReD:dt = r NReD * NReD

r NUD = IF TIME <1975 then 0,02 ELSE IF TIME <2000 THEN 0,0091 ELSE 0,0047
r NUeD = IF TIME <1975 then 0,0391 ELSE IF TIME <2000 THEN 0,0355 ELSE 0,0229
r NRD = IF TIME <1975 then 0,0046 ELSE IF TIME <2000 THEN 0,004 ELSE 0,00105
r NReD = IF TIME <1975 then 0,0182 ELSE IF TIME <2000 THEN 0,0109 ELSE 0,0006

Figura 13.19. Modelo de crecimiento poblacional humano en países desarrollados y no desarrollados, urbano y rural.

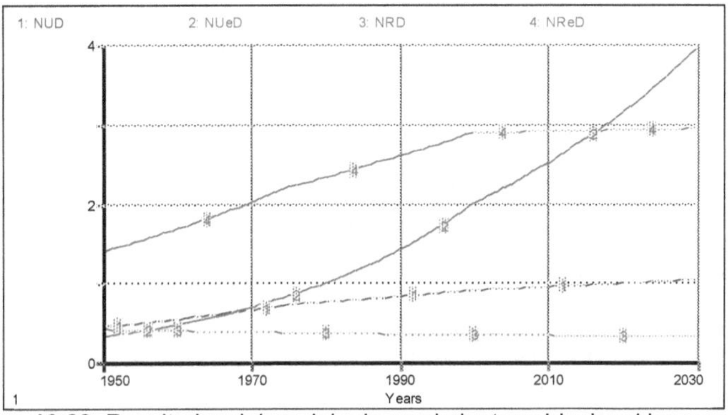

Figura 13.20. Resultados del modelo de crecimiento poblacional humano (en billones).

Tabla 13.11. Resultados del modelo de crecimiento poblacional (en billones).

Años	Urbana Desarrollados (NUD)	Urbana en desarrollo (NUeD)	Rural Desarrollados (NRD)	Rural en desarrollo (NReD)
1950	0,43	0,31	0,39	1,40
1960	0,53	0,46	0,37	1,68
1970	0,64	0,68	0,36	2,01
1980	0,74	0,98	0,34	2,33
1990	0,81	1,40	0,33	2,60
2000	0,89	2,00	0,31	2,89
2010	0,93	2,51	0,31	2,91
2020	0,98	3,16	0,31	2,92
2030	1,02	3,97	0,30	2,94

13.11 Modelo de Crecimiento de la Poblacional Mundial: Club de Roma

Problema de modelación:

El siguiente ejemplo representa una simplificación gruesa del modelo de crecimiento poblacional humano definido por el Club de Roma (Meadows et al., 1981), el cual contempla 5 *stocks* que se consideran esenciales para el modelo de crecimiento de la población humana durante el último medio siglo:

- *Población humana*: sigue un comportamiento exponencial asociado a la natalidad y la mortalidad, esta última afectada por la oferta de alimentos y la concentración de contaminantes
- *Capital industrial*: sigue un comportamiento exponencial asociado a la inversión y la depreciación, pero la inversión está restringida por la cantidad de recursos no renovables disponibles
- *Contaminación*: se incrementa linealmente respecto al *Capital industrial* por las emisiones y vertimientos de desechos industriales, y se reduce exponencialmente por autodepuración
- *Recursos no renovables*: carece de entrada y muestra solamente salida (explotación) que depende de la inversión de *Capital industrial*
- *Tierra cultivada*: crece exponencialmente por la necesidad de alimentos para el hombre pero expone un valor máximo que restringe la misma, a la vez, decrece por efectos de urbanización, sobreexplotación y contaminación (hoy día cabría incluso referir la producción de biocombustibles)

Condiciones iniciales:

Se han definido parámetros arbitrarios con los cuales se pretende visualizar el comportamiento general del modelo, los cuales se expresan en la figura 13.21.

Modelo:

Respecto al modelo cabe notar el uso del comando *delay* el cual almacena registros previos de una variable o un parámetro. El resultado del modelo ilustra 2 fases, la primera de crecimiento de la población y el capital, y la segunda de decaimiento de las anteriores por causa de la contaminación y la escasez de alimentos sobre la población. Los recursos no renovables muestran, por su parte, decaimiento sostenido incidiendo negativamente sobre el crecimiento del capital industrial (figura 13.22).

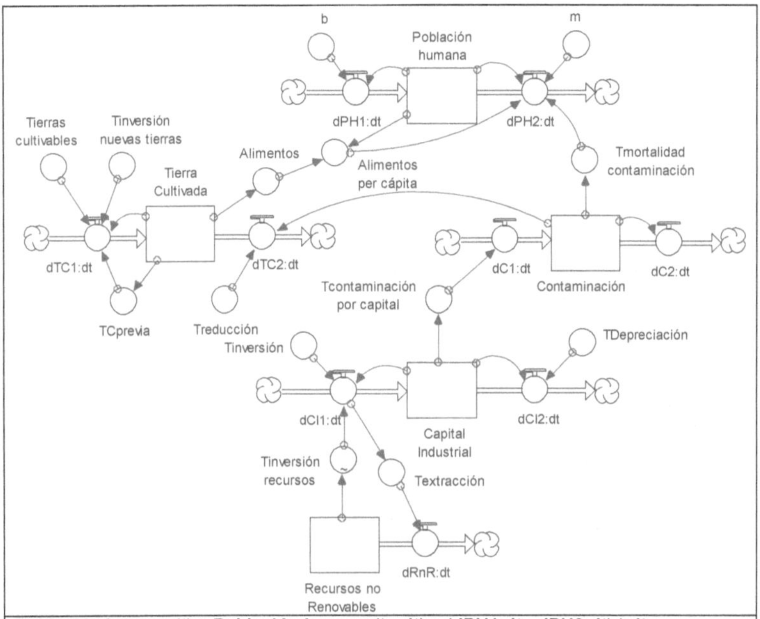

Población humana(t) = Población humana(t - dt) + (dPH1:dt - dPH2:dt) * dt
INIT Población humana = 10
INFLOWS:
dPH1:dt = Población humana * b
OUTFLOWS:
dPH2:dt = IF(Alimentos per cápita < 5) THEN Población humana * m * Tmortalidad contaminación * 1,2 ELSE Población humana * m * Tmortalidad contaminación

Capital Industrial(t) = Capital Industrial(t - dt) + (dCI1:dt - dCI2:dt) * dt
INIT Capital Industrial = 5
INFLOWS:
dCI1:dt = Capital Industrial * Tinversión * Tinversión recursos
OUTFLOWS:
dCI2:dt = Capital Industrial * TDepreciación

Contaminación(t) = Contaminación(t - dt) + (dC1:dt - dC2:dt) * dt
INIT Contaminación = 0
INFLOWS:
dC1:dt = Tcontaminación por capital
OUTFLOWS:
dC2:dt = Contaminación * 0,1

Recursos no Renovables(t) = Recursos no Renovables(t - dt) + (- dRnR:dt) * dt
INIT Recursos no Renovables = 40
OUTFLOWS:
dRnR:dt = Textracción

```
Tierra Cultivada(t) = Tierra Cultivada(t - dt) + (dTC1:dt - dTC2:dt) * dt
INIT Tierra Cultivada = 15
INFLOWS:
dTC1:dt = IF(Tierras cultivables <= Tierra Cultivada) THEN 0 ELSE IF(TCprevia - Tierra
Cultivada >0) THEN 0 ELSE Tinversión nuevas tierras * Tierra Cultivada
OUTFLOWS:
dTC2:dt = IF(Contaminación<2) THEN Treducción ELSE Treducción * 1,1

Alimentos = Tierra Cultivada * 5
Alimentos per cápita = Alimentos / Población humana
b = 0,03
m = 0,005
Tcontaminación por capital = Capital Industrial * 0,03
TCprevia = DELAY(Tierra Cultivada,1)
TDepreciación = 0,03
Textracción = dCI1:dt * 0,1
Tierras cultivables = 30
Tinversión = 0,06
Tinversión nuevas tierras = 0,02
Tmortalidad contaminación = 1 + (1/3) * Contaminación
Treducción = 0,03
Tinversión recursos = GRAPH(Recursos no Renovables)
(0, 0,00), (4, 0,00), (8, 0,005), (12, 0,01), (16, 0,045), (20, 0,095), (24, 0,18), (28, 0,28), (32,
0,93), (36, 0,99), (40, 1,00)
```

Figura 13.21. Modelo de crecimiento poblacional humano afectado por variables exógenas.

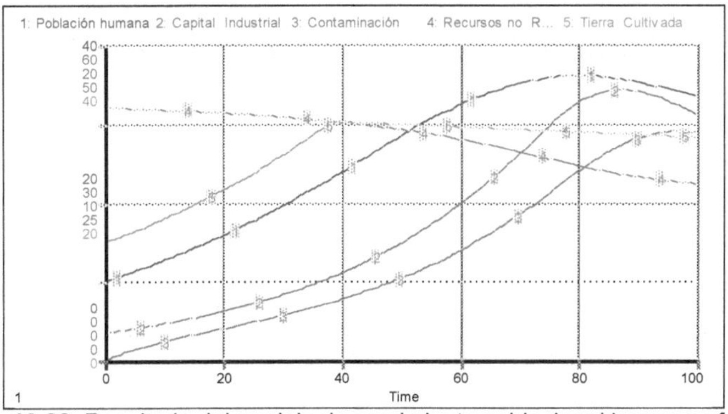

Figura 13.22. Resultado del modelo de crecimiento poblacional humano afectado por variables exógenas.

14. DINÁMICA DE POBLACIONES: MODELOS LOGÍSTICOS

14.1 Introducción

El modelo logístico da lugar a una curva sigmoidea cuya asíntota corresponde a la capacidad de carga o de sostenimiento de la población (*K*) y, a diferencia del modelo exponencial, asume que hay restricción de recursos lo que ocasiona competencia entre los individuos de la misma especie, hecho que reduce progresivamente el crecimiento poblacional a medida que la población se acerca a su capacidad de carga. Esta última representa la máxima población que podría coexistir en estado estable sin agotar los recursos.

Este modelo expuesto por Verhulst-Pearl se expresa a través de las siguientes ecuaciones (Vandermeer, 1981; Keen y Spain, 1992):

$$N_t = \frac{K}{1 + \left[\frac{K - N_0}{N_0}\right] e^{-rt}}$$

$$\frac{dN}{dt} = rN - \frac{r}{K} N^2$$

Donde: r es la tasa de crecimiento y K la capacidad de carga.

En la ecuación diferencial el componente positivo de la derivada (rN) representa el crecimiento exponencial intrínseco en ausencia de competencia y con recursos ilimitados, mientras que el componente negativo (r/KN^2) incorpora la competencia intraespecífica por ley de acción de masas ($N \times N$). En esta función la relación entre dN/dt y N sigue un función polinomial de segundo orden (parábola) cuyos puntos de corte con las abscisas están dados en N = 0 y N = K, es decir que, la población no cambia cuando su valor es cero (no hay población) o cuando se ha alcanzado la capacidad de carga (*K*). Por lo anterior, el mayor cambio poblacional ocurre cuando $N = K/2$.

Dos supuestos inherentes a este modelo son: i. la capacidad de carga es constante y ii. la capacidad de ajuste por parte de la población es inmediata ante la limitación de recursos.

14.2 Modelo Logístico de Dinámica Poblacional

Problema de modelación:

Se desea construir un modelo de crecimiento para una población con competencia intraespecífica que muestra los siguientes parámetros mensuales: natalidad 25%, mortalidad 5%, capacidad de carga 100 individuos y población inicial 10 individuos. El tiempo de simulación es de 36 meses.

Condiciones iniciales:

- Unidad de tiempo: mes
- Cambio en la unidad de tiempo: 1 *(dt = 1)*
- El modelo se simula desde t_0 hasta t_{36}
- Método de integración: Runge-Kutta 4

Ecuaciones:

$$N_t = N_{t-1} + \frac{dN}{dt}\,dt$$

$$N_{t=0} = 10\ (Ind.)$$

$$\frac{dN}{dt} = (0{,}223 - 0{,}05) \times N - \frac{(0{,}223 - 0{,}05)}{100} \times N^2\ (Ind./mes)$$

Modelo:

El modelo se presenta en la figura 14.1 y los resultados en la figura 14.2 y en la tabla 14.1. Se observa un comportamiento sigmoideo simétrico propio de la función logística que, para el caso presente, tiende su asíntota en 100 individuos. El punto de inflexión de la curva se encuentra en el tiempo 13 cuando la población alcanza 50 individuos.

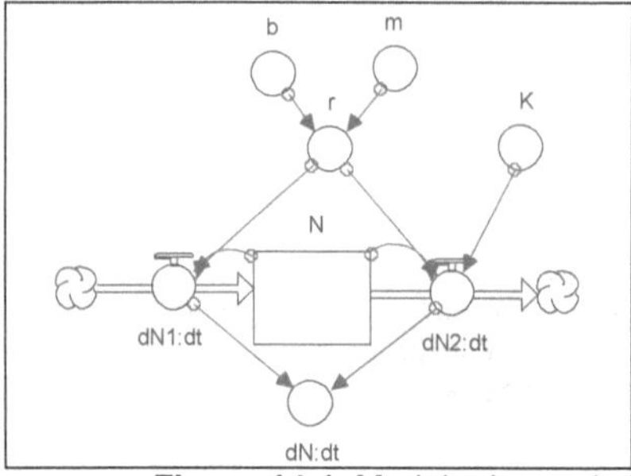

N(t) = N(t - dt) + (dN1:dt - dN2:dt) * dt
INIT N = 10
INFLOWS:
dN1:dt = r * N
OUTFLOWS:
dN2:dt = r * N * N / K

dN:dt = dN1:dt – dN2:dt
b = 0,223
m = 0,05
r = b - m
K = 100

Figura 14.1. Modelo de crecimiento poblacional logístico.

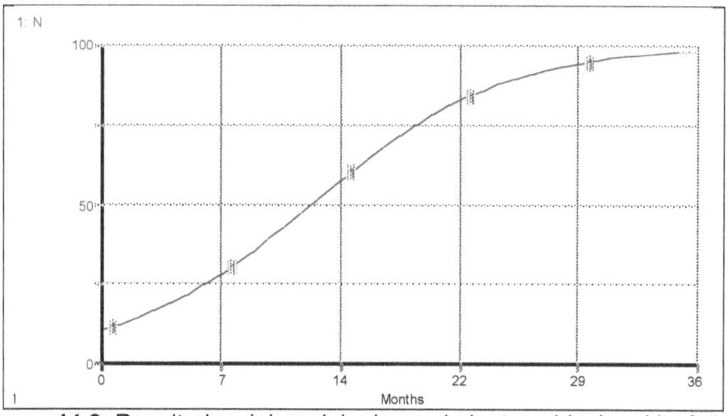

Figura 14.2. Resultados del modelo de crecimiento poblacional logístico.

Tabla 14.1. Resultados del modelo de crecimiento poblacional logístico.

Mes	Población
0	10
5	21
10	39
15	60
20	78
25	89
30	95
35	98
36	98

Para propósitos de ilustración, se ha incluido el diagrama de dispersión de la función *dN/dt* versus *N* (comando *scatter,* figura 14.3) y se reconoce en ella una parábola que obtiene su mayor cambio (*dN/dt*) cuando $N = K/2 = 50$.

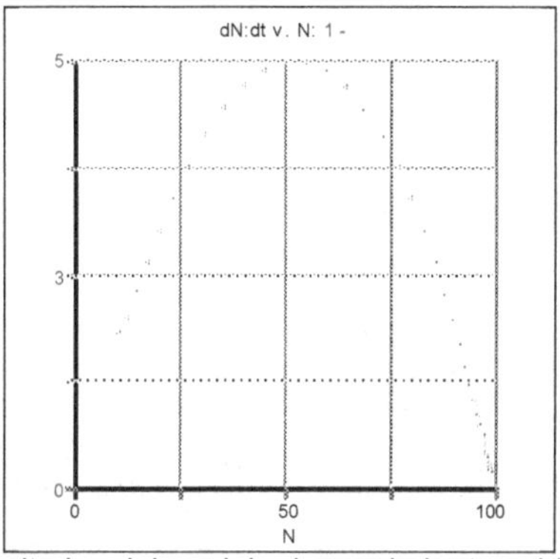

Figura 14.3. Resultados del modelo de crecimiento poblacional logístico.

14.3 Modelo de Crecimiento Logístico con Ciclo Anual

Problema de modelación:

La capacidad de carga de una población en un ecosistema dado no es constante, y varía sobre el ciclo anual dependiendo de la oferta de recursos y las condiciones abióticas prevalecientes. Tomando en cuenta lo anterior, se desea simular por 5 años una población con competencia intraespecífica que muestra las siguientes características: población inicial 50 individuos, capacidad de carga y tasa de crecimiento promedio por mes en el ciclo anual así:

Mes	Ene.	Feb.	Mar.	Abr.	May.	Jun.	Jul.	Ago.	Sep.	Oct.	Nov.	Dic.
K	100	100	110	120	150	150	140	130	120	110	110	100
r	0	0,05	0,10	0,40	0,35	0,15	0,10	0,10	0,10	0,05	0,05	0

Condiciones iniciales:

- Unidad de tiempo: mes
- Cambio en la unidad de tiempo: 1 *(dt = 1)*
- El modelo se simula desde t_0 hasta t_{60}
- Método de integración: Runge-Kutta 4

Ecuaciones:

$$N_t = N_{t-1} + \frac{dN}{dt}\, dt$$

$$N_{t=0} = 50 \text{ (Ind.)}$$

$$\frac{dN}{dt} = r \times N - \frac{r}{K} \times N^2 \quad (Ind./mes); r\ y\ K\ son\ variables$$

Modelo:

El modelo se expone en la figura 14.4 y para representar el ciclo de *r* y de *K* se empleó el comando *counter* expuesto en modelos previos. Tal y como se observa en los resultados (figuras 14.5 y 14.6, tabla 14.2), la población crece y alcanza su capacidad de carga pero exhibe ondulaciones cíclicas anuales con períodos de bajo y alto crecimiento.

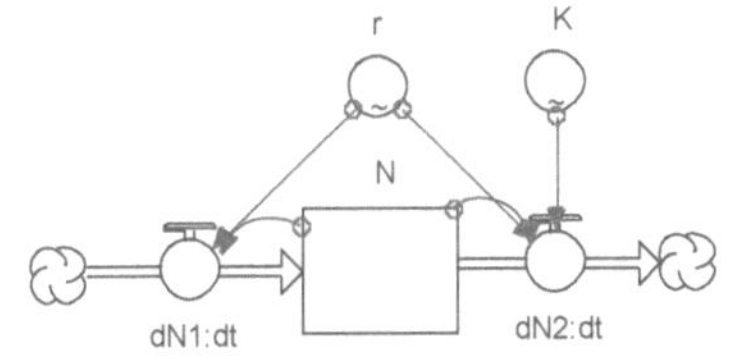

N(t) = N(t - dt) + (dN1:dt - dN2:dt) * dt
INIT N = 50
INFLOWS:
dN1:dt = r * N
OUTFLOWS:
dN2:dt = r * N * N / K

K = GRAPH(COUNTER (0,12))
(0, 100), (1, 100), (2, 110), (3, 120), (4, 150), (5, 150), (6, 140), (7, 130), (8, 120), (9, 110), (10, 110), (11, 100)
r = GRAPH(COUNTER(0,12))
(0, 0,0), (1, 0,05), (2, 0,1), (3, 0,4), (4, 0,35), (5, 0,15), (6, 0,1), (7, 0,1), (8, 0,1), (9, 0,05), (10, 0,05), (11, 0,0)

Figura 14.4. Modelo logístico con tasa de crecimiento y capacidad de carga afectadas por el ciclo anual.

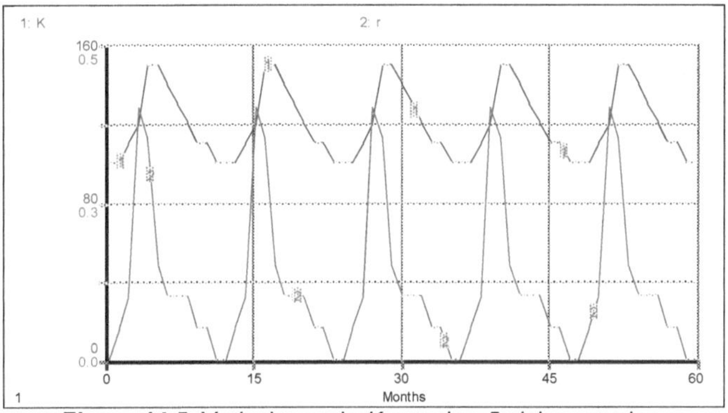

Figura 14.5. Variaciones de *K* y *r* sobre 5 ciclos anuales.

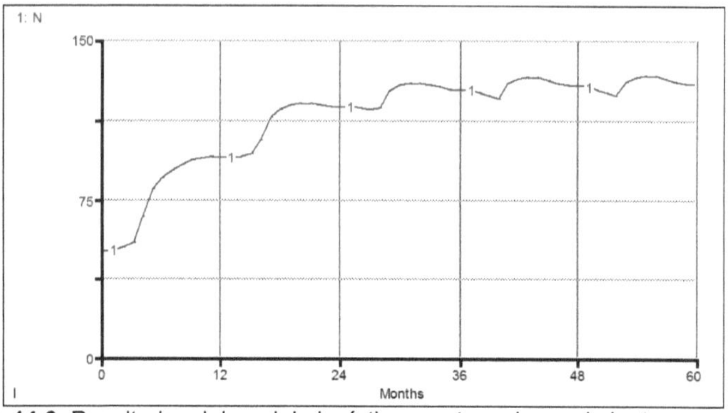

Figura 14.6. Resultados del modelo logístico con tasa de crecimiento y capacidad de carga afectadas por el ciclo anual.

Tabla 14.2. Resultados del modelo logístico con tasa de crecimiento y capacidad de carga afectadas por el ciclo anual.

Mes	Población
0	50
5	79
10	94
15	96
20	120
25	119
30	129
35	127
40	122
45	131
50	127
55	133
60	129

14.4 Modelo Logístico Afectado por Variables Ambientales

Problema de modelación:

Se desea construir un modelo logístico para una población cuyas variaciones están determinadas por la incidencia de dos variables ambientales: la temperatura (T) que afecta a la tasa de mortalidad y la precipitación (P) que afecta a la tasa de natalidad; una y otra, a su vez, muestran un comportamiento estacional a lo largo del ciclo anual, así (figura 14.7):

Mes.	Ene.	Feb.	Mar.	Abr.	May.	Jun.	Jul.	Ago.	Sep.	Oct.	Nov.	Dic.
T (°C)	11	13	16	16	18	25	34	33	20	17	12	10
Precipitación (mm)	130	100	90	100	90	60	60	70	80	100	140	140

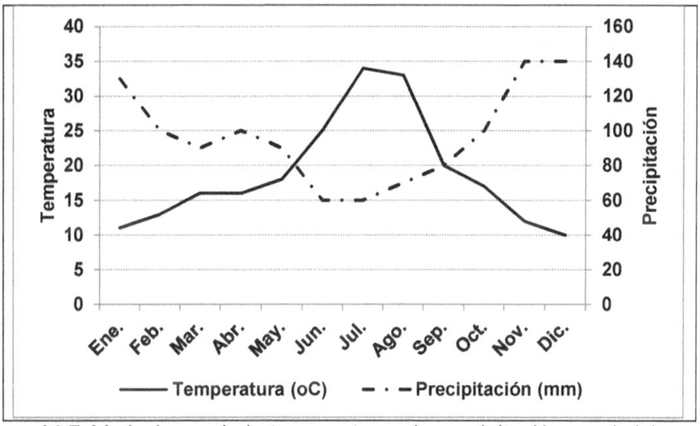

Figura 14.7. Variaciones de la temperatura y la precipitación en el ciclo anual.

Por su parte, las tasas de respuesta de la especie hacia las variables ambientales se estimaron por vías estadísticas así (figura 14.8):

$$b = 0{,}01\,P - 0{,}00005\,P^2$$

$$m = 1{,}25 - 0{,}1\,T + 0{,}002\,T^2$$

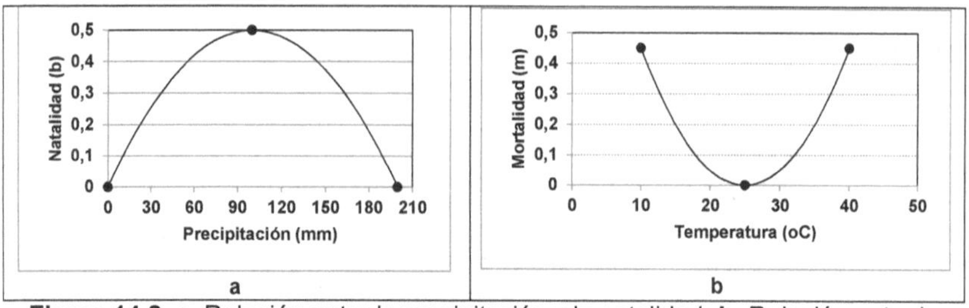

Figura 14.8. a. Relación entre la precipitación y la natalidad. **b.** Relación entre la temperatura y la mortalidad.

Para una población inicial de 10 individuos y una capacidad de carga de 200 individuos, se quiere simular la población durante un periodo de 3 años.

Condiciones iniciales:

- Unidad de tiempo: mes
- Cambio en la unidad de tiempo: 1 *(dt = 1)*
- El modelo se simula desde t_0 hasta t_{36}
- Método de integración: Runge-Kutta 4

Ecuaciones:

$$N_t = N_{t-1} + \frac{dN}{dt}\, dt$$

$$N_{t=0} = 10\ (Ind.)$$

$$\frac{dN}{dt} = r \times N - \frac{r}{200} \times N^2\ (Ind./mes)$$

Donde: *r = b – m; b = f (Precipitación); m = f (Temperatura)*

Modelo:

La figura 14.9 expone el modelo logístico y la figura 14.10 y la tabla 14.3 los resultados del modelo para la población, la natalidad y la mortalidad. Es preciso notar que para la construcción del modelo se empleó un flujo de entrada tipo *biflow* el cual permite tanto entradas como salidas, ello por cuanto la tasa de mortalidad (*m*) supera la de natalidad (*b*) durante algunos meses, lo que lleva a que la tasa de crecimiento (*r*) sea tanto positiva como negativa. Así mismo, las condiciones variables de la precipitación y la temperatura durante el ciclo anual se incorporaron a través del comando *counter*. Los resultados ponen en evidencia que el crecimiento de la población sigue un modelo logístico modulado por la incidencia de las condiciones ambientales.

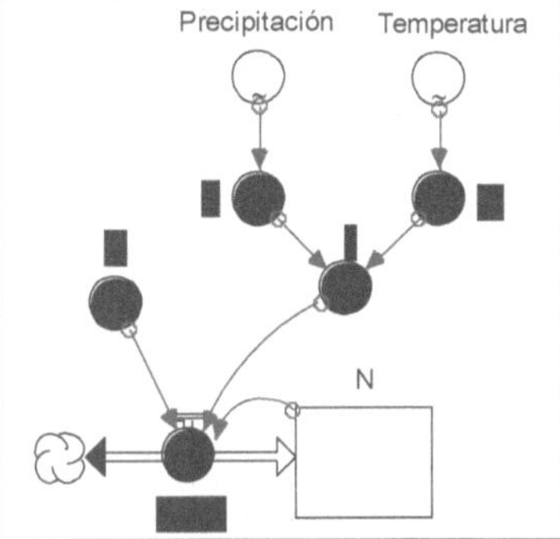

N(t) = N(t - dt) + (dN1:dt - dN2:dt) * dt
INIT N = 10
INFLOWS:
dN:dt = r * N - r * N * N / K

b = 0,01 * Precipitación - 0,00005 * Precipitación ^ 2
m = 1,25 - 0,1 * Temperatura + 0,002 * Temperatura ^ 2
r = b - m
K = 200
Precipitación = GRAPH(COUNTER(0,12))
(0, 130), (1, 100), (2, 90), (3, 100), (4, 90), (5, 60), (6, 60), (7, 70), (8, 80), (9, 100), (10, 140), (11, 140)
Temperatura = GRAPH(COUNTER(0,12))
(0, 11), (1, 13), (2, 16), (3, 16), (4, 18), (5, 25), (6, 34), (7, 33), (8, 20), (9, 17), (10, 12), (11, 10)

Figura 14.9. Modelo de crecimiento logístico afectado por variables ambientales.

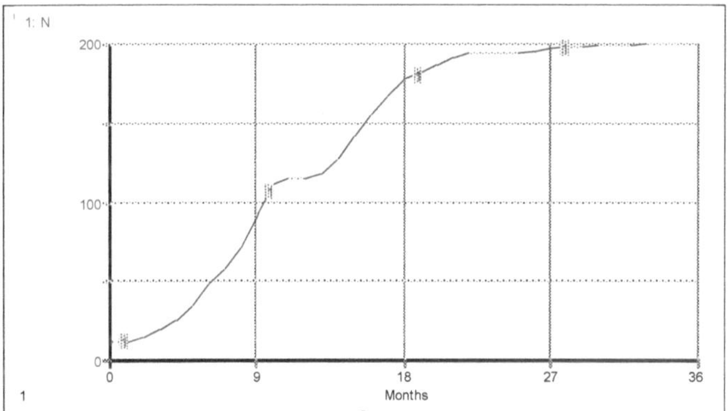

a

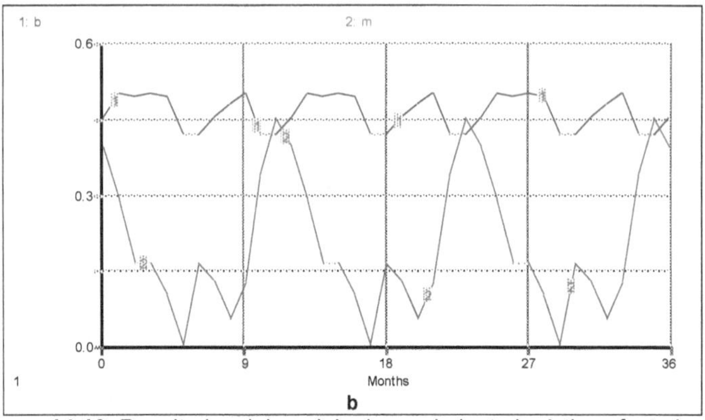

Figura 14.10. Resultados del modelo de crecimiento logístico afectado por variables ambientales. **a.** Población. **b.** Tasas de natalidad y mortalidad

Tabla 14.3. Resultados del modelo de crecimiento logístico afectado por variables ambientales.

Mes	b	m	N
0	0,45	0,39	10
5	0,42	0,00	34
10	0,42	0,34	110
15	0,50	0,16	141
20	0,48	0,05	186
25	0,50	0,29	194
30	0,42	0,16	199
35	0,42	0,45	200
36	0,45	0,39	200

14.5 Modelo de Ocupación de Parches de Levins

Problema de modelación:

La distribución espacial de las especies suele llevarse a cabo sobre aquellos parches que les resultan apropiados para su desarrollo. Ello da lugar a la concepción de metapoblaciones y hace parte de la teoría de biogeografía de islas de MacArthur y Wilson (1967). A consecuencia de lo anterior, los parches apropiados para la ocupación pueden ser colonizados por radiación adaptativa pero, a la vez, pueden exhibir períodos de extinción local.

Con base en ello, Levins (1969, 1970) planteó el siguiente modelo de ocupación y extinción de parches para las poblaciones:

$$\frac{dp}{dt} = cp(1-p) - ep$$

Donde: *p* es la proporción de parches ocupados; *1-p* la proporción de parches vacíos; *c* la tasa de recolonización; *e* la tasa de extinción.

Sobre la base de lo enunciado previamente, se desea simular el proceso de ocupación de parches por 60 unidades de tiempo, dados los siguientes parámetros: c = 0,3; e = 0,2; $p_{t=0}$ = 0,1.

Condiciones iniciales:

- Unidad de tiempo: unidad
- Cambio en la unidad de tiempo: 1 *(dt = 1)*
- El modelo se simula desde t_0 hasta t_{60}
- Método de integración: Runge-Kutta 4

Ecuaciones:

$$p_t = p_{t-1} + \frac{dp}{dt}\, dt$$

$$p_{t=0} = 0{,}1$$

$$\frac{dp}{dt} = 0{,}3 \times 0{,}1 \times (1 - 0{,}1) - 0{,}2 \times 0{,}1$$

Modelo:

La figura 14.11 exhibe el modelo de Levins y la figura 14.12 y la tabla 14.4 los resultados de su simulación. Se observa que la ocupación de parches sigue un comportamiento logístico que en el largo plazo tiende a un valor asintótico igual a:

$$cp\,(1-p)-ep=0$$

$$p=\frac{c-e}{c}=\frac{0{,}3-0{,}2}{0{,}3}=0{,}33$$

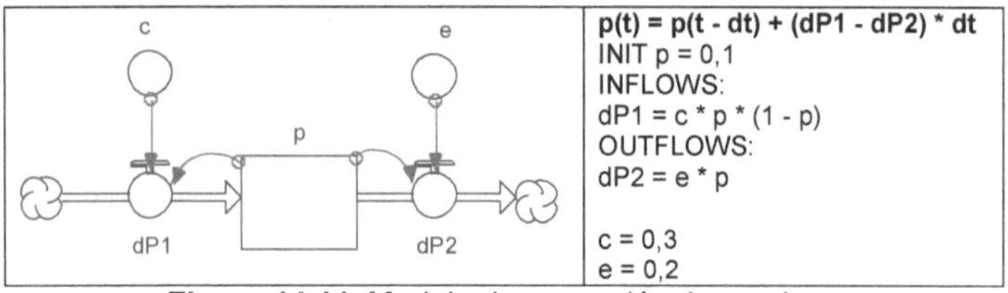

Figura 14.11. Modelo de ocupación de parches.

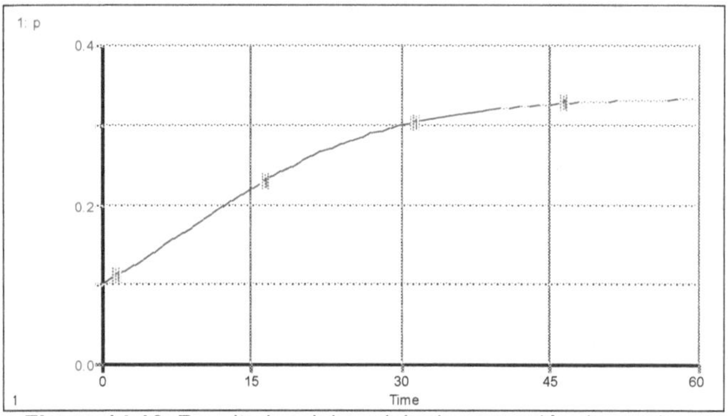

Figura 14.12. Resultados del modelo de ocupación de parches.

Tabla 14.4. Resultados del modelo de ocupación de parches.

Tiempo	p
0	0,10
10	0,18
20	0,25
30	0,30
40	0,32
50	0,33
60	0,33

15. DINÁMICA DE POBLACIONES: MODELOS LOGÍSTICOS TARDÍOS

15.1 Introducción

El modelo logístico tardío a diferencia del logístico, da por sentado que las poblaciones no poseen una capacidad de respuesta inmediata ante la limitación de recursos, lo que conduce al sobrepaso de la capacidad de carga y, consecuentemente, a períodos subsecuentes de decrecimiento poblacional. Este supuesto implica que entre más se demore la respuesta poblacional, mayor será el sobrepaso de la capacidad de carga y con ello mayor también la mortalidad subsiguiente.

La función que denota el modelo logístico tardío es la siguiente (Hutchinson, 1948):

$$\frac{dN}{dt} = r \times N_t - \frac{r}{K} \times N_t \, N_{t-\Delta}$$

Donde: $N_{t-\Delta}$ representa la población rezagada Δ unidades de tiempo

15.2 Modelo Logístico Tardío de Dinámica Poblacional

Problema de modelación:

Se desea simular el comportamiento de una población durante 40 unidades de tiempo, dado que muestra crecimiento logístico y rezago en la respuesta ante la reducción de recursos, con retrasos de 1, 2, 3 y 4 unidades de tiempo. Las tasas del modelo son: natalidad 0,5; mortalidad 0,3; capacidad de carga 100; población inicial 10.

Condiciones iniciales:

- Unidad de tiempo: tiempo
- Cambio en la unidad de tiempo: 1 *(dt = 1)*
- El modelo se simula desde t_0 hasta t_{40}
- Método de integración: Runge-Kutta 4

Ecuaciones:

$$N_t = N_{t-1} + \frac{dN}{dt}\, dt$$

$$N_{t=0} = 10\ (Ind.)$$

$$\frac{dN}{dt} = (0{,}5 - 0{,}3) \times N_t - \frac{(0{,}5 - 0{,}3)}{100} \times N_t N_{t-\Delta}\ (Ind./t)$$

Donde Δ *= 1, 2, 3, 4*

Modelo:

La construcción de este modelo requiere del comando *delay* el cual almacena la información de la población de períodos previos. Para correr el modelo se emplea el comando *comparative* en gráficos y tablas, y se modifica el tiempo de retraso en cada nueva corrida del modelo así: *delay(N,1); delay(N,2); delay(N,3); delay(N,4)* (figuras 15.1 y 15.2, tabla 15.1).

El resultado de la simulación permite observar los efectos del retraso de la respuesta poblacional, con oscilaciones cada vez mayores alrededor de la capacidad de carga.

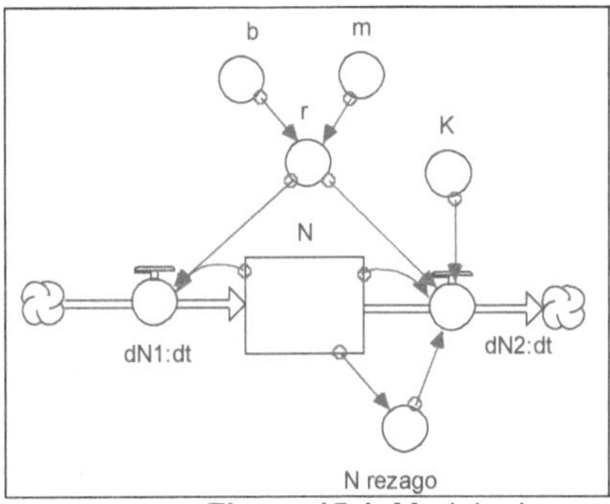

N(t) = N(t - dt) + (dN1:dt - dN2:dt) * dt
INIT N = 10
INFLOWS:
dN1:dt = r * N
OUTFLOWS:
dN2:dt = r / K * N * N rezago

b = 0,5
m = 0,3
r = b - m
K = 100
N rezago = DELAY (N,1)

Figura 15.1. Modelo de crecimiento logístico tardío.

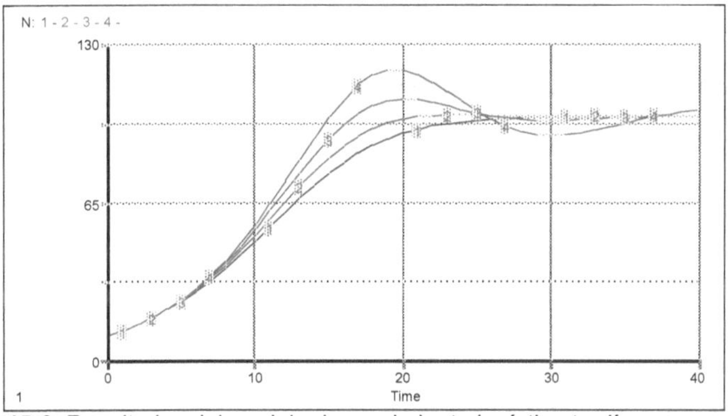

Figura 15.2. Resultados del modelo de crecimiento logístico tardío con rezagos de 1, 2, 3 y 4 unidades de tiempo.

Tabla 15.1. Resultados del modelo de crecimiento logístico tardío con rezagos de 1, 2, 3 y 4 unidades de tiempo.

Tiempo	N_{t-1}	N_{t-2}	N_{t-3}	N_{t-4}
0	10	10	10	10
5	24	24	24	25
10	49	52	54	56
15	77	83	91	100
20	93	99	107	119
25	98	101	102	102
30	100	100	99	92
35	100	100	100	97
40	100	100	100	103

15.3 Modelo Logístico Tardío con Afectación de la Capacidad de Carga

Problema de modelación:

Las poblaciones que experimentan modelos logísticos tardíos no solo sobrepasan la capacidad de carga, sino que generan un efecto importante de reducción de recursos que conduce al descenso mismo de *K*. Con base en este hecho, se desea construir un modelo que represente el ejemplo anterior con $\Delta = 5$, en el cual la capacidad de carga se reduce en 2 veces el tamaño de la población que excede tal capacidad.

Condiciones iniciales:

- Unidad de tiempo: tiempo
- Cambio en la unidad de tiempo: 1 *(dt = 1)*
- El modelo se simula desde t_0 hasta t_{40}
- Método de integración: Runge-Kutta 4

Ecuaciones:

$$N_t = N_{t-1} + \frac{dN}{dt}\,dt$$

$$N_{t=0} = 10 \text{ (Ind.)}$$

$$\frac{dN}{dt} = (0{,}5 - 0{,}3) \times N - \frac{(0{,}5 - 0{,}3)}{K} \times N_t N_{t-5} \; (Ind./t)$$

Donde: si N ≤ 100, K = 100;
si N > 100, K = 100 - 2 x (N - 100)

Modelo:

La figura 15.3 expone el modelo en curso y la figura 15.4 y la tabla 15.2 la salida del mismo. La simulación muestra oscilaciones de la población y de la capacidad de carga de forma inversa la una a la otra, las cuales se reducen a través del tiempo en torno a K = 100. Se evidencia que bajo la ecuación logística en curso, la disminución de la capacidad de carga estabiliza más rápidamente a la población que cuando *K* permanece constante.

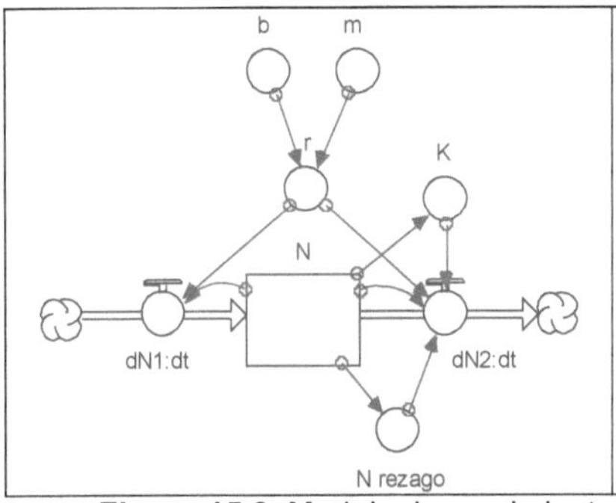

N(t) = N(t - dt) + (dN1:dt - dN2:dt) * dt
INIT N = 10
INFLOWS:
dN1:dt = r * N
OUTFLOWS:
dN2:dt = r / K * N * N rezago

b = 0,5
m = 0,3
r = b - m
K = IF (N <= 100) THEN 100 ELSE 100 – 2 * (N - 100)
N rezago = DELAY(N,5)

Figura 15.3. Modelo de crecimiento logístico tardío con afectación de *K*.

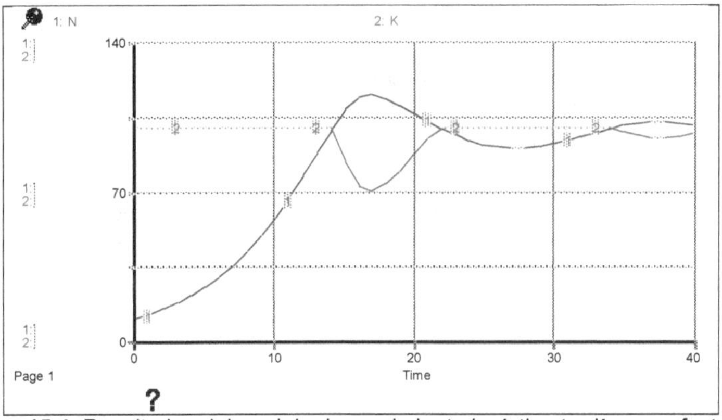

Figura 15.4. Resultados del modelo de crecimiento logístico tardío con afectación de *K*.

Tabla 15.2. Resultados del modelo de crecimiento logístico tardío con afectación de *K*.

Tiempo	Población	K
0	10	100
5	25	100
10	58	100
15	108	83
20	106	87
25	92	100
30	92	100
35	101	98
40	101	97

16. DINÁMICA DE POBLACIONES: CLASES DE EDAD

16.1 Introducción

La demografía de algunas especies suele ser estudiada mediante clases de edad que se conforman, generalmente, con períodos definidos arbitrariamente pero de igual duración. A cada clase se le conoce como cohorte y en capítulos previos se han expuesto los modelos generales de supervivencia-mortalidad de éstas.

De este modo, se divide la longevidad máxima de la población en un número específico de clases de edad y se evalúa la tasa de supervivencia de cada clase a la clase siguiente. Así mismo, se precisa la tasa de reproducción de cada una de las clases adultas.

Vale referir que el tamaño poblacional, el hábitat, las interrelaciones bióticas, los hábitos alimenticios, la movilidad o los comportamientos de una especie, pueden ser diferentes en cada clase de edad y con ello puede surgir una capacidad de carga también diferente para cada una de ellas.

Las matrices de proyección poblacional o matrices de Leslie constituyen la estructura matemática más frecuentemente utilizada en estudios de clases de edad, y con ellas se busca evaluar el estado futuro de las clases a partir de unas condiciones iniciales (Vandermeer, 1981). Al respecto, debe tenerse cautela en tanto los parámetros demográficos de cada clase, son resultado de condiciones ambientales particulares que además inciden en las interrelaciones con otras especies. Así, por ejemplo, los parámetros demográficos de cada clase y población son resultado de la precipitación, la humedad, la temperatura u otras; como también de la demografía de las presas, los competidores y los depredadores, por tanto, son específicos para cada espacio y tiempo.

Una condición cercana a las clases de edad se refiere a los estadios de desarrollo biológico de las especies (ej. huevo, larva, juvenil, adulto), pero en estos casos surgen dos diferencias con las clases de edad: i. los estadios suelen mostrar tiempos de duración disímiles y, ii. el paso de los organismos de un estadio al otro no ocurre de forma sincrónica.

Con frecuencia los estudios demográficos de clases de edad hacen distinciones entre las especies *semélparas* o que reproducen una sola vez en la vida y las *iteróparas* que lo hacen más de una vez. En ello incide, de manera importante, la latitud en la cual se desarrollan las especies (Begon et al., 1999).

El trabajo con clases de edad o estadios de vida permite conocer con más detalle y profundidad, propiedades demográficas que pasan desapercibidas cuando se estudian las poblaciones bajo una única clase.

16.2 Modelo de Crecimiento por Clases de Edad

Problema de modelación:

Se desea construir un modelo para una población con 4 clases de edad teniendo en cuenta los siguientes parámetros:

	Clase 1	Clase 2	Clase 3	Clase 4
N inicial	300	300	300	300
Supervivencia (%) mes	60	50	33	0
Reproducción (%) mes	-	120	120	-

Esta información se suele representar siguiendo la matriz de Leslie la cual incluye las probabilidades de supervivencia de una clase a la siguiente (columnas) y los aportes que cada clase realiza a la clase 1 (primera fila):

	Clase 1	Clase 2	Clase 3	Clase 4
Clase 1	0	1,2	1,2	0
Clase 2	0,6	0	0	0
Clase 3	0	0,5	0	0
Clase 4	0	0	0,33	0

Al multiplicarse la matriz de Leslie por el vector que representa a los individuos de cada clase en un tiempo *i*, se obtiene el vector de individuos por clase en el tiempo *i+1*. Vale referir que con el transcurso de las generaciones y bajo el supuesto que la matriz permanece constante, la participación de cada clase en la población tiende a estabilizarse.

$$\begin{bmatrix} \textbf{Matriz} \\ \textbf{de} \\ \textbf{Leslie} \end{bmatrix} x \begin{bmatrix} N_{1,i} \\ N_{2,i} \\ : \\ N_{j,i} \end{bmatrix} = \begin{bmatrix} N_{1,i+1} \\ N_{2,i+1} \\ : \\ N_{j,i+1} \end{bmatrix}$$

Con base en la información previa se desea simular la demografía de la población por clases de edad, para un período de 12 unidades de tiempo.

Condiciones iniciales:

- Unidad de tiempo: tiempo
- Cambio en la unidad de tiempo: 1 *(dt = 1)*
- El modelo se simula desde t_0 hasta t_{12}
- Método de integración: Runge-Kutta 4

Los porcentajes de reproducción y supervivencia previamente referidos corresponden a las siguientes tasas (aproximadas a 2 decimales):

- Paso Clase 1 a Clase 2: 0,47 (resultado de: Ln 1,6)
- Mortalidad Clase 1: 0,34
- Paso Clase 2 a Clase 3: 0,41
- Mortalidad Clase 2: 0,41
- Paso Clase 3 a Clase 4: 0,29
- Mortalidad Clase 3: 0,51
- Mortalidad Clase 4: 0,69
- Aportes de Clase 2 o Clase 3 a Clase 1: 0,79

<u>Ecuaciones</u>:

$$\text{Clase } 1_{t} = \text{Clase } 1_{t-1} + \frac{d\,Clase\ 1}{dt}\,dt$$

$$\text{Clase } 1_{t=0} = 300\ (\text{Ind.})$$

$$\frac{d\,Clase\ 1}{dt} = 0{,}79 \times (Clase\ 2 + Clase\ 3) - 0{,}34 \times Clase\ 1 - 0{,}47 \times Clase\ 1\ (Ind./t)$$

$$\text{Clase } 2_{t} = \text{Clase } 2_{t-1} + \frac{d\,Clase\ 2}{dt}\,dt$$

$$\text{Clase } 2_{t=0} = 300\ (\text{Ind.})$$

$$\frac{d\,Clase\ 2}{dt} = 0{,}47 \times Clase\ 1 - 0{,}41 \times Clase\ 2 - 0{,}41 \times Clase\ 2\ (Ind./t)$$

$$\text{Clase } 3_{t} = \text{Clase } 3_{t-1} + \frac{d\,Clase\ 3}{dt}\,dt$$

$$\text{Clase } 3_{t=0} = 300\ (\text{Ind.})$$

$$\frac{d\,Clase\ 3}{dt} = 0{,}41 \times Clase\ 2 - 0{,}51 \times Clase\ 3 - 0{,}29 \times Clase\ 3\ (Ind./t)$$

$$\text{Clase } 4_{t} = \text{Clase } 4_{t-1} + \frac{d\,Clase\ 4}{dt}\,dt$$

$$\text{Clase } 4_{t=0} = 300\ (\text{Ind.})$$

$$\frac{d\,Clase\ 4}{dt} = 0{,}29 \times Clase\ 3 - 0{,}69 \times Clase\ 4\ (Ind./t)$$

Donde: *mortalidad (%) es igual a 100 – Supervivencia (%)*

Respecto a las ecuaciones diferenciales previas, se observa que cada clase incluye, por un lado, los aportes de la clase previa (términos positivos) y, por el otro, la mortalidad y el paso a la clase siguiente (términos negativos).

Modelo:

La figura 16.1 expresa el modelo de clases de edad al cual se le ha añadido el cálculo de la población total y la proporción de cada clase (*Cl_i%)*. La interconexión de *stocks* denota que los individuos pasan de una clase a la siguiente. Los resultados se presentan en las figuras 16.2 y 16.3 y en la tabla 16.1. Se reconoce, por un lado, una reducción progresiva de la población y de todas las clases y, por otro, tendencia de estabilidad en la participación de cada clase dentro de la población.

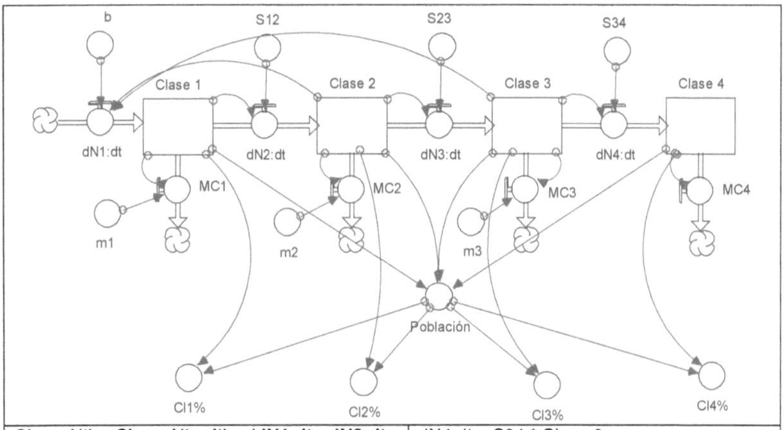

Clase 1(t) = Clase 1(t - dt) + (dN1:dt - dN2:dt - MC1) * dt INIT Clase 1 = 300 INFLOWS: dN1:dt = b * (Clase 2 + Clase 3) OUTFLOWS: dN2:dt = S12 * Clase 1 MC1 = m1 * Clase 1 **Clase 2(t) = Clase 2(t - dt) + (dN2:dt - dN3:dt - MC2) * dt** INIT Clase 2 = 300 INFLOWS: dN2:dt = S12 * Clase 1 OUTFLOWS: dN3:dt = S23 * Clase 2	dN4:dt = S34 * Clase 3 MC3 = m3 * Clase 3 **Clase 4(t) = Clase 4(t - dt) + (dN4:dt - MC4) * dt** INIT Clase 4 = 300 INFLOWS: dN4:dt = S34 * Clase 3 OUTFLOWS: MC4 = Clase 4 Población = Clase 1 + Clase 2 + Clase 3 + Clase 4 Cl1% = Clase 1 / Población * 100 Cl2% = Clase 2 / Población * 100 Cl3% = Clase 3 / Población * 100

MC2 = m2 * Clase 2	Cl4% = Clase 4 / Población * 100
	b = 0,79
Clase 3(t) = Clase 3(t - dt) + (dN3:dt - dN4:dt -	m1 = 0,34
MC3) * dt	m2 = 0,41
INIT Clase 3 = 300	m3 = 0,51
INFLOWS:	S12 = 0,47
dN3:dt = S23 * Clase 2	S23 = 0,41
OUTFLOWS:	S34 = 0,29

Figura 16.1. Modelo de crecimiento poblacional por clases de edad.

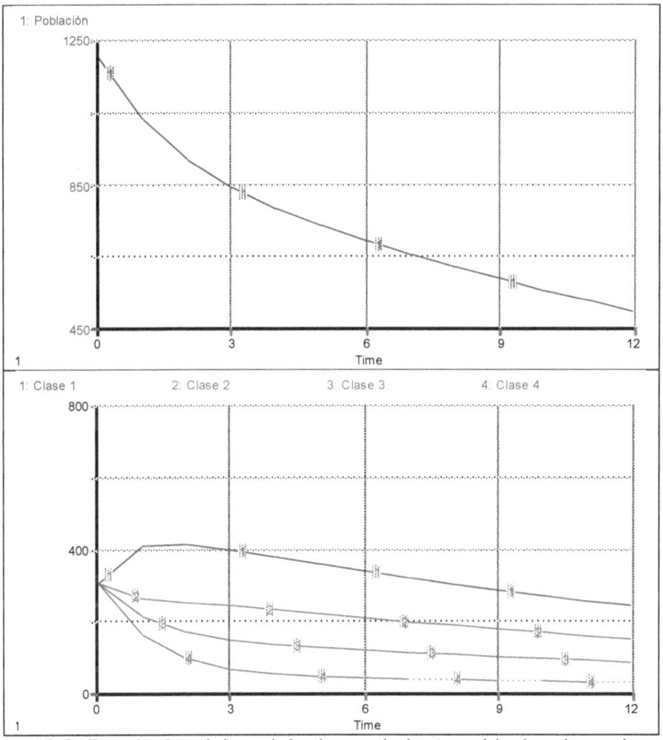

Figura 16.2. Resultados del modelo de crecimiento poblacional por clases de edad.

Tabla 16.1. Resultados del modelo de crecimiento poblacional por clases de edad.

Tiempo	Clase 1	Clase 2	Clase 3	Clase 4	Población
0	300	300	300	300	1 200
1	405	258	208	156	1 027
2	412	248	164	91	914
3	395	239	142	61	838
4	375	228	130	47	780
5	354	217	121	40	732
6	335	206	114	36	690
7	317	195	107	33	652
8	299	184	101	31	616
9	283	174	96	30	582
10	267	165	91	28	551
11	253	156	86	26	521
12	239	147	81	25	492

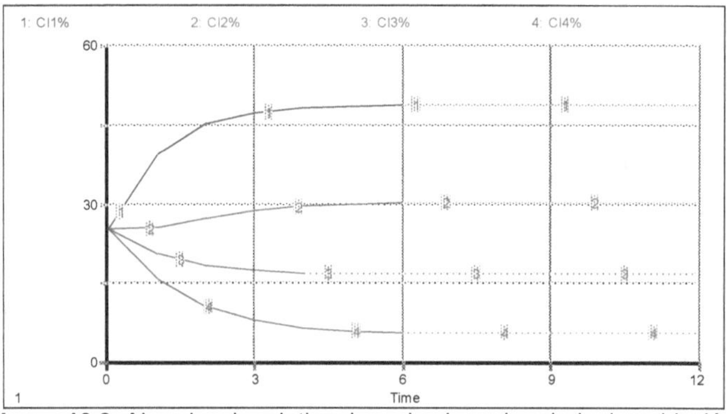

Figura 16.3. Abundancia relativa de cada clase de edad a la población.

16.3 Modelo de Crecimiento Estocástico por Clases de Edad y Sexo

Problema de modelación:

Una población con reproducción sexual cuenta con dos clases de edad: juveniles (200 individuos) y adultos (100 machos, 100 hembras). Las tasas de natalidad (*b*) y mortalidad (*m*) mensuales de los juveniles son aleatorias y siguen una distribución normal con promedio 2,55 y desviación estándar 0,5 del número de hembras para la primera y 0,25 y 0,1 para la segunda. Adicionalmente, la proporción de sexos durante el nacimiento oscila de forma aleatoria entre 0,4 y 0,6. Construya un modelo que represente la situación previa durante 12 meses, dado que cada clase de edad sobrevive una unidad de tiempo.

Condiciones iniciales:

- Unidad de tiempo: mes
- Cambio en la unidad de tiempo: 1 *(dt = 1)*
- El modelo se simula desde t_0 hasta t_{12}
- Método de integración: Runge-Kutta 4

Ecuaciones:

$$Juveniles_{\,t} = Juveniles_{\,t-1} + \frac{d\,Juveniles}{dt}\,dt$$

$$Juveniles_{\,t=0} = 200\ (Ind.)$$

$$\frac{d\,Juveniles}{dt} = bN_{Hembras} - m_{Juveniles}\,N_{Juveniles} - s_{Juveniles}\,N_{Juveniles}\ (Ind./mes)$$
$$= 2{,}55\ (con\ \sigma = 0{,}5) \times N_{Hembras} - 0{,}25\ (con\ \sigma = 0{,}1) \times N_{Juveniles} - (1 - m_{juveniles}) \times N_{Juveniles}$$

$$Hembras_{\,t} = Hembras_{\,t-1} + \frac{d\,Hembras}{dt}\,dt$$

$$Hembras_{\,t=0} = 100\ (Ind.)$$

$$\frac{d\,Hembras}{dt} = (1 - m_{juveniles}) \times N_{juveniles} \times Azar\ (0{,}4\ a\ 0{,}6) - N_{Hembras}\ (Ind./mes)$$

$$Machos_{\,t} = Machos_{\,t-1} + \frac{d\,Machos}{dt}\,dt$$

$$Machos_{\,t=0} = 100\ (Ind.)$$

$$\frac{d\,Machos}{dt} = (1 - m_{juveniles}) \times N_{juveniles} \times (1 - Azar\,) - N_{Machos}\;(Ind./mes)$$

Modelo:

La figura 16.4 representa el modelo actual y en él se destaca el uso del comando *random* el cual se emplea para definir la proporción de hembras y machos que nacen. Nótese que la natalidad de los juveniles está definida por el número de hembras y no por el total de adultos. Además, cabe subrayar el carácter estocástico del modelo por lo que los resultados entre una simulación y otra son diferentes (figura 16.5).

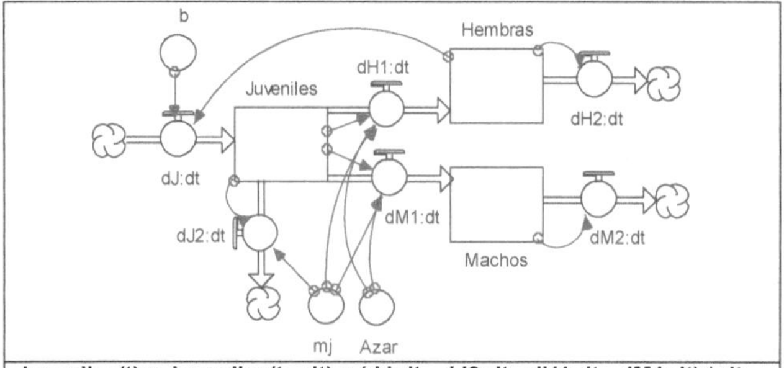

Juveniles(t) = Juveniles(t - dt) + (dJ:dt - dJ2:dt - dH1:dt - dM1:dt) * dt
INIT Juveniles = 200
INFLOWS:
dJ:dt = b * Hembras
OUTFLOWS:
dJ2:dt = mj * Juveniles
dH1:dt = (1 - mj) * Azar * Juveniles
dM1:dt = (1 - mj) * (1 - Azar) * Juveniles

Hembras(t) = Hembras(t - dt) + (dH1:dt - dH2:dt) * dt
INIT Hembras = 100
INFLOWS:
dH1:dt = (1 - mj) * Azar * Juveniles
OUTFLOWS:
dH2:dt = IF(TIME = 0) THEN 0 ELSE Hembras

Machos(t) = Machos(t - dt) + (dM1:dt - dM2:dt) * dt
INIT Machos = 100
INFLOWS:
dM1:dt = (1 - mj) * (1 - Azar) * Juveniles
OUTFLOWS:
dM2:dt = IF(TIME = 0) THEN 0 ELSE Machos

b = NORMAL(2,55, 0,5)
mj = NORMAL(0,25, 0,1)
Azar = RANDOM(0,4, 0,6)

Figura 16.4. Modelo de crecimiento poblacional por clases de edad y sexos.

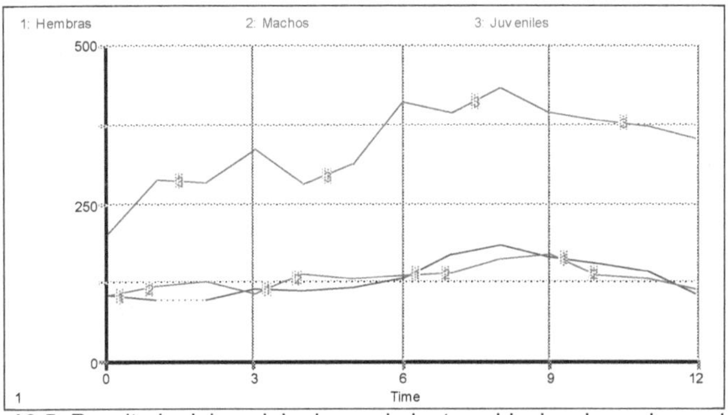

Figura 16.5. Resultado del modelo de crecimiento poblacional por clases de edad y sexos.

17. DINÁMICA DE POBLACIONES: MODELOS BASADOS EN NUTRIENTES

17.1 Modelo de Crecimiento de Monod 1

Problema de modelación:

Algunos modelos de crecimiento como por ejemplo, los que presentan los microorganismos, suelen expresar la biomasa como función del alimento o los nutrientes disponibles. El modelo más comúnmente utilizado es el de Monod que se describe por el producto entre una tasa de crecimiento (*Q*) y la biomasa (*B*) a través de la siguiente ecuación (Keen y Spain, 1992):

$$\frac{dB}{dt} = QB = \left\{ A_{máx.} \frac{[S]}{K_S + [S]} \right\} B$$

Donde: $A_{máx.}$ es la tasa máxima de crecimiento; *[S]* es la cantidad de nutrientes; $[S]/(K_S+[S])$ es la proporción de crecimiento respecto a $A_{máx.}$; K_S es la concentración del nutriente en ($A_{máx.}/2$).

Sobre la base de la ecuación anterior, se desea construir un modelo a partir de las siguientes condiciones: B = 4 ud.; [S] = 10 ud.; $A_{máx.}$ = 0,1 ud.; K_S = 1.

Condiciones iniciales:

- Unidad de tiempo: tiempo
- Cambio en la unidad de tiempo: 1 *(dt = 1)*
- El modelo se simula desde t_0 hasta t_{100}
- Método de integración: Runge-Kutta 4

Ecuaciones:

$$Biomasa_{\,t} = Biomasa_{\,t-1} + \frac{d\,Biomasa}{dt}\,dt$$

$$Biomasa_{\,t=0} = 4\ (ud.)$$

$$\frac{dBiomasa}{dt} = \left\{ 0{,}1 \times \frac{[10]}{1 + [10]} \right\} \times Biomasa\ (ud./t)$$

Modelo:

En este modelo se observa que el crecimiento es exponencial dado que, por un lado, no hay mortalidad y, por el otro, el sustrato no es limitante (figuras 17.1 y 17.2).

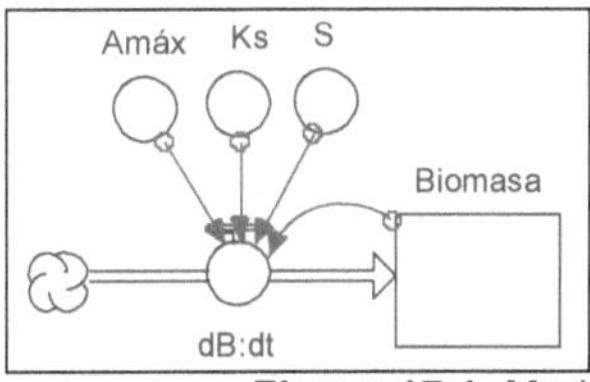

Biomasa(t) = Biomasa(t - dt) + (dB:dt) * dt
INIT Biomasa = 4
INFLOWS:
dB:dt = Amáx * (S / (Ks + S)) * Biomasa

Amáx = 0,1
Ks = 1
S = 10

Figura 17.1. Modelo de crecimiento de Monod.

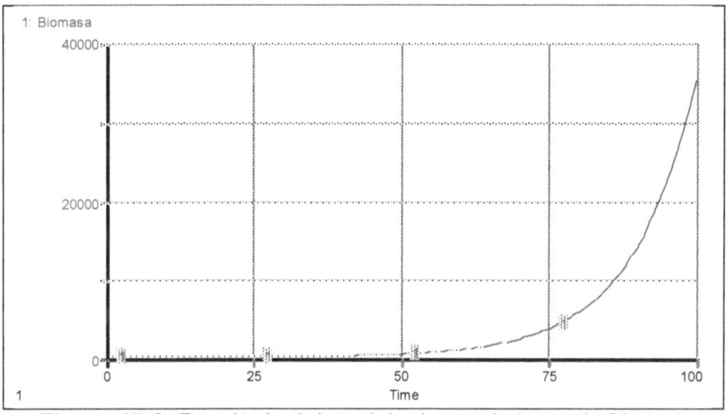

Figura 17.2. Resultado del modelo de crecimiento de Monod.

17.2 Modelo de Crecimiento de Monod 2

Problema de modelación:

Para sobrellevar las limitaciones del modelo previo se han realizado 2 modificaciones: por un lado, se ha incluido una tasa media de consumo del sustrato por unidad de biomasa igual a 1% (Tmc = 0,01) y, por el otro, el sustrato se incorpora como un *stock* que es consumido progresivamente por los microrganismos.

Ecuaciones:

$$Biomasa_{t} = Biomasa_{t-1} + \frac{d\,Biomasa}{dt}\,dt$$

$$Biomasa_{t=0} = 4\ (ud.)$$

$$\frac{dBiomasa}{dt} = \left\{0{,}1 \times \frac{[10]}{1+[10]}\right\} \times Biomasa\ (ud./t)$$

$$Sustrato_{t} = Sustrato_{t-1} + \frac{d\,Sustrato}{dt}\,dt$$

$$Sustrato_{t=0} = 10\ (ud.)$$

$$\frac{dS}{dt} = -0{,}01\ \times Biomasa\ (ud./t)$$

Modelo:

El nuevo modelo se presenta en la figura 17.3 y se observa que el crecimiento exponencial de la población tiene lugar en tanto hay sustrato, pero se trunca cuando el último se agota. Se observa, además, que la biomasa no decae por cuanto el modelo no incluye mortalidad (figura 17.4).

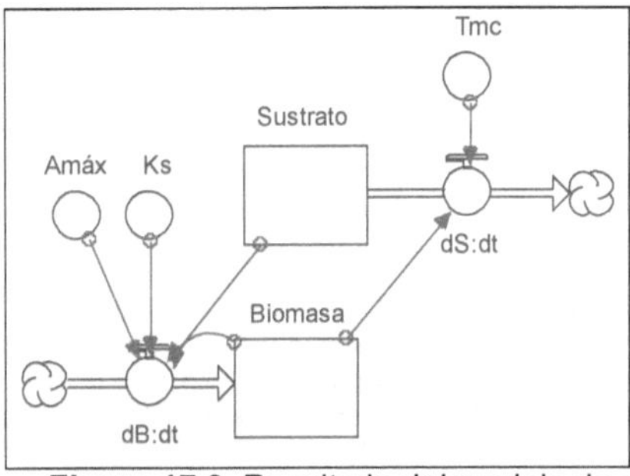

Biomasa(t) = Biomasa(t - dt) + (dB:dt) * dt
INIT Biomasa = 4
INFLOWS:
dB:dt = Amáx * (Sustrato / (Ks + Sustrato)) * Biomasa

Sustrato(t) = Sustrato(t - dt) + (- dS:dt) * dt
INIT Sustrato = 10
OUTFLOWS:
dS:dt = Tmc * Biomasa

Amáx = 0,1
Ks = 1
Tmc = 0,01

Figura 17.3. Resultado del modelo de crecimiento de Monod con reducción del sustrato.

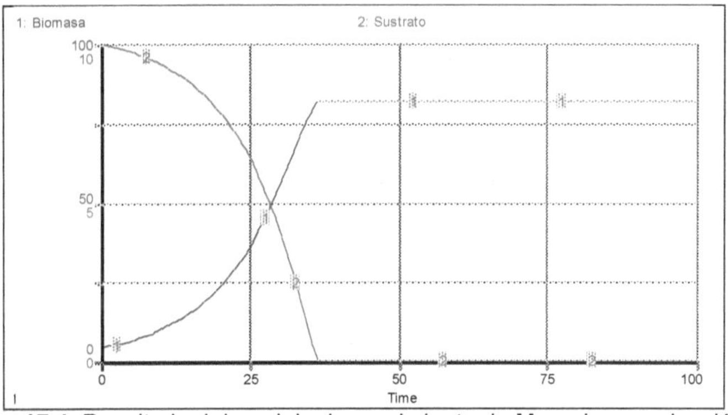

Figura 17.4. Resultado del modelo de crecimiento de Monod con reducción del sustrato.

17.3 Modelo de Crecimiento de Monod 3

Problema de modelación:

Sobre el modelo anterior se agrega una tasa de mortalidad ocasionada por la reducción del sustrato, la cual es igual a cero cuando la cantidad de sustrato por unidad de biomasa es mayor a 0,01 ud., pero crece linealmente hasta 1 cuando se agota progresivamente el sustrato. Para ello se ha supuesto una relación lineal entre la cantidad de sustrato por unidad de biomasa (*S/B*) y la mortalidad (*m*) así:

$$m = 1 - 100(S/B)$$

Ecuaciones:

$$Biomasa_{t} = Biomasa_{t-1} + \frac{d\,Biomasa}{dt}\,dt$$

$$Biomasa_{t=0} = 4\ (ud.)$$

$$\frac{dBiomasa}{dt} = \left\{0{,}1 \times \frac{[10]}{1+[10]}\right\} \times Biomasa - m \times Biomasa\ (ud./t)$$

$$Donde: si\ \frac{S}{B} \geq 0{,}01;\ m = 0$$

$$si\ \frac{S}{B} < 0{,}01;\ m = 1 - 100 \times \frac{S}{B}$$

$$Sustrato_{t} = Sustrato_{t-1} + \frac{d\,Sustrato}{dt}\,dt$$

$$Sustrato_{t=0} = 10\ (ud.)$$

$$\frac{dS}{dt} = -0{,}01 \times Biomasa\ (ud./t)$$

Modelo:

El nuevo modelo expone crecimiento exponencial pero a éste le sigue una caída vertiginosa de la biomasa poblacional cuando el recurso escasea por encima del umbral requerido (figuras 17.5 y 17.6).

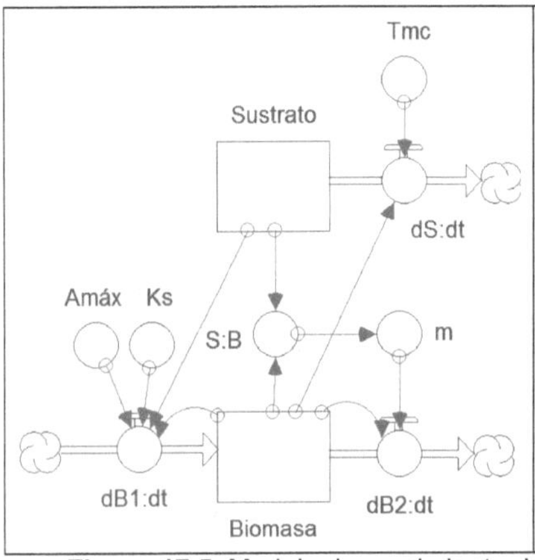

Biomasa(t) = Biomasa(t - dt) + (dB1:dt - dB2:dt) * dt
INIT Biomasa = 4
INFLOWS:
dB1:dt = Amáx * (Sustrato / (Ks + Sustrato)) * Biomasa
OUTFLOWS:
dB2:dt = m * Biomasa

Sustrato(t) = Sustrato(t - dt) + (- dS:dt) * dt
INIT Sustrato = 10
OUTFLOWS:
dS:dt = Tmc * Biomasa

Amáx = 0,1
Ks = 1
Tmc = 0,01
S:B = IF (Biomasa = 0) THEN 0 ELSE Sustrato / Biomasa
m = IF(S:B > 0,01) THEN 0 ELSE 1 -100 * S:B

Figura 17.5. Modelo de crecimiento de Monod con reducción del sustrato y mortalidad.

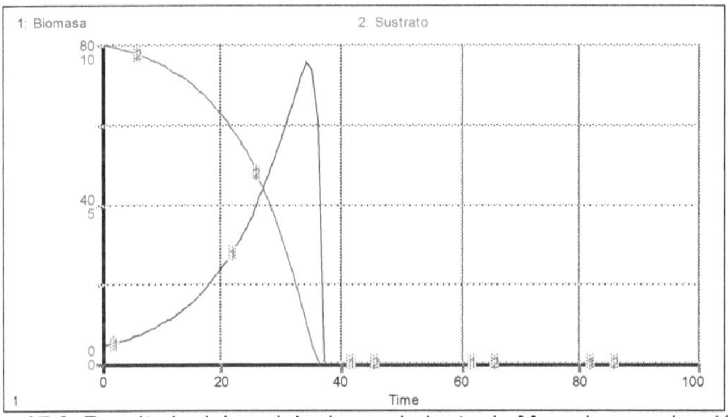

Figura 17.6. Resultado del modelo de crecimiento de Monod con reducción del sustrato y mortalidad.

17.4 Modelo de Producción Vegetal

Problema de modelación:

Las plantas requieren un conjunto de condiciones abióticas para su crecimiento que incluyen luz, agua, dióxido de carbono y nutrientes, principalmente. Su tasa de crecimiento llega a maximizarse cuando tales factores no limitan el desarrollo, pero en tanto se reduce o escasea alguno de ellos, el crecimiento se torna inferior a dicho óptimo. La ley del mínimo o ley de Liebig se refiere, precisamente, a que el factor limitante es el que define la tasa de crecimiento a la cual puede crecer una especie vegetal.

Con base en lo anterior, se desea construir un modelo de crecimiento vegetal individual que incluya crecimiento asintótico respecto al tiempo y respecto a un nutriente (figura 17.7).

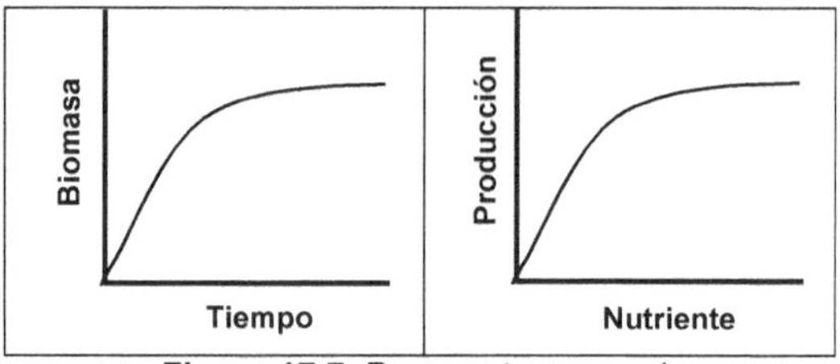

Figura 17.7. Respuesta corporal.

Para ello se tienen las siguientes condiciones de modelación:

- Biomasa individual inicial: 1 ud.
- Tasa consumo individual nutrientes: 0,9% de la biomasa
- Nutrientes iniciales: 0,5 ud.
- Tasa de crecimiento corporal (K): 0,1
- Biomasa máxima: 20 ud.
- Ecuaciones de crecimiento en biomasa:

$$\frac{dB}{dt} = K(B_{máx} - B_t) \times I.Cr \; (ud./t)$$

$$\acute{I}ndice\ de\ crecimiento\ (I.Cr) = 1 - e^{-12\,Nutriente}$$

La primera ecuación representa el crecimiento corporal propuesto por Bertalanffy la cual fue trabajada previamente en el parágrafo 4.3, a ésta se le ha añadido un índice de crecimiento que varía con la concentración del nutriente. De este modo, cuando la concentración del nutriente no limita el crecimiento de la planta, el índice es igual a 1 y la planta crece a su máximo potencial, pero la reducción progresiva de aquel reduce el índice y con ello el crecimiento de la planta.

Condiciones iniciales:

- Unidad de tiempo: tiempo
- Cambio en la unidad de tiempo: 1 *(dt = 1)*
- El modelo se simula desde t_0 hasta t_{12}
- Método de integración: Runge-Kutta 4

Ecuaciones:

$$Biomasa_{t} = Biomasa_{t-1} + \frac{d\,Biomasa}{dt}\,dt$$

$$Biomasa_{t=0} = 1\ (ud.)$$

$$\frac{dBiomasa}{dt} = 0{,}1\ (20 - B_t)\left(1 - e^{-12\,Nutriente}\right)(ud./t)$$

$$Nutriente_{t} = Nutriente_{t-1} + \frac{d\,Nutriente}{dt}\,dt$$

$$Nutriente_{t=0} = 0{,}5\ (ud.)$$

Tasa consumo individual = 0,009

$$\frac{dNutriente}{dt} = -0{,}009\ x\ Biomasa\ (ud./t)$$

Modelo:

La figura 17.8 expone el modelo de producción vegetal en el cual se han incluido 2 *stocks*, uno para la biomasa de la planta y otro para el nutriente, tal como se hizo con el modelo de Monod.

La figura 17.9 y la tabla 17.1 exponen la salida del modelo y evidencian la reducción del nutriente y la consecuente reducción del índice de crecimiento. A causa de lo anterior, la planta no alcanza su biomasa máxima de 20 ud.

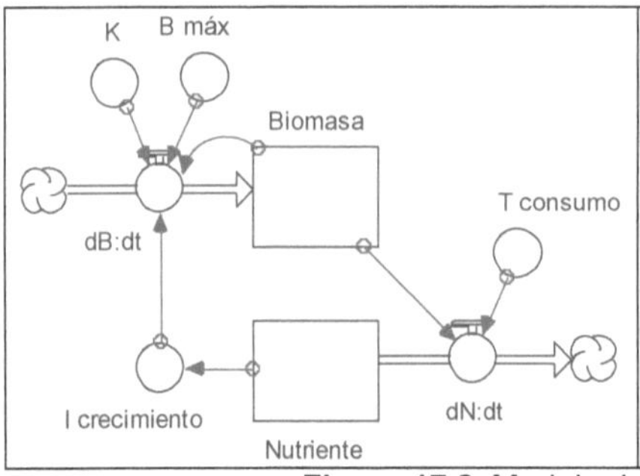

Biomasa(t) = Biomasa(t - dt) + (dB:dt) * dt
INIT Biomasa = 1
INFLOWS:
dB:dt = K * (B máx -Biomasa) * I.crecimiento

Nutriente(t) = Nutriente(t - dt) + (- dN:dt) * dt
INIT Nutriente = 0,5
OUTFLOWS:
dN:dt = T consumo * Biomasa

B máx = 20
I.crecimiento = 1 - EXP(-12 * Nutriente)
K = 0,1
T consumo = 0,009

Figura 17.8. Modelo de producción vegetal.

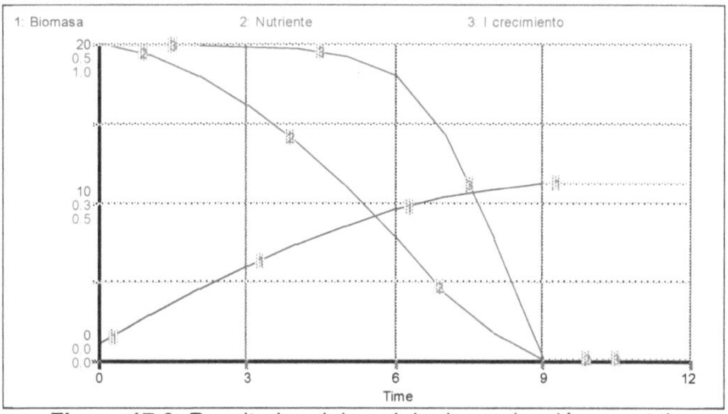

Figura 17.9. Resultados del modelo de producción vegetal.

Tabla 17.1. Resultados del modelo de producción vegetal.

Tiempo	Biomasa	Nutriente	I.Crecimiento
0	1	0,5	1,0
1	3	0,5	1,0
2	4	0,5	1,0
3	6	0,4	1,0
4	7	0,3	1,0
5	8	0,3	1,0
6	9	0,2	0,9
7	10	0,1	0,7
8	11	0,0	0,4
9	11	0,0	0,0
10	11	0,0	0,0
11	11	0,0	0,0
12	11	0,0	0,0

18. DINÁMICA DE POBLACIONES: EXPLOTACIÓN - CONSERVACIÓN

18.1 Modelo Lineal con Cuotas de Captura Constantes

Problema de modelación:

Se desea construir un modelo que permita maximizar las capturas de una población sin poner en riesgo su supervivencia, dado que ésta crece linealmente y hay una cuota de capturas constante. Los parámetros del modelo son los siguientes: población inicial 100; natalidad 20; mortalidad 5. Se efectúan capturas entre 0 y 100 individuos por unidad de tiempo, pero únicamente cuando la población es igual o mayor a 50 individuos. El tiempo de simulación es 20 meses.

Condiciones iniciales:

- Unidad de tiempo: mes
- Cambio en la unidad de tiempo: *1 (dt = 1)*
- El modelo se simula desde t_0 hasta t_{20}
- Método de integración: Euler

Ecuaciones:

$$Población_t = Población_{t-1} + \frac{d\,Población}{dt}\,dt$$

$$Población_{t=0} = 100\ (Ind.)$$

$$\frac{dPoblación}{dt} = 20 - 5 - Capturas\ (Ind./mes)$$

$$Capturas\ totales_t = Capturas\ totales_{t-1} + \frac{d\,Capturas\ totales}{dt}\,dt$$

$$Capturas\ totales_{t=0} = 0\ (Ind.)$$

$$\frac{dCapturas\ totales}{dt} = Capturas\ \ (Ind./mes); si\ N < 50, capturas = 0$$

Modelo:

El modelo se presenta en la figura 18.1 el cual incluye el formato condicional *if then else* para decidir si se efectúan o no capturas según el tamaño de la población. Cabe señalar que en el *converter* de capturas se asignó 0, pero este valor es irrelevante tal y como se verá a continuación.

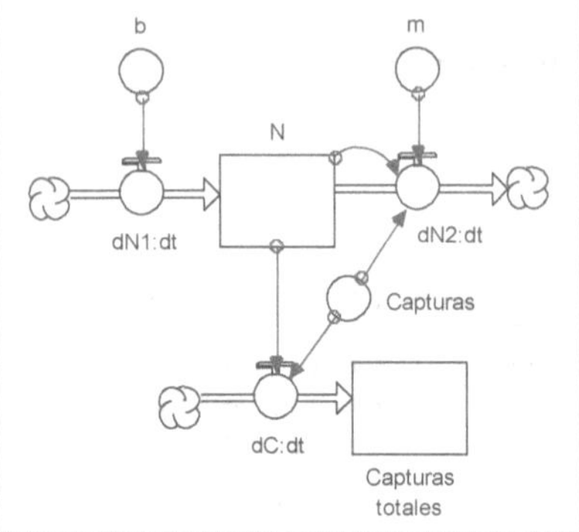

N(t) = N(t - dt) + (dN1dt - dN2:dt) * dt
INIT N = 100
INFLOWS:
dN1:dt = b
OUTFLOWS:
dN2:dt = IF(N >= 50) THEN m + Capturas ELSE m

Capturas totales(t) = Capturas totales(t - dt) + (dC:dt) * dt
INIT Capturas totales = 0
INFLOWS:
dC:dt = IF(N>=50) THEN Capturas ELSE 0

b = 20
m = 5
Capturas = 0

Figura 18.1. Modelo de capturas constantes en una población con crecimiento lineal.

El presente modelo se ha simulado mediante el comando de *análisis de sensibilidad*:

a. Con capturas entre 0 y 100 individuos
b. Con capturas definidas a partir de los resultados previos

El análisis de sensibilidad en Stella se ejecuta desde el *Run Controller / Sensi Specs* con capturas entre 0 y 100 individuos, de 20 en 20 (figura 18.2). Una vez abierta la ventana del *Sensi Specs* se transfiere a *Selected (Value)* la variable sobre la cual se hará el análisis (Capturas) y se selecciona ésta, hecho que permite llenar las casillas *# of Runs* (5) o número de valores que serán simulados, junto con los valores *Start* (mínimo) y *End* (máximo). El botón de *set* ilustra los valores que serán empleados en el análisis de acuerdo a los criterios incorporados.

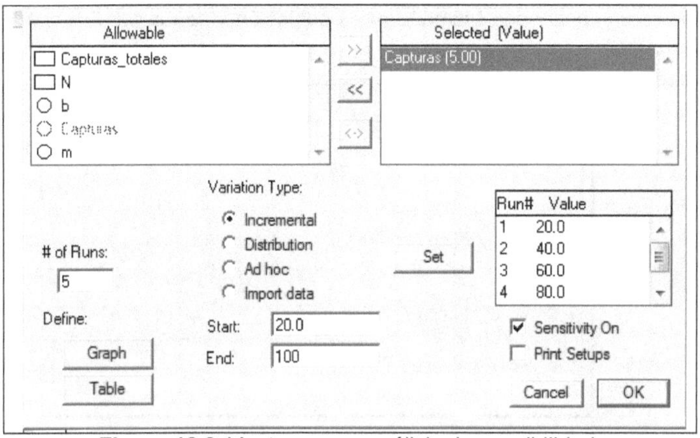

Figura 18.2. Ventana para análisis de sensibilidad.

La figura 18.3a (*comparative*) expone la salida del modelo para capturas entre 20 y 100 individuos por unidad de tiempo y muestra que con aprehensiones de 80 y 100 individuos, la población se extingue durante algunos períodos; y con capturas de 60 individuos desciende hasta 10 individuos poniendo en peligro su supervivencia.

En razón de los resultados previos, se corrió un segundo análisis de sensibilidad con capturas entre 20 y 56 individuos (con incrementos de 9 individuos, figuras 18.3b y 18.4), encontrándose ciclos de captura y veda que llevan en los 4 casos de mayor captura, a descensos de la población a niveles que pueden considerase riesgosos:

Capturas (individuos)	20	29	38	47	56
Capturas totales	340	348	342	376	336
Población mínima	45	36	28	19	11

Estos resultados sugieren que las capturas entre 16 y 20 individuos por un lado, no afectan de forma relevante el total de capturas y, por el otro, mantienen un *stock* poblacional apropiado.

Vale notar que cuando las capturas son iguales a 15 individuos, el cambio de la población es igual a cero (b – m - c = 0), por lo que capturas menores a 15 individuos conducen a que la población crezca indefinidamente.

El presente ejemplo deja en claro, que la maximización de capturas no se logra permitiendo valores descomunales por unidad de tiempo, pues tal acción termina conduciendo al agotamiento de las poblaciones. Las capturas permisibles deben estar en consonancia con el tamaño de la población y con la tasa de crecimiento del recurso.

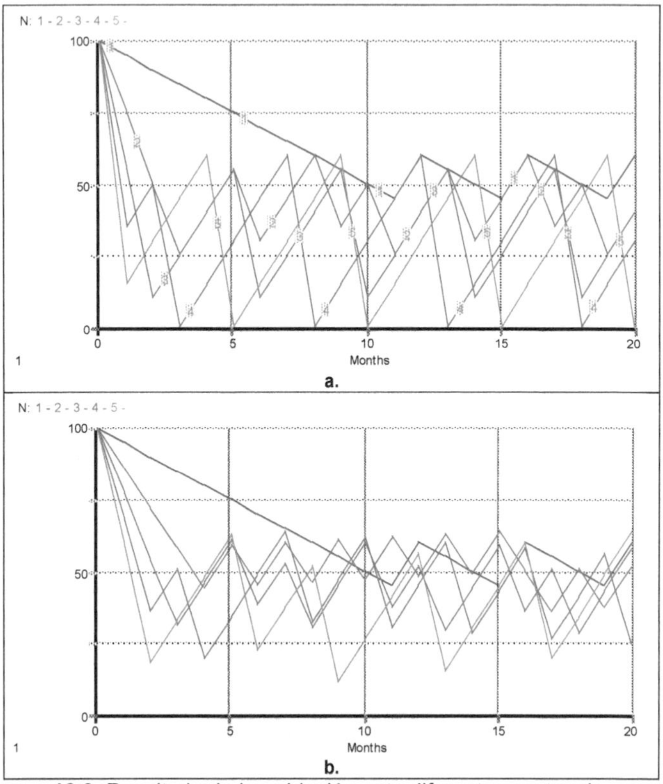

Figura 18.3. Resultado de la población ante diferentes cuotas de captura constantes: **a.** 1: 20; 2: 40; 3: 60; 4: 80; 5: 100; **b.** 1: 20; 2: 29; 3: 38; 4: 47; 5: 56.

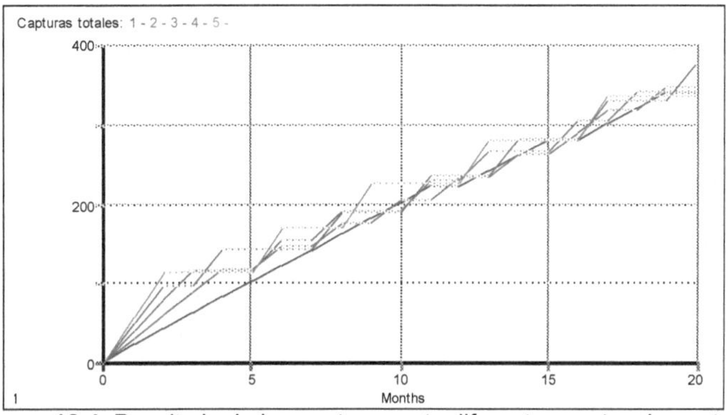

Figura 18.4. Resultado de las capturas ante diferentes cuotas de captura constantes: 1: 20; 2: 29; 3: 38; 4: 47; 5: 56.

18.2 Modelo Lineal con Cuotas de Captura Dependientes de la Densidad

Problema de modelación:

Se desea construir un modelo para una población que crece linealmente y sobre la cual se han definido cuotas de captura dependientes de la densidad, ello sin poner en riesgo la supervivencia de la población cuyo umbral de captura es de 50 individuos. Los parámetros del modelo y las tasas mensuales son los siguientes: población inicial 100 individuos; natalidad 20; mortalidad 5; capturas con tasas entre 0,05N y 0,45N. El tiempo de simulación es 20 meses.

Condiciones iniciales:

- Unidad de tiempo: mes
- Cambio en la unidad de tiempo: 1 *(dt = 1)*
- El modelo se simula desde t_0 hasta t_{20}
- Método de integración: Euler

Ecuaciones:

$$N_t = N_{t-1} + \frac{dN}{dt}\,dt$$

$$N_{t=0} = 100\ (Ind.)$$

$$\frac{dN}{dt} = 20 - 5 - Tasa\ Capturas \times N\ \ (Ind./mes)$$

$$Capturas\ totales_t = Capturas\ totales_{t-1} + \frac{d\ Capturas\ totales}{dt}\,dt$$

$$Capturas\ totales_{t=0} = 0\ (Ind.)$$

$$\frac{dCapturas\ totales}{dt} = Tasa\ Capturas\ x\ N\ (Ind./mes), si\ N > 50;\ si\ N < 50, Tasa\ Capturas = 0$$

Si $N \geq 50$*, Tasa Capturas = 0,05N; 0,15N; 0,25N; 0,35N; 0,45N*

Modelo:

La figura 18.5 expone el modelo de explotación y las figuras 18.6 y 18.7 los resultados obtenidos empleando el análisis de sensibilidad referido en el modelo previo. Se observa que con tasas de captura de 0,05 y 0,15 la población crece y se mantiene estable respectivamente y, en ambos casos, se obtienen las menores capturas. De otro lado, para tasas de 0,25, 0,35 y 0,45, las capturas totales son cercanas entre sí pero con algún grado de riesgo para la población en la última, por lo que el resultado sugiere permitir capturas entre 0,25 N y 0,35 N. Nótese que las capturas totales resultan similares a las del modelo anterior con capturas constantes:

Tasas de captura	0,05 N	0,15 N	0,25 N	0,35 N	0,45 N
Capturas totales	172	300	340	348	338
Población mínima	100	100	60	49	43

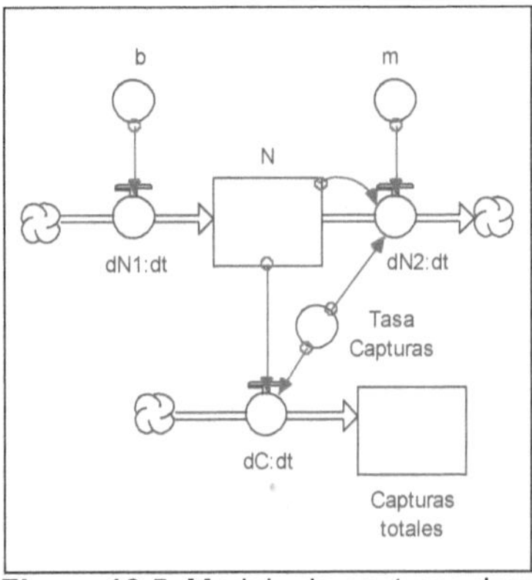

N(t) = N(t - dt) + (dN1:dt - dN2:dt) * dt
INIT N = 100
INFLOWS:
dN1:dt = b
OUTFLOWS:
dN2:dt = IF(N >= 50) THEN m + Tasa Capturas * N ELSE m

Capturas totales(t) = Capturas totales(t - dt) + (dC:dt) * dt
INIT Capturas totales = 0
INFLOWS:
dC:dt = IF(N >= 50) THEN Tasa Capturas * N ELSE 0

b = 20
m = 5
Tasa Capturas = 0

Figura 18.5. Modelo de capturas dependientes de la densidad en una población con crecimiento lineal.

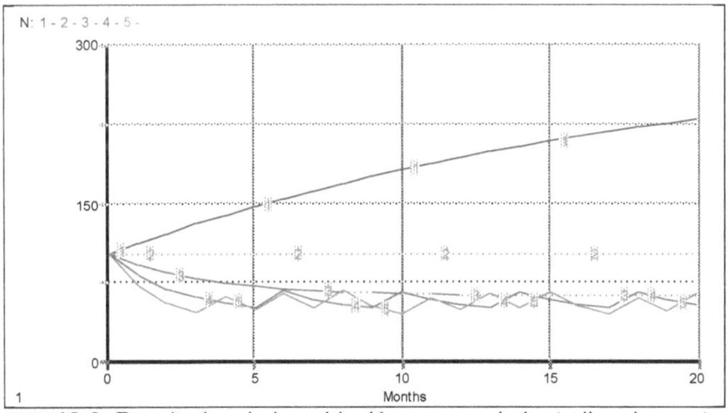

Figura 18.6. Resultados de la población con crecimiento lineal y capturas dependientes de la densidad (1: 0,05 N; 2: 0,15 N; 3: 0,25 N; 4: 0,35 N; 5: 0,45 N).

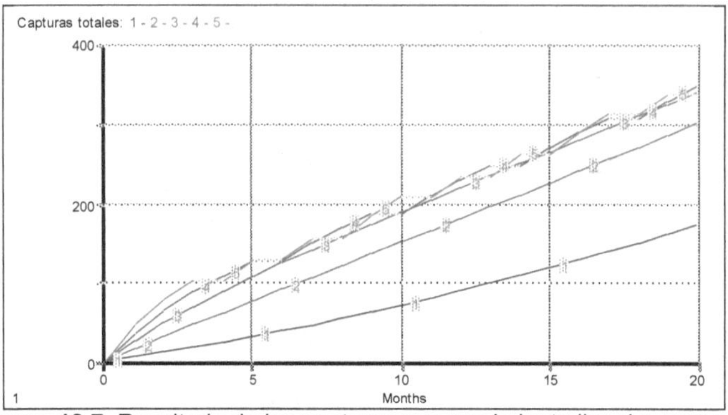

Figura 18.7. Resultado de las capturas con crecimiento lineal y capturas dependientes de la densidad (1: 0,05 N; 2: 0,15 N; 3: 0,25 N; 4: 0,35 N; 5: 0,45 N).

18.3 Modelo Exponencial con Cuotas de Captura Constantes

Problema de modelación:

Se desea construir un modelo para una población que crece exponencialmente y sobre la cual se han definido cuotas de captura constantes, ello sin poner en riesgo la supervivencia de la población cuyo umbral de captura es de 50 individuos. Los parámetros del modelo y las tasas mensuales son los siguientes: población inicial 100 individuos; tasa de natalidad 0,2 N; tasa de mortalidad 0,05 N; capturas entre 5 y 45 individuos. El tiempo de simulación es 20 meses.

Condiciones iniciales:

- Unidad de tiempo: mes
- Cambio en la unidad de tiempo: 1 *(dt = 1)*
- El modelo se simula desde t_0 hasta t_{20}
- Método de integración: Runge-Kutta 4

Ecuaciones:

$$N_t = N_{t-1} + \frac{dN}{dt}\,dt$$

$$N_{t=0} = 100\ (Ind.)$$

$$\frac{dN}{dt} = 0{,}2 \times N - 0{,}05 \times N - Capturas\ (Ind./mes)$$

$$Capturas\ totales_t = Capturas\ totales_{t-1} + \frac{d\,Capturas\ totales}{dt}\,dt$$

$$Capturas\ totales_{t=0} = 0\ (Ind.)$$

$$\frac{dCapturas\ totales}{dt} = Capturas\ \ (Ind./mes);\ si\ N < 50\ capturas = 0$$

$$Si\ N \geq 50,\ Capturas = 5,\ 15,\ 25,\ 35,\ 45\ (Ind.)$$

Modelo:

Al igual a los modelos previos de este capítulo, se empleó el análisis de sensibilidad con capturas entre 5 y 45 individuos por unidad de tiempo. La figura 18.8 expone el modelo de explotación y las figuras 18.9 y 18.10 la salida del modelo.

Los resultados para el período de estudio muestran que las capturas máximas se obtienen con capturas constantes de 15 individuos, ello por cuanto en dicho valor se igualan las tasas de crecimiento y de explotación. Al mismo tiempo, en dicha captura hay estabilidad de la población con 100 individuos. De otro lado, capturas superiores dan lugar a una menor explotación y a valores poblacionales con algún riesgo de extinción local:

Capturas (individuos)	5	15	25	35	45
Capturas totales	100	300	212	198	210
Población mínima	100	100	42	36	44

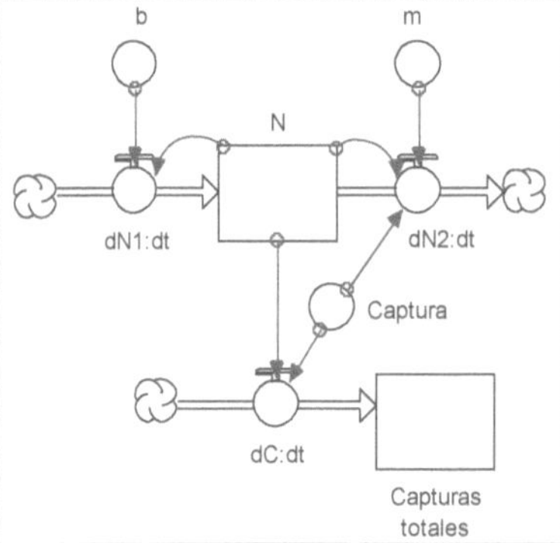

N(t) = N(t - dt) + (dN1:dt - dN2:dt) * dt
INIT N = 100
INFLOWS:
dN1:dt = b * N
OUTFLOWS:
dN2:dt = IF(N >= 50) THEN m * N + Captura ELSE m * N

Capturas totales(t) = Capturas totales(t - dt) + (dC:dt) * dt
INIT Capturas totales = 0
INFLOWS:
dC:dt = IF(N >= 50) THEN Captura ELSE 0

b = 0,2
m = 0,05
Captura = 0

Figura 18.8. Modelo de capturas constantes en una población con crecimiento exponencial.

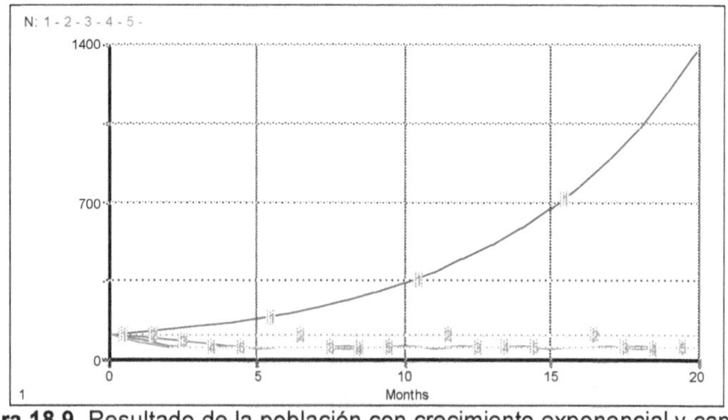

Figura 18.9. Resultado de la población con crecimiento exponencial y capturas constantes (1: 5; 2: 15; 3: 25; 4: 35; 5: 45).

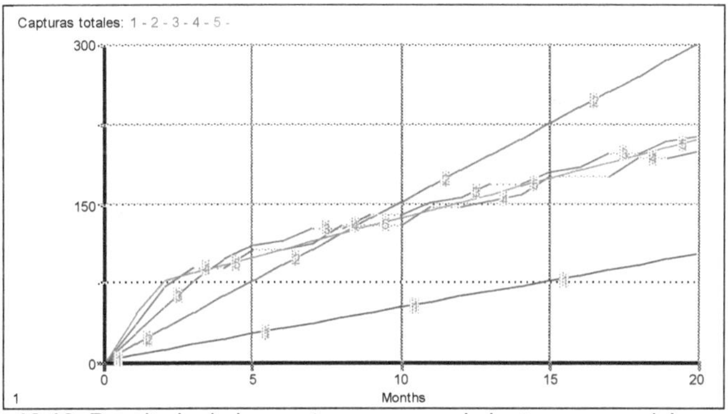

Figura 18.10. Resultado de las capturas con crecimiento exponencial y capturas constantes (1: 5; 2: 15; 3: 25; 4: 35; 5: 45).

18.4 Modelo Exponencial con Cuotas de Captura Dependientes de la Densidad

Problema de modelación:

Se desea construir un modelo para una población que crece exponencialmente y sobre la cual se han definido cuotas de captura dependientes de la densidad, ello sin poner en riesgo la supervivencia de la población cuyo umbral de captura es de 50 individuos. Los parámetros y las tasas mensuales del modelo son los siguientes: población inicial 100 individuos; tasa de natalidad 0,20N; tasa de mortalidad 0,05N; tasas de captura entre 0,05N y 0,45N. El tiempo de simulación es 20 meses.

Condiciones iniciales:

- Unidad de tiempo: mes
- Cambio en la unidad de tiempo: 1 *(dt = 1)*
- El modelo se simula desde t_0 hasta t_{20}
- Método de integración: Runge-Kutta 4

Ecuaciones:

$$N_t = N_{t-1} + \frac{dN}{dt}\,dt$$

$$N_{t=0} = 100\ (Ind.)$$

$$\frac{dN}{dt} = 0{,}2\ \times N - 0{,}05\ \times N - Tasa\ Capturas \times\ N\ (Ind./mes)$$

$$Capturas\ totales_t = Capturas\ totales_{t-1} + \frac{d\ Capturas\ totales}{dt}\,dt$$

$$Capturas\ totales_{t=0} = 0\ (Ind.)$$

$$\frac{dCapturas\ totales}{dt} = Tasa\ Capturas\ x\ N\ (Ind./mes);\ si\ N < 50, Tasa\ Capturas = 0$$

$$Si\ N \geq 50,\ Tasa\ Capturas = 0{,}05N;\ 0{,}15N;\ 0{,}25N;\ 0{,}35N;\ 0{,}45N$$

Modelo:

La figura 18.11 expone el modelo de explotación en el cual se empleó el análisis de sensibilidad, y las figuras 18.12 y 18.13 la salida. Los resultados para el período de estudio muestran que las capturas acumuladas máximas se obtienen con las tasas de explotación más bajas (0,05 N y 0,15 N) con las cuales, además, se alcanza una elevada densidad poblacional y una población estable, respectivamente. Con tasas de explotación mayores decaen las capturas totales y se estabilizan las poblaciones en torno al umbral de riesgo:

Tasa de capturas	0,05 N	0,15 N	0,25 N	0,35 N	0,45 N
Capturas totales	319	300	223	213	207
Población mínima	100	100	50	45	42

Vale notar que el valor poblacional alcanzado con tasas de captura de 0,05 N es cercano a 700 individuos, cuantía que supondría recursos ilimitados.

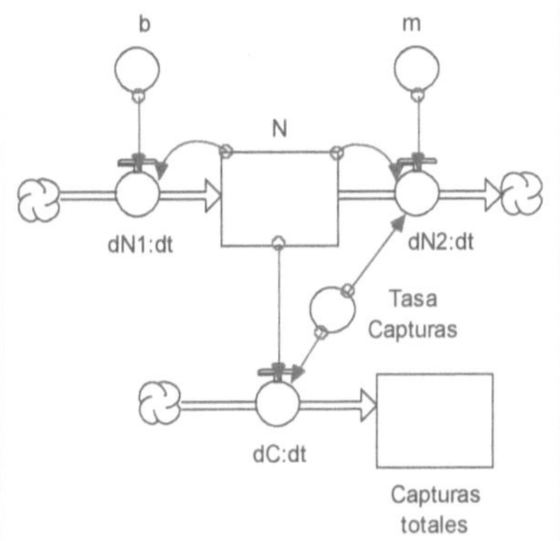

N(t) = N(t - dt) + (dN1:dt - dN2:dt 2) * dt
INIT N = 100
INFLOWS:
dN1:dt = b * N
OUTFLOWS:
dN2:dt = IF(N >= 50) THEN m * N + Tasa Capturas * N ELSE m * N

Capturas totales(t) = Capturas totales(t - dt) + (dC:dt) * dt
INIT Capturas totales = 0
INFLOWS:
dC:dt = IF(N >= 50) THEN Tasa Capturas * N ELSE 0

b = 0,2
m = 0,05
Tasa Capturas = 0

Figura 18.11. Modelo de capturas dependientes de la densidad en una población con crecimiento exponencial.

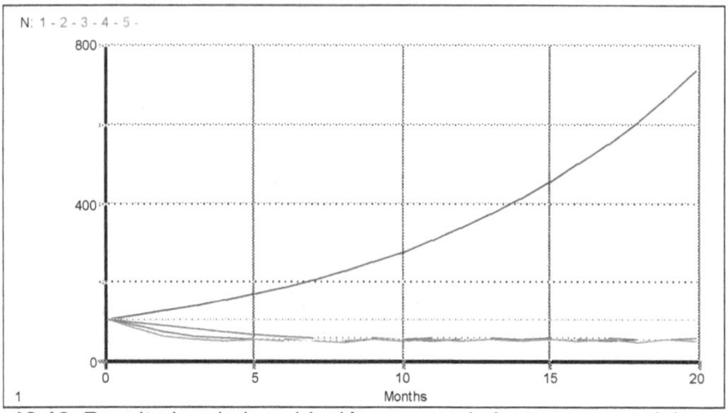

Figura 18.12. Resultados de la población con crecimiento exponencial y capturas dependientes de la densidad (1: 0,05 N; 2: 0,15 N; 3: 0,25 N; 4: 0,35 N; 5: 0,45 N).

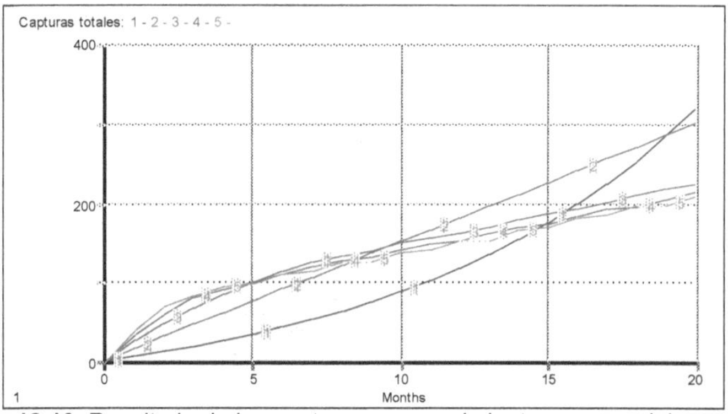

Figura 18.13. Resultado de las capturas con crecimiento exponencial y capturas dependientes de la densidad (1: 0,05 N; 2: 0,15 N; 3: 0,25 N; 4: 0,35 N; 5: 0,45 N).

18.5 Modelo Logístico con Cuotas de Captura Constantes

Problema de modelación:

Se desea construir un modelo para una población con comportamiento logístico que se encuentra estable en su capacidad de carga y sobre la cual se han definido cuotas de captura constantes, en tanto la población se encuentre por encima del umbral de captura de 50 individuos. Los parámetros y las tasas mensuales del modelo son los siguientes: población inicial 100 individuos; tasa de natalidad 0,2 N; tasa de mortalidad 0,05 N; capacidad de carga 100; captura entre 5 y 45 individuos. El tiempo de simulación es 20 meses.

Condiciones iniciales:

- Unidad de tiempo: mes
- Cambio en la unidad de tiempo: 1 *(dt = 1)*
- El modelo se simula desde t_0 hasta t_{20}
- Método de integración: Runge-Kutta 4

Ecuaciones:

$$N_t = N_{t-1} + \frac{dN}{dt}\, dt$$

$$N_{t=0} = 100 \text{ (Ind.)}$$

$$\frac{dN}{dt} = (0{,}2 - 0{,}05) \times N - \frac{(0{,}2 - 0{,}05)}{100} \times N^2 - Capturas\ (Ind./mes)$$

$$Capturas\ totales_t = Capturas\ totales_{t-1} + \frac{d\,Capturas\ totales}{dt}\, dt$$

$$Capturas\ totales_{t=0} = 0 \text{ (Ind.)}$$

$$\frac{dCapturas\ totales}{dt} = Capturas\ (Ind./mes);\ si\ N < 50, capturas = 0$$

$$Si\ N \geq 50,\ Capturas = 5, 15, 25, 35, 45 \text{ (Ind.)}$$

Modelo:

La figura 18.14 expone el modelo de explotación y las figuras 18.15 y 18.16 la salida, habiéndose empleado análisis de sensibilidad. Los resultados para el período de estudio muestran capturas relativamente próximas entre sí y oscilaciones de la población en torno al umbral de explotación. Las cuotas de captura que generan menor riesgo para la población están entre 5 y 15 individuos:

Capturas (individuos)	5	15	25	35	45
Capturas totales	100	125	125	128	128
Población mínima	55	45	39	35	30

Vale recordar que en poblaciones con comportamiento logístico la máxima producción de individuos, y con ello de explotación, ocurre en torno a $N = K/2$, cuantía que corresponde en este ejemplo a 50 individuos.

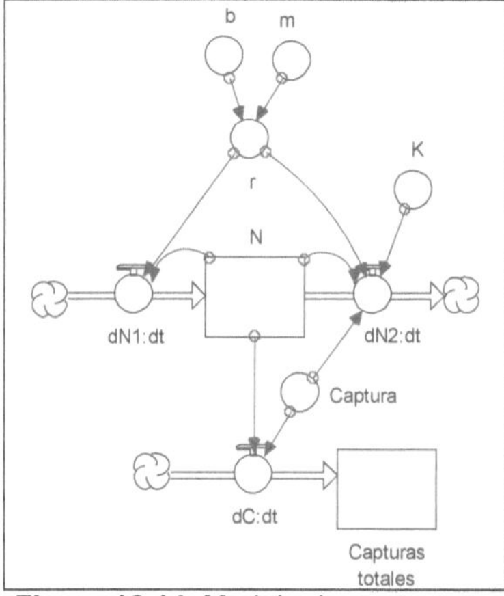

N(t) = N(t - dt) + (dN1:dt - dN2:dt) * dt
INIT N = 100
INFLOWS:
dN1:dt = r * N
OUTFLOWS:
dN2:dt = IF(N >= 50) THEN r * N * N / K + Captura ELSE r * N * N / K

Capturas totales(t) = Capturas totales(t - dt) + (dC:dt) * dt
INIT Capturas totales = 0
INFLOWS:
dC:dt = IF(N >= 50) THEN Captura ELSE 0

b = 0,2
m = 0,05
r = b - m
K = 100
Captura = 0

Figura 18.14. Modelo de capturas constantes en una población con crecimiento logístico.

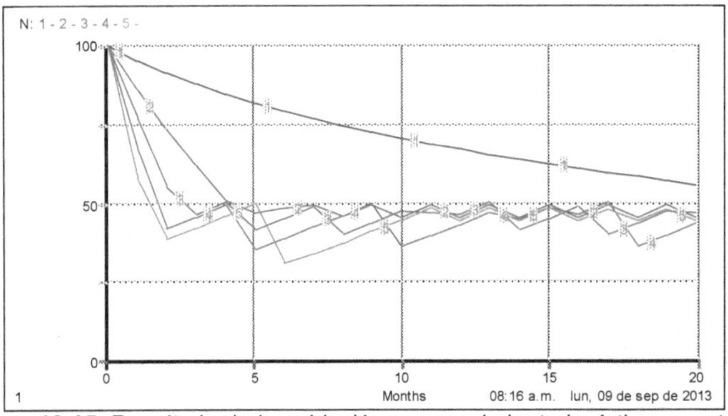

Figura 18.15. Resultado de la población con crecimiento logístico y capturas constantes (1: 5; 2: 15; 3: 25; 4: 35; 5: 45).

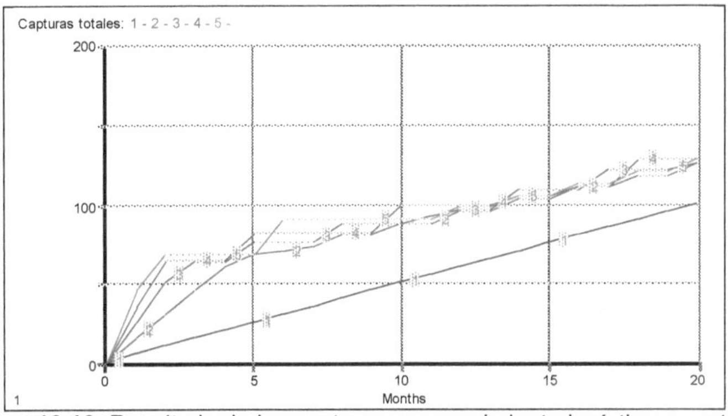

Figura 18.16. Resultado de las capturas con crecimiento logístico y capturas constantes (1: 5; 2: 15; 3: 25; 4: 35; 5: 45).

18.6 Modelo Logístico con Cuotas de Captura Dependientes de la Densidad

Problema de modelación:

Se desea construir un modelo para una población con comportamiento logístico que se encuentra estable en su capacidad de carga y sobre la cual se han definido cuotas de captura dependientes de la densidad, en tanto la población se encuentre por encima del umbral de captura de 50 individuos. Los parámetros y las tasas mensuales del modelo son los siguientes: población inicial 100 individuos; tasa de natalidad 0,2N; tasa de mortalidad 0,05N; capacidad de carga 100; tasas de captura entre 0,05N y 0,45N. El tiempo de simulación es 20 meses.

Condiciones iniciales:

- Unidad de tiempo: mes
- Cambio en la unidad de tiempo: 1 *(dt = 1)*
- El modelo se simula desde t_0 hasta t_{20}
- Método de integración: Runge-Kutta 4

Ecuaciones:

$$N_t = N_{t-1} + \frac{dN}{dt}\,dt$$

$$N_{t=0} = 100 \ (Ind.)$$

$$\frac{dN}{dt} = (0{,}2 - 0{,}05) \times N - \frac{(0{,}2 - 0{,}05)}{100} \times N^2 - Tasa\ Capturas\ \times N\ (Ind./mes)$$

$$Capturas\ totales_t = Capturas\ totales_{t-1} + \frac{d\ Capturas\ totales}{dt}\,dt$$

$$Capturas\ totales_{t=0} = 0 \ (Ind.)$$

$$\frac{dCapturas\ totales}{dt} = Tasa\ Capturas\ x\ N\ (Ind./mes);\ si\ N < 50, Tasa\ Capturas = 0$$

Si N ≥ 50, Tasa Capturas = 0,05N; 0,15N; 0,25N; 0,35N; 0,45N

Modelo:

La figura 18.17 expone el modelo de población-explotación y las figuras 18.18 y 18.19 la salida de un análisis de sensibilidad. Los resultados indican condiciones muy próximas para las 4 cuotas de captura mayores, tanto en capturas totales como en el valor poblacional mínimo alcanzado. Contrariamente, bajo una tasa de explotación de 0,05 N, las capturas totales son apreciablemente inferiores y la población mantiene una elevada abundancia.

Tasas de captura	0,05 N	0,15 N	0,25 N	0,35 N	0,45 N
Capturas totales	79	121	126	124	127
Población mínima	70	48	46	43	47

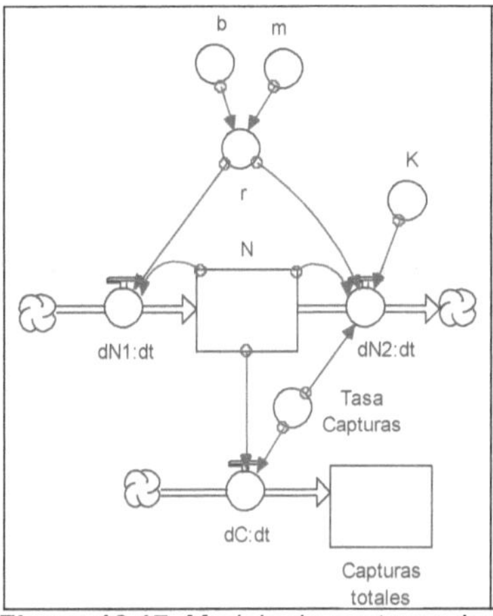

N(t) = N(t - dt) + (dN1:dt - dN2:dt) * dt
INIT N = 100
INFLOWS:
dN1:dt = r * N
OUTFLOWS:
dN2:dt = IF(N >= 50) THEN r * N * N / K + Tasa Capturas * N ELSE r * N * N / K

Capturas totales(t) = Capturas totales(t - dt) + (dC:dt) * dt
INIT Capturas totales = 0
INFLOWS:
dC:dt = IF(N >= 50) THEN Tasa Capturas * N ELSE 0

b = 0,2
m = 0,05
r = b - m
K = 100
Tasa Capturas = 0

Figura 18.17. Modelo de capturas dependientes de la densidad en una población con crecimiento logístico.

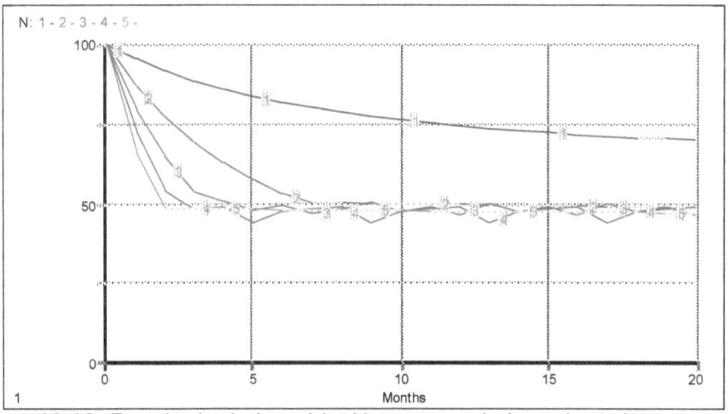

Figura 18.18. Resultado de la población con crecimiento logístico y capturas dependientes de la densidad (1: 0,05 N; 2: 0,15 N; 3: 0,25 N; 4: 0,35 N; 5: 0,45 N).

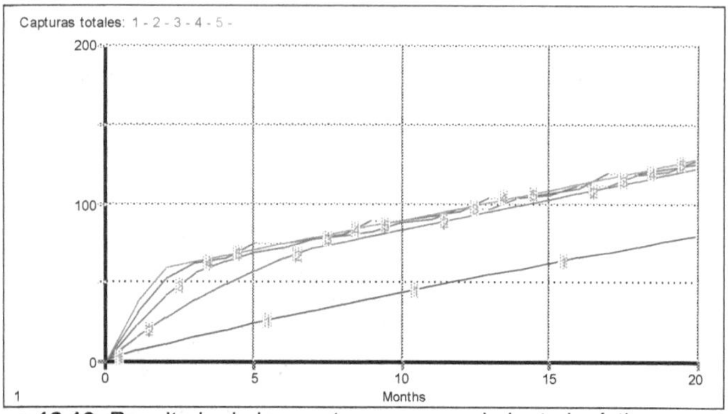

Figura 18.19. Resultado de las capturas con crecimiento logístico y capturas dependientes de la densidad (1: 0,05 N; 2: 0,15 N; 3: 0,25 N; 4: 0,35 N; 5: 0,45 N).

18.7 Explotación Pesquera

Problema de modelación:

La explotación de peces u otros recursos bióticos dulceacuícolas y marinos ha estado asociada históricamente al campo de las pesquerías y la biología pesquera y, como hecho destacado, estas disciplinas han demostrado ampliamente que las capturas constituyen una variable dependiente del esfuerzo de pesca empleado, el cual puede expresarse de múltiples formas según el recurso y las artes utilizadas, como por ejemplo, horas de arrastre, área de barrido, pescadores por día, lances de atarraya, etc.

Adicionalmente, han establecido que cada pesquería bajo condiciones ambientales y poblacionales relativamente estables, expresa un punto de *rendimiento máximo sostenido* (*RMS*) en el que se alcanzan las máximas capturas dado un esfuerzo de pesca específico (Schaefer, 1954; Fox, 1970). Si tal esfuerzo es sobrepasado, hay sobreexplotación del recurso lo que ocasiona tanto una reducción poblacional como del rendimiento pesquero, llegando en caso extremos a la extinción local o regional de la especie y el fin de su explotación (figura 18.20).

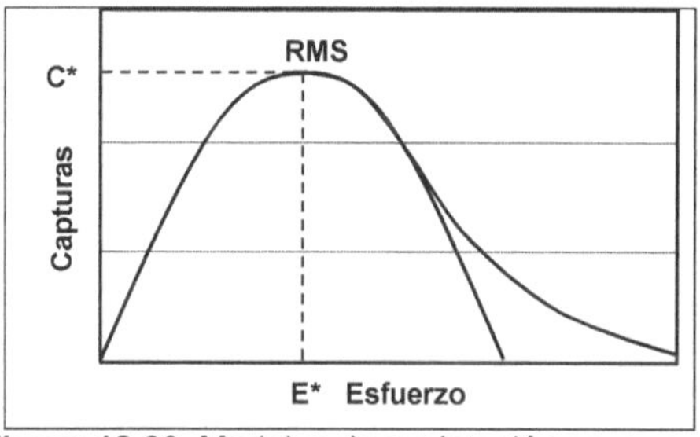

Figura 18.20. Modelos de explotación pesquera.

Sobre la base teórica previamente referida, se desea construir un modelo de explotación pesquera para una población con comportamiento logístico que se encuentra en su capacidad de carga y sobre la cual se establece un incremento continuo y lineal de una unidad en el esfuerzo de pesca por cada unidad de tiempo.

Para tal población se ha establecido que las capturas son función tanto del tamaño poblacional (0,5% N), como del esfuerzo pesquero (modelo polinomial), bajo la siguiente función:

$$Capturas = (10\ Esfuerzo - 0{,}1\ Esfuerzo^2) \times 0{,}005\ Población$$

Otros parámetros incluyen: capacidad de carga igual a 1000 individuos; tasa de crecimiento igual a 0,5; tiempo de simulación 30 unidades.

Condiciones iniciales:

- Unidad de tiempo: unidad
- Cambio en la unidad de tiempo: 1 *(dt = 1)*
- El modelo se simula desde t_0 hasta t_{30}
- Método de integración: Runge-Kutta 4

Ecuaciones:

$$N_t = N_{t-1} + \frac{dN}{dt}\, dt$$

$$N_{t=0} = 1000\ (Ind.)$$

$$\frac{dN}{dt} = 0{,}5 \times N - \frac{0{,}5}{1000} \times N^2 - (10\ Esfuerzo - 0{,}1\ Esfuerzo2)\ x\ 0{,}005\ N\ (Ind./t)$$

$$Esfuerzo = 1, 2, 3, \ldots 30.$$

$$Capturas\ totales_t = Capturas\ totales_{t-1} + \frac{d\ Capturas\ totales}{dt}\, dt$$

$$Capturas\ totales_{t=0} = 0\ (Ind.)$$

$$\frac{dCapturas\ totales}{dt} = (10\ Esfuerzo - 0{,}1\ Esfuerzo^2)\ x\ 0{,}005\ N\ (Ind./t)$$

Modelo:

La figura 18.21 presenta el modelo pesquero y, es relevante notar respecto a éste, que al esfuerzo se le ha asignado el comando *time* para que se incremente de una en una unidad.

La figura 18.22 y la tabla 18.1 exhiben el resultado de la simulación, el cual revela que ante un crecimiento constante y lineal del esfuerzo pesquero, la población termina por extinguirse e igual suerte corre la explotación pesquera. Para este caso particular se observa que, las máximas capturas están asociadas a un valor poblacional cercano a *K/2*, con 7 unidades de esfuerzo.

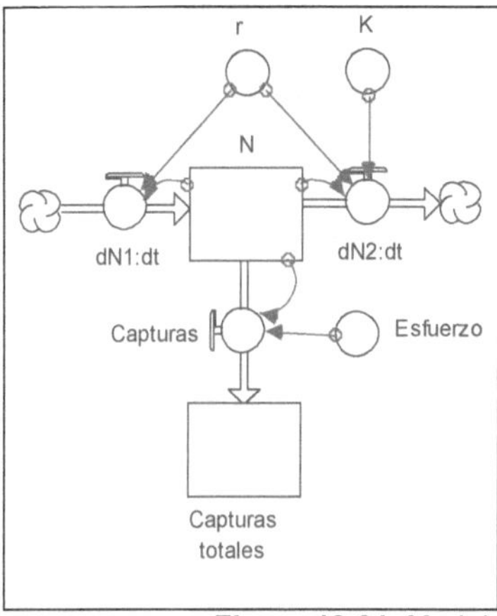

N(t) = N(t - dt) + (dN1:dt - dN2:dt - Capturas) * dt
INIT N = 1 000
INFLOWS:
dN1:dt = r * N
OUTFLOWS:
dN2:dt = r / K * N ^ 2
Capturas = (10 * Esfuerzo – 0,1 * Esfuerzo ^ 2) * 0,005 * N

Capturas totales(t) = Capturas totales(t - dt) + (Capturas) * dt
INIT Capturas totales = 0
INFLOWS:
Capturas = (10 * Esfuerzo -0,1 * Esfuerzo^2) * 0,005 * N

Esfuerzo = TIME
K = 1 000
r = 0,5

Figura 18.21. Modelo de explotación pesquera.

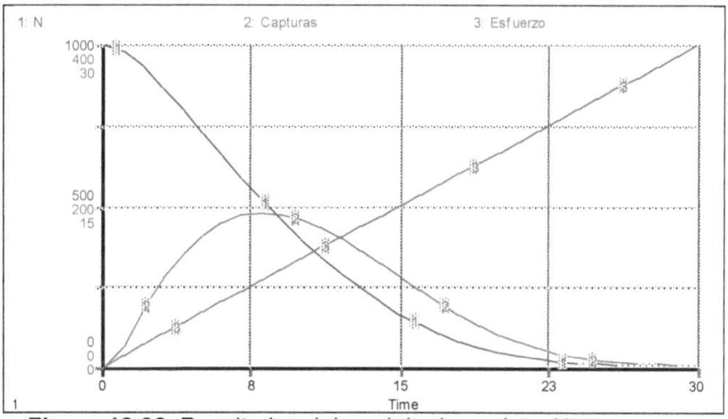

Figura 18.22. Resultados del modelo de explotación pesquera.

Tabla 18.1. Resultados del modelo de explotación pesquera.

Tiempo	**Población**	**Esfuerzo**	**Captura**	**Capturas totales**
0	1 000	0	25	25
5	724	5	178	507
10	393	10	171	1 433
15	160	15	94	2 144
20	42	20	29	2 469
25	6	25	5	2 563
30	1	30	0	2 565

Ahora bien, para confirmar las condiciones que dan lugar al *RMS* se ha corrido el modelo asumiendo un esfuerzo de pesca constante de 5, 6, 7 y 8 unidades y sus resultados se expresan en las figuras 18.23 y 18.24, y en la tabla 18.2.

Dado que la máxima producción poblacional en un modelo logístico se encuentra en torno a *K/2*, es plausible asumir que el *RMS* se debe obtener con esfuerzos de 5 a 6 unidades sin poner en riesgo a la población.

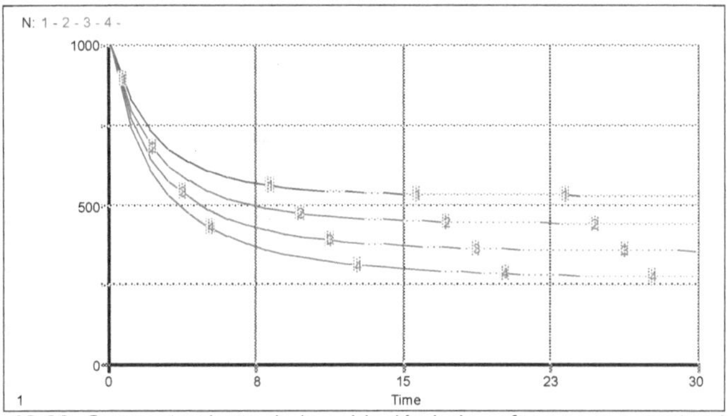

Figura 18.23. Comportamiento de la población bajo esfuerzos constantes (1: 5; 2: 6; 3: 7; 4: 8).

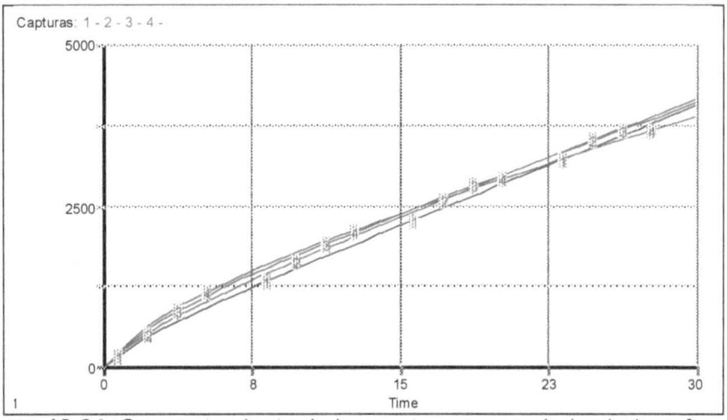

Figura 18.24. Comportamiento de las capturas acumuladas bajo esfuerzos constantes (1: 5; 2: 6; 3: 7; 4: 8).

Tabla 18.2. Resultados del modelo para esfuerzos constantes.

Esfuerzo	Población final	Capturas totales
5	525	4 046
6	436	4 156
7	350	4 091
8	268	3 884

19. DINÁMICA DE POBLACIONES: INTERRELACIÓN ENTRE ESPECIES

19.1 Introducción

Las interrelaciones entre especies se representan generalmente por la ley de masas, a través del producto de las 2 poblaciones junto con un coeficiente positivo o negativo ($\pm \alpha N_i N_j$), que denota un cambio porcentual de beneficio o perjuicio, en su orden. De acuerdo con la relación de las 2 especies interactuantes se establece el signo para la ecuación de cada especie así:

Especie 1	Especie 2	Interrelación
+	+	Mutualismo
+	0	Comensalismo
+	-	Predación, parasitismo
0	0	Neutralidad
0	-	Amensalismo
-	-	Competencia

De manera general, los modelos de interrelación de especies son de gran utilidad en el estudio y la comprensión del fenómeno, pero tienen baja capacidad predictiva en razón a la alta complejidad inmersa en tales interrelaciones.

19.2 Modelo de Competencia Interespecífica

Problema de modelación:

Se desea construir un modelo que involucra dos poblaciones con comportamiento logístico y competencia interespecífica, para simular sus poblaciones por 20 unidades de tiempo. Los términos del modelo son los siguientes:

	N_0	r	K	α
Población A	10	0,4	100	-0,01
Población B	10	0,6	130	-0,02

Las ecuaciones diferenciales respectivas son las siguientes:

$$\frac{dN_A}{dt} = r_A N_A - \frac{r_A}{K_A} N_A^2 - \alpha_{BA} N_A N_B$$

$$\frac{dN_B}{dt} = r_B N_B - \frac{r_B}{K_B} N_B^2 - \alpha_{AB} N_B \times N_A$$

Condiciones iniciales:

- Unidad de tiempo: tiempo
- Cambio en la unidad de tiempo: 1 *(dt = 1)*
- El modelo se simula desde t_0 hasta t_{20}
- Método de integración: Runge-Kutta 4

Ecuaciones:

$$N_{A\,t} = N_{A\,t-1} + \frac{dN_A}{dt}\,dt$$

$$N_{A\,t=0} = 10 \text{ (Ind.)}$$

$$\frac{dN_A}{dt} = 0{,}4N_A - \frac{0{,}4}{100} N_A^2 - 0{,}01 N_A N_B \; (Ind./t)$$

$$N_{B\,t} = N_{B\,t-1} + \frac{dN_B}{dt}\,dt$$

$$N_{B\,t=0} = 10 \text{ (Ind.)}$$

$$\frac{dN_B}{dt} = 0{,}6N_B - \frac{0{,}6}{130} N_B^2 - 0{,}02 N_B N_A \; (Ind./t)$$

Modelo:

En primer lugar se subraya que los coeficientes de interacción para las 2 especies son negativos porque, en tanto compiten, cada una de ellas genera efectos perjudiciales sobre la otra. Las ecuaciones diferenciales previas denotan los cambios en cada especie bajo un comportamiento logístico o de competencia intraespecífica, más un efecto de competencia interespecífica (figura 19.1). Vale recordar que aunque los últimos tienen signo negativo se incorporan a las salidas con signo positivo.

Para este ejemplo particular, la especie *B* inicia con incrementos poblacionales mayores a los de la especie *A* en razón a su mayor tasa de crecimiento y su mayor capacidad de carga. No obstante, la especie *A* en virtud al mayor efecto de competencia que ocasiona sobre la especie *B*, se impone a más largo plazo generando la exclusión de la última (figura 19.2).

Es preciso aclarar que el resultado de la competencia se ve afectado por todos los parámetros del modelo en las 2 especies (N_0, b, m, K, α), pudiendo generar exclusión o coexistencia. En consecuencia, se le invita al lector a modificar uno a uno los parámetros del modelo para que observe y analice los cambios en los resultados de las simulaciones, situación que, por demás, puede abordar y ampliar en textos de Ecología.

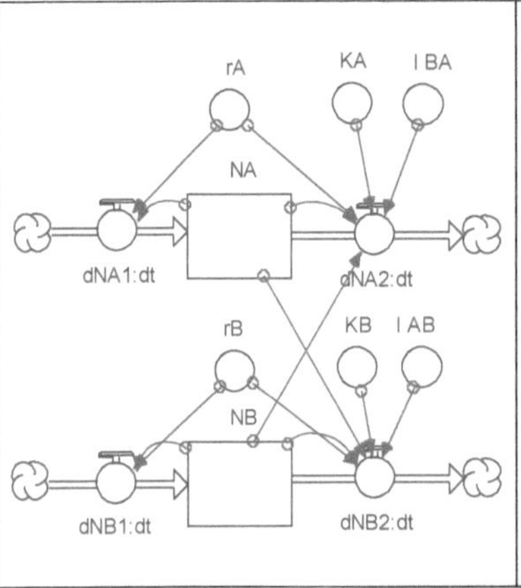

NA(t) = NA(t - dt) + (dNA1:dt - dNA2:dt) * dt
INIT NA = 10
INFLOWS:
dNA1:dt = rA * NA
OUTFLOWS:
dNA2:dt = (rA / KA * NA ^ 2) + (I BA * NA * NB)

NB(t) = NB(t - dt) + (dNB1:dt - dNB2:dt) * dt
INIT NB = 10
INFLOWS:
dNB1:dt = rB * NB
OUTFLOWS:
dNB2:dt = (rB / KB * NB ^ 2) + (I AB * NB * NA)

I AB = 0,02
I BA = 0,01
KA = 100
KB = 130
rA = 0,4
rB = 0,6

Figura 19.1. Modelo de competencia interespecífica.

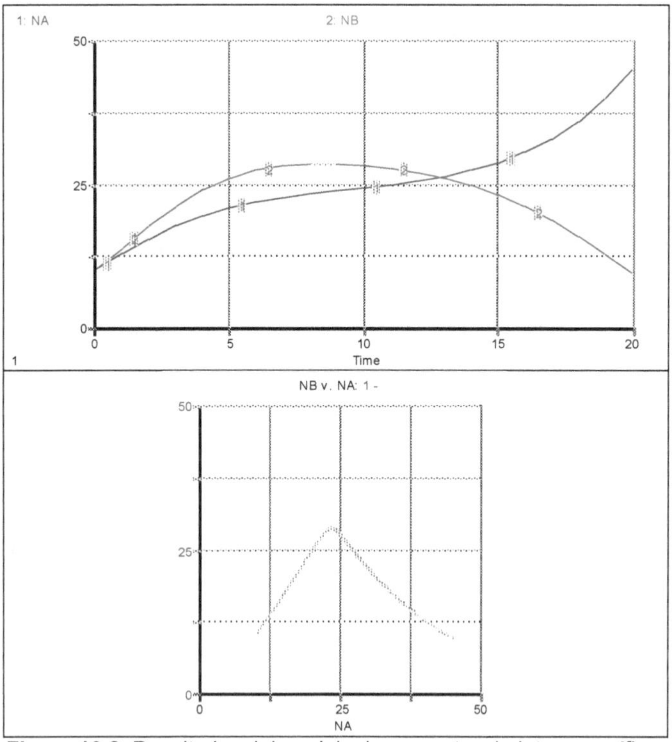

Figura 19.2. Resultados del modelo de competencia interespecífica.

19.3 Modelo Depredador - Presa

Problema de modelación:

El modelo de depredación de Lotka y Volterra (Volterra, 1926; Lotka, 1932) propone que los encuentros entre presas (*P*) y depredadores (*D*), definen la mortalidad de las primeras y el crecimiento de los segundos. Así mismo, el crecimiento y la mortalidad respectiva, siguen tasas dependientes del tamaño de cada población. El modelo básico no contempla la competencia intraespecífica ni la capacidad de carga en ninguna de las 2 poblaciones, por lo que puede arrojar resultados poco plausibles.

$$\frac{dN_P}{dt} = r_P N_P - \alpha_{DP} N_P N_D$$

$$\frac{dN_D}{dt} = \alpha_{PD} N_D N_P - m_D N_D$$

Con base en las ecuaciones previas, se desea construir un modelo que interrelacione las poblaciones de un depredador (*D*) y una presa (*P*), dados los siguientes parámetros:

	N_0	r	m	α
Presa (P)	200	0,1		-0,005
Depredador (D)	10		0,18	0,001

Condiciones iniciales:

- Unidad de tiempo: tiempo
- Cambio en la unidad de tiempo: 1 *(dt = 1)*
- El modelo se simula desde t_0 hasta t_{100}
- Método de integración: Runge-Kutta 4

Ecuaciones:

$$N_{P\,t} = N_{P\,t-1} + \frac{dN_P}{dt}\,dt$$

$$N_{P\,t=0} = 200\ (Ind.)$$

$$\frac{dN_P}{dt} = 0{,}1N_P - 0{,}005N_P N_D\ (Ind./t)$$

$$N_{D\,t} = N_{D\,t-1} + \frac{dN_D}{dt}\,dt$$

$N_{D\,t=0}$ = *10 (Ind.)*

$$\frac{dN_D}{dt} = 0{,}001 N_D N_P - 0{,}18 N_D \ (Ind./t)$$

Modelo:

Se destaca el hecho de que el coeficiente de interacción entre presas y depredadores es negativo para las primeras y positivo para los segundos, puesto que las primeras se perjudican y los segundos se benefician con sus encuentros. La figura 19.3 muestra el modelo de depredación-presa y la figura 19.4 los resultados del mismo.

Para los parámetros establecidos, se observan ciclos en las presas que son seguidos con algún retraso por los depredadores, en ellos las presas crecen de forma profusa lo cual favorece a la población de depredadores y, en consecuencia, el crecimiento de estos últimos genera la caída poblacional de las presas. Este comportamiento obedece a un bucle de retroalimentación negativa.

Vale notar que este modelo es altamente susceptible incluso a pequeñas variaciones en los parámetros iniciales, dando lugar a situaciones de sobrepoblación o de extinción de alguna de las especies. Esta dinámica cae entonces en el campo de la teoría del caos.

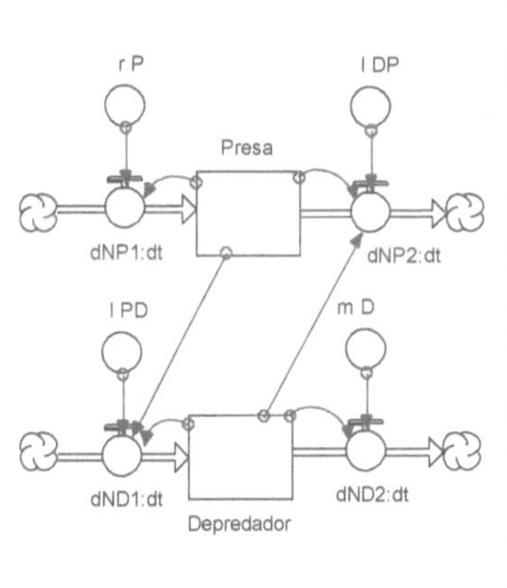

Depredador(t) = Depredador(t - dt) + (dND1:dt - dND2:dt) * dt
INIT Depredador = 10
INFLOWS:
dND1:dt = I PD * Depredador * Presa
OUTFLOWS:
dND2:dt = m D * Depredador

Presa(t) = Presa(t - dt) + (dNP1:dt - dNP2:dt) * dt
INIT Presa = 200
INFLOWS:
dNP1:dt = r P * Presa
OUTFLOWS:
dNP2:dt = I DP * Presa * Depredador

I DP = 0,005
I PD = 0,001
m D = 0,18
r P = 0,1

Figura 19.3. Modelo de depredador-presa.

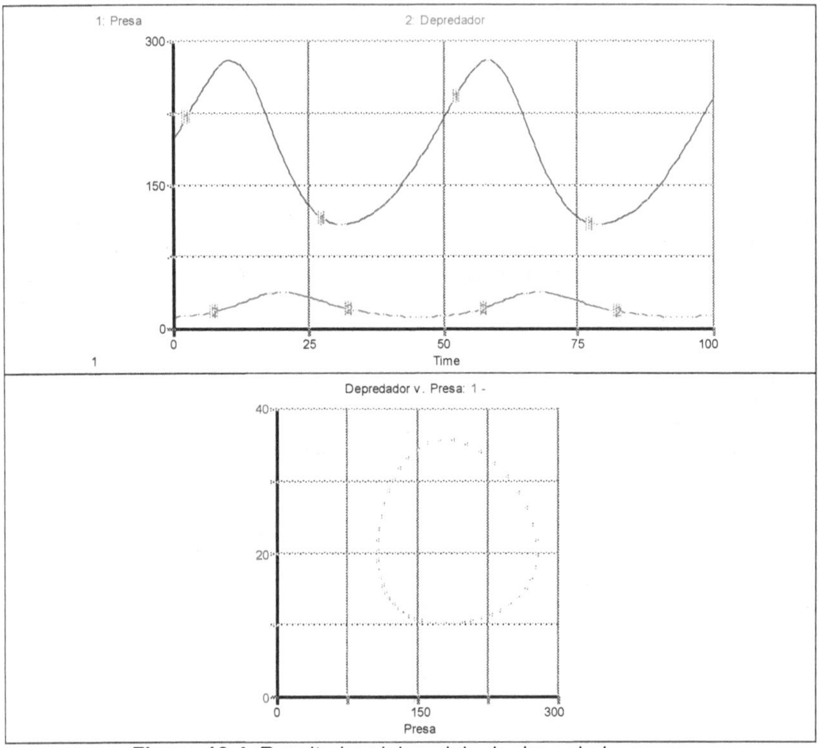

Figura 19.4. Resultados del modelo de depredador-presa.

20. SIMULACIÓN DE MUESTREO EN POBLACIONES Y COMUNIDADES

20.1 Introducción

La simulación de poblaciones y comunidades ha jugado un papel destacado en el análisis de diferentes técnicas de muestreo y en la evaluación de índices ecológicos. A manera de ejemplo, para la ecología resulta de gran interés analizar el comportamiento de las ecuaciones que describen la marcación y recaptura; las marcaciones y recapturas sucesivas; o el desempeño de técnicas diversas de muestreo y de diversos descriptores estadísticos, ante variaciones en la talla de la muestra. Un ejemplo de ello ha sido la evaluación del desempeño de técnicas de estimación de cobertura en corales (Kinzie y Snider, 1976; Ramírez, 1986; Ramírez et al., 2002).

De igual modo, la simulación de comunidades ha permitido estudiar el comportamiento y el sesgo de diferentes índices de similaridad y diversidad ante distintas situaciones, entre las que se incluyen el tamaño de la muestra; la equidad-dominancia; o los patrones de distribución espacial (Grassle y Smith, 1976; Ricklefs y Lau, 1980; Wolda, 1981; Khoo y Lim, 1986; Digby y Kempton, 1987; Sgardelis y Stamou, 1990).

De hecho, la simulación constituye la forma más práctica y en ocasiones la única para evaluar las condiciones anteriormente referidas, dado que las mismas pueden no ser factibles de encontrar o de reproducir en un entorno natural. Gracias a ello, las simulaciones permiten confrontar desarrollos teóricos con simulaciones empíricas; evaluar formulaciones; ajustar teorías; estudiar medidas de manejo o acciones de conservación, etc.

Algunas de las simulaciones previamente referidas son de carácter estático, por lo que pueden ser más fácilmente abordadas desde lenguajes de programación computacional, que desde software dinámicos. Aun así, programas dinámicos pueden ser empleados entendiendo que el tiempo se refiere más a una acción secuencial de computación, que a una unidad de tiempo real.

20.2 Poblaciones: Captura – Marcación - Recaptura

Problema de modelación:

Sobre un proceso de simulación aleatorio se desea evaluar el desempeño de la siguiente ecuación de capturas, marcación y recapturas, empleada en ecología para estimar el tamaño de una población que se presume constante durante el muestreo:

$$N_{estimado} = \frac{N_{marcados} \times N_{capturados}}{N_{recapturados}}$$

Para este ejemplo se parte de una población de 100 individuos y de un muestreo progresivo de captura de un individuo por unidad de tiempo, el cual se marca y se libera, o se libera si ya está marcado (recapturado). El proceso de muestreo se repite hasta alcanzar 150 capturas y se estima la población en cada nueva captura.

Para la construcción del modelo se ha establecido que cada unidad de tiempo represente una captura (*N capturados = TIME*) y la determinación de si el individuo recién capturado es o no recapturado, se lleva a cabo a través de una simulación de Montecarlo que tiene en cuenta las probabilidades según la cantidad de individuos marcados y no marcados en dicho momento.

La figura 20.1 expone el modelo para capturas sucesivas y la figura 20.2 el resultado del mismo, haciendo la salvedad que se trata de una única simulación estocástica, por lo que nuevas simulaciones dan lugar a resultados diferentes. De este modo, el conjunto de un número representativo de simulaciones permitirá estimar el tamaño poblacional promedio junto con sus intervalos de confianza.

Los resultados dejan entrever que sobre el proceso de muestreo el número de individuos marcados muestra un comportamiento logarítmico. Al mismo tiempo, se reconoce que la curva correspondiente a la población estimada tiende a estabilizarse en torno a $\widehat{\mathrm{N}} = 150$ por lo que, en esta simulación particular, hay sobreestimación del tamaño poblacional (N=100).

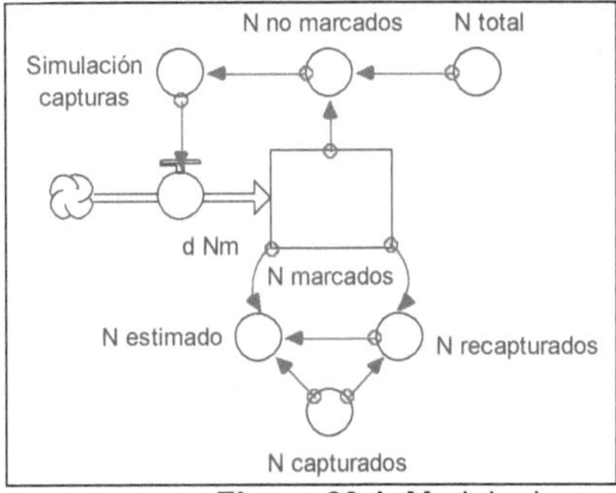

N marcados(t) = N marcados(t - dt) + (d Nm) * dt
INIT N marcados = 0
INFLOWS:
d Nm = Simulación capturas

N capturados = TIME
N estimado = IF (N recapturados = 0) THEN 0 ELSE (N marcados * N capturados) / N recapturados
N no marcados = N total - N marcados
N recapturados = N capturados - N marcados
N total = 100
Simulación capturas = IF (TIME = 0) THEN 1 ELSE MONTECARLO(N no marcados)

Figura 20.1. Modelo de captura, marcación y recaptura.

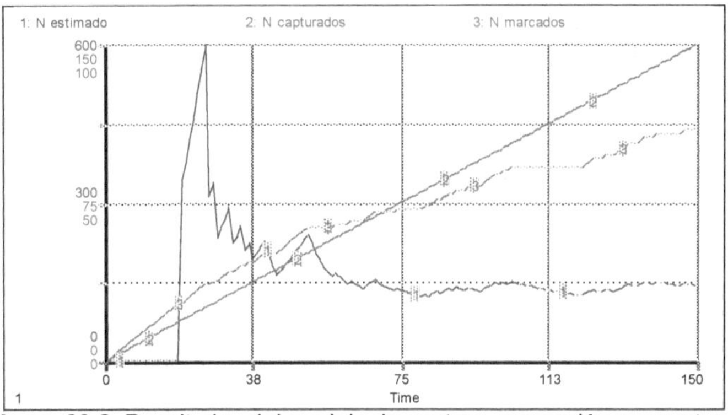

Figura 20.2. Resultados del modelo de captura, marcación y recaptura.

20.3 Comunidades: Riqueza y Diversidad

Problema de modelación:

Sobre una comunidad simulada se desea realizar un proceso de muestreo con reemplazamiento (asume que es indefinidamente grande), con la intención de estudiar el comportamiento de los índices de riqueza (*S*) y de diversidad de Shannon (*H'*).

S = Número de especies muestreadas

$$H' = -\sum \frac{n_i}{n} Ln \frac{n_i}{n}$$

Para tal propósito, la *comunidad* se ha simplificado en 5 especies con las siguientes abundancias relativas por especie:

Especie	**Abundancia relativa**	**Abundancia relativa acumulada**
A	50	50
B	25	75
C	15	90
D	5	95
E	5	100

El muestreo se lleva a cabo individuo a individuo hasta totalizar una muestra de 50 individuos, para ello se emplea una simulación de Monte Carlo a través del comando *random* sobre la base de las abundancias relativas acumuladas de las especies. Por lo anterior, en cada unidad de tiempo se genera un individuo, se evalúa la especie a la cual pertenece, se acumula su aparición en la muestra y se evalúan los descriptores de riqueza y diversidad.

El modelo referido se presenta en la figura 20.3 y el resultado para una simulación en la figura 20.4. Cabe recordar, que por tratarse de un proceso estocástico cada nueva simulación da lugar a un resultado diferente, por lo que una evaluación robusta requiere de un número representativo de simulaciones.

Los resultados de la simulación denotan oscilaciones y posterior estabilidad de la curva de diversidad, situación que indica que las especies más abundantes han sido incluidas en la muestra y su proporción permanece relativamente estable. A su vez, la curva de riqueza o acumulación de especies denota un crecimiento progresivo que exhibe un comportamiento logarítmico.

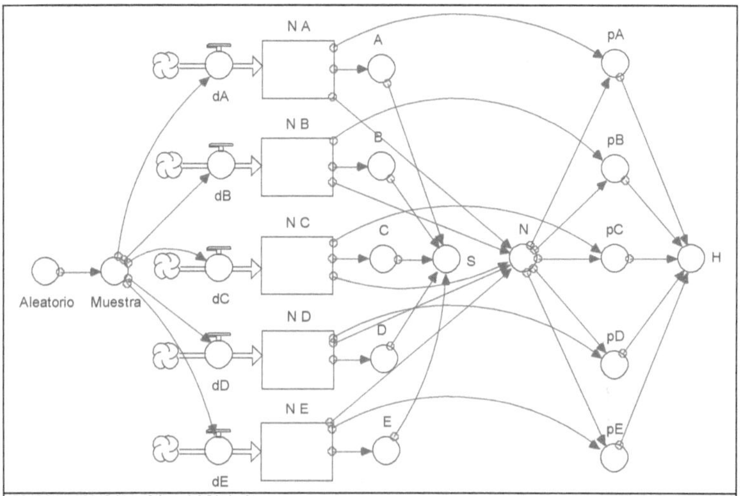

N A(t) = N A(t - dt) + (dA) * dt
INIT N A = 0
INFLOWS:
dA = IF (Muestra <=50) THEN 1 ELSE 0

N B(t) = N B(t - dt) + (dB) * dt
INIT N B = 0
INFLOWS:
dB = IF (Muestra > 50 and Muestra <= 75) THEN 1 ELSE 0

N C(t) = N C(t - dt) + (dC) * dt
INIT N C = 0
INFLOWS:
dC = IF (Muestra > 75 and Muestra <= 90) THEN 1 ELSE 0

N D(t) = N D(t - dt) + (dD) * dt
INIT N D = 0
INFLOWS:
dD = IF (Muestra > 90 and Muestra <= 95) THEN 1 ELSE 0

N E(t) = N E(t - dt) + (dE) * dt
INIT N E = 0
INFLOWS:
dE = IF (Muestra > 95) THEN 1 ELSE 0

Aleatorio = RANDOM (0,1)
Muestra = Aleatorio * 100
N = N A + N B + N C + N D + N E
pA = IF (N A = 0) THEN 0 ELSE N A / N * LOGN(N A / N)
pB = IF (N B = 0) THEN 0 ELSE N B / N * LOGN(N B / N)
pC = IF (N C = 0) THEN 0 ELSE N C / N * LOGN(N C / N)
pD = IF (N D = 0) THEN 0 ELSE N D / N * LOGN(N D / N)
pE = IF (N E = 0) THEN 0 ELSE N E / N * LOGN(N E / N)

```
H = -(pA + pB + pC + pD + pE)
A = IF (N A > 0) THEN 1 ELSE 0
B = IF (N B > 0) THEN 1 ELSE 0
C = IF (N C > 0) THEN 1 ELSE 0
D = IF (N D > 0) THEN 1 ELSE 0
E = IF (N E > 0) THEN 1 ELSE 0
S = A + B + C + D + E
```

Figura 20.3. Modelo de simulación de muestreo de una comunidad.

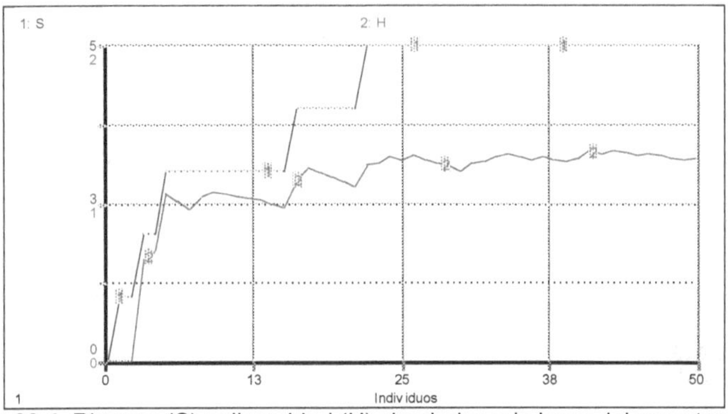

Figura 20.4. Riqueza (S) y diversidad (H) simuladas a lo largo del muestreo de la comunidad.

BIBLIOGRAFÍA CITADA

Arana, M., Martínez de Vírgala, A., Aleixandre, A., San Martín, M.L., Vela, A. 2000. Modelos de predicción del ruido de tráfico rodado. Comparación de diferentes standards europeos. Univ. Púb. de Navarra. http://www.sea-acustica.es/publicaciones/4350ba015.pdf.

Begon, M., Harper, J.L., Townsend, C.R. 1999. Ecología. Individuos, poblaciones y comunidades. Ediciones Omega, Barcelona.

Bertalanffy, L. von. 2006. Teoría general de los sistemas. Fondo de Cultura Económica, México D.F.

Draper, N.R., Smith, H. 1981. Applied Regression Analysis. Wiley, New York.

Dhingra, S.L., Gull, I. 2011. Traffic flow theory historical research perspectives. En: 75 Years of the fundamental diagram for traffic flow theory, pp: 45-62. Transportation Research Circular, Number E-C149.

Digby, P.G.N., Kempton, R.A. 1987. Multivariate analysis of ecological communities. Chapman and Hall, London.

Domínguez, E., Dawson, C.W., Ramírez, A. Abrahart, R.J. 2011. The search for orthogonal hydrological modelling metrics: a case study of 20 monitoring stations in Colombia. Journal of Hydroinformatics 13(3): 429-442.

Dym, C.L. 2004. Mathematical modelling. Principles of mathematical modeling. Elsevier.

Etter, A., McAlpine, C., Wilson, K., Phinn, S., Possingham, H. 2006. Agriculture, Ecosystems and Environment 114: 369–386.

Ford, A. 1999. Modeling the environment. Island Press, USA.

Fox, W.W. Jr. 1970. An exponential surplus-yield model for optimizing exploited fish populations. Trans. Am. Fish. Soc., 99: 80–88.

Grassle, J.F., Smith, W. 1976. A similarity measure sensitive to the contribution of rare species and its use in investigation of variation in marine benthic communities. Oecologia 25: 13-22.

Khoo, H.W., Lim, T.M. 1986. A comparative study of the sampling properties of four similarity indices. En: Statistical Aspects of Water Quality Monitoring. A.H. El-Shaarawi y R.E. Kwiatkowski (Eds.), ps. 246-260. Elsevier, Amsterdam.

Hutchinson, G.E.1948. Circular cause systems in ecology. Ann. N.Y. Acad. Sci., 50: 221-246.

Isaza, J.F., Campos, D. 2006. Ecología: Una mirada desde los sistemas dinámicos. Editorial Universidad Javeriana, Bogotá.

Jørgensen, S.E., Bendoricchio, G. 2001. Fundamentals of ecological modeling. Elsevier UK.

Keen, R.E., Spain, J.D. 1992. Computer simulation in biology. Wiley-Liss, New York.

Kinzie, R.A.I., Snider, R.H. 1976. A simulation study of coral reef survey methods. En: Coral reefs: Research methods. D.R. Stoddart & R.E. Johannes (eds.), pp. 231-250. UNESCO.

Levins, R. 1969. Some demographic and genetic consequences of environmental heterogeneity for biological control. Bulletin of the Entomological Society of America, 15: 237–240.

Levins, R. 1970. Extinction. En: Lectures on mathematical analysis of biological phenomena, pp. 123–138. Annals of the New York Academy of Sciences, Vol. 231.

Lotka, A.J. 1932. The growth of mixed populations: two species competing for a common food supply. Journal of the Washington Academy of Sciences, 22: 461– 469.

MacArthur, R.H., Wilson, E.O. 1967. The theory of island biogeography. Princeton University Press, Princeton, NJ.

Margalef, R. 1977. Ecología. Omega, Barcelona.

Meadows, D., Meadows, D., Randers, J., Behrens III, W. 1981. Los límites del crecimiento. México: Fondo de Cultura Económica.

Naciones Unidas. www.un.org.

Pianka, E.R. 1982. Ecología evolutiva. Editorial Omega.

Ramírez, A. 1986. I. Ecología descriptiva de las llanuras madreporarias del Parque Nacional Submarino "Los Corales del Rosario" mar Caribe Colombia. II. Un estudio de simulación Monte Carlo en cuantificación de corales por el método de cobertura. FEN, Colombia.

Ramírez, A. 2012. Caracterización y modelación micro y macroscópica del ruido vehicular en la ciudad de Bogotá. Tesis Doctoral, Pontificia Universidad Javeriana, Bogotá.

Ramírez, A., Viña, G. 1998. Limnología colombiana. Aportes a su conocimiento y estadísticas de análisis. Univ. Jorge Tadeo Lozano - BP Exploration, Bogotá.

Ramírez, A., Viña, G., Miranda, D. 2002. Cuantificación de corales por métodos lineales y de cuadrantes. Nuevos resultados de simulación y de campo. Ambiente y Desarrollo, No. 10: 47-70.

Ricklefs, R.E., Lau, M. 1980. Bias and dispersion of overlap indices: results of some Monte Carlo simulations. Ecology 61 (5): 1019-1024.

Schaefer, M.B. 1954. Some aspects of the dynamics of populations important to the management of the commercial marine fisheries. Inter-Amer. Trop. Tuna Comm., Bull. 1(2): 27-56.

Sgardelis, S.P., Stamou, G.P. 1990. The effects of dominance, species ranking and species matching on some similarity indices. J. Veget. Sci. 1: 125-128.

Thomann, R.V., Mueller, J.A. 1987. Principles of surface water quality modeling and control. Harper & Row Publishers, New York.

Thomas, G.B. 2005. Cálculo. Pearson Educación, México.

United Nations. 2004. World Urbanization Prospects: the 2003 Revision. http://www.un.org/esa/population/publications/wup2003/2003wup.htm.

Vandermeer, J. 1981. Elementary Mathematical Ecology, Wiley, New York.

Viña, A., Cavelier, J. 1999. Deforestation rates (1938-1988) of tropical lowland forest on the Andean foothills of Colombia. Biotropica 31: 31-36.

Volterra, V. 1926. Variations and fluctuations of the numbers of individuals in animal species living together. Reimpreso en 1931 en: R.N. Chapman, Animal ecology. McGraw Hill, New York.

Wolda, H. 1981. Similarity indices, sample size and diversity. Oecologia 50: 296-302.

BIBLIOGRAFÍA COMPLEMENTARIA

Batschelet, E. 1975. Introduction to mathematics for life scientists. Springer-Verlag, Berlin.

Deaton, M.L., Winebrake, J.J. 1999. Dynamic modeling of environmental systems. Springer, New York.

Ehrlich, P.R., Ehrlich, A.H. 1993. La explosión demográfica. El principal problema ecológico. Salvat, Barcelona.

Grant, W.E., Marín, S.L., Pedersen, E.K. 2001. Ecología y manejo de recursos naturales: Análisis de sistemas y simulación. Instituto Interamericano de Cooperación para la Agricultura –IICA-, San José de Costa Rica.

Hall, Ch.A.S., Day Jr, J.W. 1990. Ecosystem modelling in theory and practice. An introduction with case histories. Wiley & Sons, USA.

Jeffers, J.N.R. 1991. Modelos en ecología. Ed. Oikos-Tau, Barcelona.

Mancera, J.E., Peña, E.J., Giraldo, R., Santos, A. 2003. Introducción a la modelación ecológica. Principios y aplicaciones. Universidad Nacional de Colombia, Bogotá.

Skalski, J.R., Ryding, K.E., Millspaugh, J.J. 2005. Wildlife demography. Analysis of sex, age, and count data. Elsevier Inc.

Wainwright, J., Mulligan, M. 2004. Environmental modelling. Finding simplicity in complexity. John Wiley & Sons. London.

More Books!

yes

I want morebooks!

Buy your books fast and straightforward online - at one of the world's fastest growing online book stores! Environmentally sound due to Print-on-Demand technologies.

Buy your books online at

www.get-morebooks.com

¡Compre sus libros rápido y directo en internet, en una de las librerías en línea con mayor crecimiento en el mundo! Producción que protege el medio ambiente a través de las tecnologías de impresión bajo demanda.

Compre sus libros online en

www.morebooks.es

OmniScriptum Marketing DEU GmbH
Bahnhofstr. 28
D - 66111 Saarbrücken
Telefax: +49 681 93 81 567-9

info@omniscriptum.com
www.omniscriptum.com

OMNIScriptum

FSC
www.fsc.org
MIX
Papier | Fördert gute Waldnutzung
FSC® C083411

Kolibri 360 GmbH
Ferdinand-Jühlke-Straße 7
99095 Erfurt, Deutschland
produktsicherheit@kolibri360.de

Druck:
CPI Druckdienstleistungen GmbH
im Auftrag der
Kolibri 360 GmbH
Ferdinand-Jühlke-Str. 7
99095 Erfurt